전문가가 되기 위한

향의 길라잡이

〈향료 전문용어해설 수록〉

| 양 해 주 저 |

남양

머 리 말

　우리는 자연적이건 또는 인위적이건 항상 향과 접하며 생활하고 있다.
　향은 기분을 상쾌하게 하기도 하고, 음식의 맛을 증가시켜 주며 나아가 심신의 긴장을 풀어주거나, 특정적인 분위기를 느끼게 해준다. 그러나 향이 무엇이며, 또 향이 왜 이러한 작용을 하며, 산업적으로는 어떠한 향료 물질이 이용되고 있느냐 하는 물음에 접하게 되면 쉽게 대답하기 어려운 면도 있다. 특히 향료 공업이 발달하지 않은 우리로서는 더욱 그러하리라고 생각된다. 그래서 본인은 부족한 점이 많지만 향이란 무엇이며 또 어떠한 방법으로 향을 제조하고 있으며, 산업적으로 이용되고 있는지 등에 대하여, 향을 조향하고 또 향료 물질에 관하여 연구하였던 경험을 토대로 향을 이해하는데 조금이라도 도움이 되고자 감히 본서를 출간하게 되었다. 물론 본서에서는 향에 관한 많은 부분중 충분히 다루지 못한 부분도 많지만, 향료를 처음 대하거나 또는 체계적으로 향을 알고자 하는 사람들을 위해 기초적인 부분을 가능한 한 많이 다루도록 노력하였으며, 나아가 향에 관심이 있거나 향을 다루는 전문가들에게도 보탬이 되었으면 한다. 그리고 앞으로 보다 알차고 깊이 있는 향료에 관한 저서가 출간되어 한국의 향료산업의 발전에 이바지하였으면 한다.
　끝으로 본인의 조그만 향에 관한 저서를 발간할 수 있게 된 데에는 (주)태평양이 있었기에 가능하였다고 생각되어 감사를 드리며 원장님, 소장님을 비롯한 향료연구팀원 모두에게 감사를 드린다. 특히 우창식 연구원에게 고마움을 전한다.
　더불어 어려운 여건속에서도 본서를 출간하도록 도와주신 남양문화 이명훈 사장님과 편집부 직원들께 감사를 드린다.

2015년 6월
양 해 주

추 천 사

　해방 후 화장품공업이 성장한 이래 국내 화장품의 제조기술 및 품질이 세계 어느 유명 화장품회사의 제품과 비교하여도 손색이 없을 만큼 발전하였다. 그러나 아직 많은 화장품 원료들은 외국에서 수입하여 사용하고 있으며 특히 향료는 일부 회사를 제외하고는 조합된 향료를 그대로 수입하여 사용하고 있는 실정이다.

　향료산업은 정밀화학 산업중에서도 고부가가치 산업인데도 우리나라 향료업계가 이같이 발전을 못하고 있는 것은 향과 향료를 전문적으로 연구하는 향료 전문가가 적다는데 이유가 있지않나 생각한다. 향료 원자재가 생산되지 않더라고 향료 조합기술을 이용하여 향료산업을 얼마든지 발전시킬 수 있기 때문이다.

　이러한 때 오직 향의 연구에만 전념해온 양해주씨가 향에 대하여 체계적이고 전문적인 서적을 출판하게 되어, 향을 전문하고자 하는 사람뿐만 아니라 화장품을 다루는 사람 등, 향에 관심이 많은 사람들에게 좋은 길잡이가 될 것으로 생각된다. 기술의 발전없이 세계시장에서 경쟁을 뛰어넘을 수 없다는 현실을 감안할 때 국내에서도 이와같이 많은 전문서적이 출판되어 국내의 여러 산업분야 발전에 기여하여야 할 것으로 생각되며, 향에 대한 이러한 전문서적의 출판을 계기로 앞으로 많은 화장품에 관한 전문서적이 출판될 것으로 믿어 의심치 않는다.

　특히 본 저서는 향에 대하여 기초적인 사항부터 전문적인 내용을 다루고 있어 향에 관심이 많은 사람뿐만 아니라, 향을 전문하고자 하는 사람들에게 좋은 길잡이가 될 것이다.

　화장품에 관한 국내 전문서적이 거의 없는 현실에서 이와 같이 향에 관한 전문서적이 출간되어, 향료산업 뿐만 아니라 화장품 산업의 발전을 이루는 계기가 될 것을 기쁘게 생각하며 추천사를 대신한다.

2015년 6월
김 창 규

목 차

제1장 냄새의 개론 ·· 1

제1절 향기와 인간 ··· 3
제2절 냄새의 개념과 후각 ··· 4
제3절 냄새의 시험 ··· 9
제4절 냄새의 분류 ··· 11

제2장 향료의 개론 ·· 15

제1절 향료의 발달사 ··· 17
제2절 향료의 분류 및 용어 해설 ·· 24
제3절 향료의 합성법 ··· 31
제4절 향료추출법 ··· 59

제3장 천연향료 ·· 71

제1절 정유의 생물화학적 생성 ·· 73
제2절 동물성 향료 ··· 77
제3절 식물성 향료 ··· 80

제4장 합성향료 ·· 137

제1절 탄화수소류 ··· 139
제2절 알코올류 ··· 145
제3절 Phenol 및 유도체 ··· 166
제4절 Aldehyde류 및 Acetal류 ·· 175
제5절 Ketone류 ··· 198
제6절 합성 Musk ··· 217
제7절 Oxide류 및 Ether류 ··· 226
제8절 Ester류 ··· 229

제5장 향료의 이용 ·· 275

제1절 조합향료 ·· 277
제2절 향료의 응용 ·· 290
제3절 식품향료 ·· 319

제6장 향료의 안전성 ·· 345

제1절 향료의 안전성 법규 ·· 347
제2절 향료의 품질관리 및 시험법 ·· 354

<부록> ·· 363

✿ 향료 전문 용어 ·· 365
✿ 찾아보기 ·· 374
✿ 참고문헌 ·· 387

제1장 냄새의 개론

제1절 향기와 인간

인간은 취각이 퇴화된 동물이라고 흔히 이야기하고 있지만 향기는 불가사의한 힘을 가지고 있어 강하게 사람의 마음을 움직이기도 하고 미묘한 사람의 감정을 지배하기도 한다. 그러나 확실히 인간의 후각은 동물에 비해서 열등한 것만은 사실이나 인류생활에 있어서 향기는 예로부터 중요한 역할을 해왔다. 긴 인류 역사를 보면 인간과 향기가 관계된 정도는 결코 적지 않다. 기원전 3세기에 이미 인더스강 하류 도시에서는 향을 피우는 것이 행해졌고 중근동(中近東)에서 유럽에 전해졌던 향료는 황금, 보석과 같이 귀하게 여겨졌다.

문명이 발달함에 따라 향기를 관능에 결부시켜 이것을 즐기려는 경향이 뚜렷해져 쾌적한 향기로 정서를 풍부하게 하는데 이용하려는 욕구가 강하게 되어왔다. 이를 위해 천연에 존재하는 천연향료만으로는 이러한 욕구를 충분히 만족할 수 없어 새로운 향료 물질을 합성하고 이러한 향료를 서로 조합하여 새로운 향취를 창조하고 있다.

일상생활에 이용되고 있는 냄새라고 하면 향수, 훈향에 그치지 않고 화장품, 비누, 세제, 치약, 구강제, 의약품에서 부터 과자, 껌, 청량음료, 주류, 일반식품과 이 외에도 최근에는 에어졸제품, 살충제, 방충제, 도료, 접착제, 비닐제품, 피혁, 인쇄인크, 도시가스, LPG에 이르기까지 사용하지 않는 상품은 거의 없다.

참으로 향기는 인간생활과 밀접하여 향기 없는 생활을 한다는 것은 생각할 수 없게 되었다.

최근 각종의 공해로 인해 도시의 공기가 각종 오염된 악취로 가득 차 있는 것은 누구나 알고 있는 사실이다. 이 악취공해로 부터 즐거운 생활을 되찾기 위해서는 공해로부터 自然을 되살리는 것도 중요하지만 새로운 향료의 개발 및 이를 활용하는 것도 하나의 방법이 아닌가 생각된

제1장 냄새의 개론

다. 더욱이 향기를 인간의 생리 및 심리상태에 결부시켜 보다 좋은 생활을 추구하는 시도도 있고 또 Aromatherapy라고 하는 향기를 의료와 결부시키는 등 많은 연구가 진행 중에 있다.

제2절 냄새의 개념과 후각

1. 냄새의 개념

동물이 생을 연장하기 위해서는 적으로부터 몸을 보호하고 음식물을 찾지 않으면 안된다. 우리들 인간에게도 가스냄새, 탄 냄새는 위험을 알리는 신호로 알고 음식물이 썩지 않았는가 냄새를 맡아 확인하는 것은 기본적인 후각의 역할이고, 또 동물의 세계에서 암수가 만나는 것도 후각이 주체가 되는데 이런 모양으로 동종의 타 개체에 영향을 주는 것을 Pheromone이라 한다.

그러면 이러한 중요한 냄새는 어떤 개념을 가지고 있는 것일까? 동물의 비강내에 있는 취신경을 자극하는 것에 의해서 생기는 감각을 후각이라고 하고 어떤 물질과 취신경과의 사이에 무엇인가의 작용이 일어나, 후각을 자극할 때 그 물질에는 냄새(odour)가 있다고 한다. 냄새는 보통 쾌감을 주는 냄새를 넓은 의미로 향기, 협의로 향이라고 하고 불쾌한 냄새를 악취 또는 취라고 한다. 영어로 향기는 Fragrance, Scent, Aroma 등으로 사용하고 악취는 Malodour라고 한다. 향기가 있는 물질을 유향물질 또는 향물질이라고 총칭하지만 그 가운데 향기가 우수해서 우리들의 일상생활에 이용되고 보건위생면에 있어서 유익한 향물질을 향료(Perfume)이라고 총칭하고 있다. Perfume이라는 말은 라틴어 "through smoke"라는 의미를 갖고 있는 Per와 fumum으로 부터 왔으며 Scent나 Smell을 뜻하는데 사용되기도 하고 기분 좋은 냄새를 내게

하는 물질로도 사용되어진다. 물론 지금까지 정의한 말들은 일반적인 정의로 전문적인 조향사들에게는 정하기 어려운 오묘한 뜻이 내포되어 있다. 일반적인 정의에서 향은 기분 좋은 냄새라고 정의하고 있으나 조향사들에게는 반드시 그렇지만은 않다.

향물질이 외계로부터 직접 비강내에 들어오게 되면 냄새를 느끼게 되지만 구강 내에 들어온 향물질이 미각, 후각을 동시에 자극하면 odour, smell외의 특이한 향과 맛을 느끼게 된다. 이 감각을 주는 물질을 Flavour라고 부르고 이러한 유향물질을 식품향료라고 한다.

2. 후각(嗅覺)

동물이 가지고 있는 5감, 즉 시각, 청각, 촉각, 미각, 후각 중에 시각과 청각은 과학적으로 규명할 수 있기 때문에 일상생활에 널리 도입 이용하고 있으나 냄새는 동물계에서 종족 및 개체의 유지에 중요한 역할을 하는데도 불구하고 합리적인 측정 비교 방법이 완전히 실행하기 어렵기 때문에 실용화에 있어서 현저하게 늦은 감이 있다.

시각은 광선 혹은 미립자의 자극에 의해 감지될 수 있고 청각, 촉각은 압력 차에 의해서 감지된다. 그러나 미각 및 취각은 공기중 또는 ether(창공)중에 무엇인가의 파동에 의해 감지되며, 미각은 접촉으로 후각은 특정물질의 접근으로 감지한다.

이 특정물질로는 염, 당, 산, 꽃잎 등의 모양으로 그것들이 코나 입 중의 감수기관과 화학적 작용을 일으키는 것으로 생각되어 진다. 그래서 미각과 후각은 화학적 감각(Chemical Sense)라고 하고 시, 청, 촉각은 물리적감각(Physical Sense)라고 부른다.

인간의 후각기관의 후점막은 비강의 상단에 위치하고 있다. 비강은 3부분으로 되어 있고 밑으로부터 비강, 전정대, 호흡대, 후각대 순으로 되어 있다.(그림 1) 호흡대에 상하 3단의 갑개골이 있고 흡입한 공기를

제1장 냄새의 개론

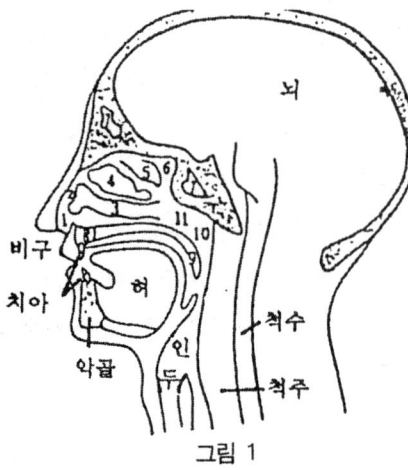

그림 1
1. 전정대 2. 비강   3. 하갑개 4. 중갑개
5. 상갑대 6. 후열 7. 구멍   8. 경구개
9. 연구개 10. 비인두 11. 후비공

여과하고 따뜻하게 하는 역할을 한다. 중갑개는 비중격의 가까이에서 돌출해서 비강의 상부를 구분하고 있어 상부가 후각대이다. 후각 자극을 감수하는 부위는 중갑개내면의 제일 먼저 돌출한 부분과 비중격과의 사이에 폭1-2mm의 좁은 후역부터 속까지의 부분이다.

이 상부강의 황색색소가 침착된 점막부가 감각세포와 후말초기관을 포함하고 있는 후점막이다. 후점막에는 후세포가 있고 미세한 말초에는 후각의 특수감각기관인 수백의 후선모가 나와있다.(그림 2)

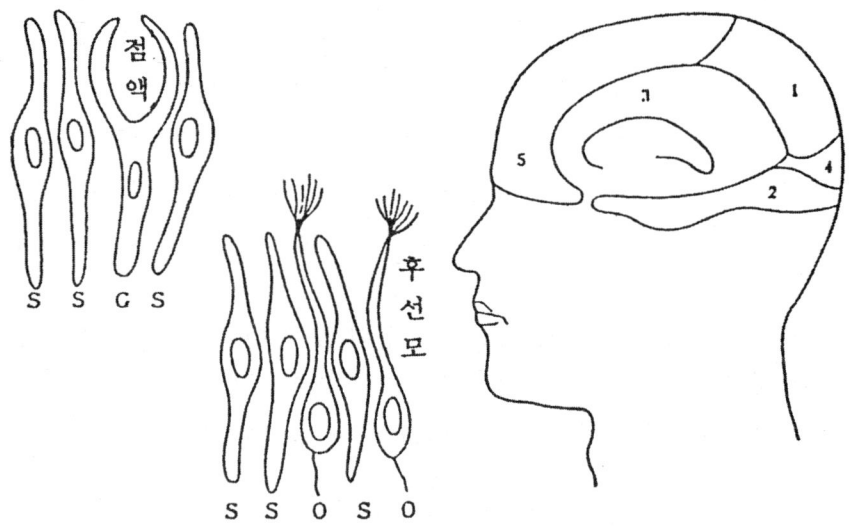

그림 2 후각세포
S:상피세포 G:배세포 O:후세포

그림 3 Moncrieff에 의한 구분
1. 촉각 2. 청각 3. 미,후각
4. 시각 5. 고도의 중추

후점막 전체는 표면에서 직접 자극을 받는 제 1차 신경사가 있고 후신경은 두개골강의 중간에 있어 대뇌의 후중추와 말초기관을 연결하고 있다. 후뇌는 인간 뇌에서 비교적 작으나 냄새를 맡고 후각을 사용하는데 요하는 시간은 약 0.2 - 0.3초 정도이다. 5감을 관리하는 뇌의 분포와 후뇌의 관계 위치는 그림 3에 나타나 있다.

유향물질의 미립자는 우선 비강내에 들어와서 후점막에 도달하던가 또는 파동이 전달되어 특수한 자극을 일으키는데 그 자극이 뇌 중추에 전달되고 여기에서 처음으로 냄새를 인식하는 것이 가능해 진다.

발향 및 수향 Mechanism에 대해서는 아직 명확하지 않은 점이 많지만 의학적 근거로부터 후각과정을 요약하면 아래와 같은 가설로 설명되고 있다.

1) 향물질은 휘발성이 있고 호흡에 의해서 공기와 같이 후각상피에 도착한다.
2) 후각상피의 표면에 수성점액이 있기 때문에 수용성 물질은 용해되어 후 선모에 흡착되고 또 상피면에 노출되어 있는 신경 말단에도 흡착되는데 일반적으로 Lipoid 가용성이 뚜렷한 것이 흡착효과도 크다.
3) 수성점액 중에는 각종의 효소모양 물질, 특유의 황색색소, 광학활성 Lecichin을 함유한 유색 지질 등이 존재하여 향물질의 화학변화가 일어난다.
4) 신경말단에 흡착된 부분도 부근의 세포 중에 침투해서 화학변화를 일으키고 화학적 자극이 되어 신경을 자극한다.
5) 후선모에 흡착된 부분은 특유의 진동을 발해서 후각근에 전달된다. 후각 근의 길이가 분자진동의 진폭과 같을 때에는 공진이 일어나 후각세포에 전달되고 이것이 중추에 전달되어서 냄새를 감지한다.

냄새의 느낌, 그 종류, 강약을 판정하는 정도는 나이, 노약, 성별,

인종, 습관, 건강도 등의 차이에 의해서 각기 다르다. 생리적 이상 감각(Parosmy)가운데 후각상실 또는 후각 약화 등의 형태의 후각 장애를 Anosmy라고 부른다.

3. 후각에 관한 학설

후각에 관한 학설은 아직까지 정설이 없으나 다음과 같은 5가지 학설이 대표적이다.
1) 진동설(The Vibrational Theory) : 냄새를 내는 물질로부터 그것을 감지하는 동물이나 사람에게 광이나 음과 같은 진동에 의해서 냄새가 전파되어 후상피를 자극하여 냄새가 난다는 설
2) 입체구조설(The Stereochemical Theory) : 냄새의 차이는 냄새분자의 외형과 길이, 폭 등에 의해 결정된다는 설로 Moncrieff (1951)의 생각을 Amoore(1962)가 발전시킨 학설
3) 흡착설(The Theory of Interfacial Adsorption) : 냄새감각은 인접한 취각막과 점액의 소수성, 친수성의 공유영역에서 일어나는 반응에 의해서 자극되어진다는 것. 즉 물과 오일의 상호 층사이에서 흡착 활성에너지와 분자의 교차 부분사이의 관계가 연결되어 냄새를 감지한다는 학설
4) 측면 구조 기능 그룹에 관한 설(The Profile Functional Group Theory) : 냄새의 특징은 냄새의 크기, 모양과 함께 분자의 말초 기능기에 관계된다는 학설
5) 효소설 : 취각기관에 있는 효소는 냄새에 의하여 영향을 받아 자극으로 변한다. 세포 안에는 많은 신진대사 과정이 사실상 일어나는데, 그 중에 제어단백질(Control Protein)이라고 하는 단백질이 특별한 입체 구조적인 인식을 함으로써 냄새를 느끼게 할 수 있다는 학설

제3절 냄새의 시험

　냄새의 측정은 오늘날 많은 과학적인 방법으로 시도되고 있으나 불완전한 것이 사실이다. 특히 그 절대치를 숫자적으로 표현하는 것은 불가능하다. 따라서 냄새측정은 결국에는 후각의 판단에 의하여야 하고 보통 냄새의 강약과, 좋으냐 싫으냐를 비교하는데 지나지 않는다.

　냄새의 비교시험을 Odorimetry 또는 Olfactometry로 칭하고 2가지 목적이 있다. 그 첫째가 냄새의 같고 다름을 감각기억에 의해서 판단하는 것이고 둘째가 냄새의 강약을 숫자적으로 비교하는 것이다.

　많은 성분이 혼합된 정유나 조합향료의 시험은 이 두 목적이 교묘하게 짝을 이루어 행해지지만 충분히 훈련된 후각을 가지고 있는 사람에 의해서 행해지지 않으면 결과의 재현성이 결핍되고 신뢰도도 낮게 된다. 특히 농도에 의해서 냄새가 현저히 변하는 물질(예 : Ionone) 등의 경우는 주의를 요한다.

　냄새를 시험하는 가장 간단한 방법은 향물질 또는 그 알코올 용액 등을 넣은 용기를 직접 혹은 손 등에 사용해서 맡든가 또는 깨끗한 무취의 냄새종이(Perfume blotter, Smelling strip)로 칭하는 질 좋은 두꺼운 종이(1X10cm)에 사용해서 알코올의 증발 전후의 냄새 변화를 맡아 비교하고 그 느낌을 비교하면 좋다. 많은 혼합물일 경우는 그때그때의 성분의 휘발도의 차이에 의해 또는 시간의 경과함에 따라서 냄새의 변화가 생기며 냄새를 분리해서 맡을 수 있다. 이 원리를 응용해서 만든 장치로 odor의 Evapolfactometer가 있다.

　냄새 강도의 측정은 약간 복잡하지만 많은 연구자에 의해서 여러가지 장치와 방법이 제안되고 있다. Elsberg는 blast injection test라 하여 호흡정지 상태하에서 향물질 위를 통과한 공기를 일정압으로 비강내에 넣어주는 시험을 행한다.

제1장 냄새의 개론

　냄새를 감지하는 최소 용량을 Minimum Identifiable Odour(MIO)로 정의한다. 또 한편 Stream injection test라 하여 호흡상태 하에서 냄새의 기류를 넣어 시험을 행해서 후각의 피로측정의 결과를 냈다. 이 경우 냄새를 감별하는데 요하는 최소 용량을 그 향물질의 후각계수(Olfactory Coefficient)라고 부른다. 냄새를 겨우 감지하는 최소 농도 예를 들면 향감각을 자극하는 역치를 Threshold Value라고 한다. 그 측정장치의 대표적인 것으로 Zwaardemaker의 후각계(Olfactometer)가 있는데 측정치를 검지 가능한 한계에 있어서 각 cm^3 중에 분자수로 표시하고 이것을 1 Olfacty라고 부르고 측정 단위로 한다. Fair 및 Wells는 향물질의 냄새를 포화시킨 공기를 계수적으로 희석하고 최소한의 냄새 맡을 수 있는 양을 측정하는 향도계(Osmoscope)를 고안하고 그 수치를 PO價(PO Value)라고 부르고 그 수치가 큰 것 등은 강한 냄새를 가지고 있다고 하였다. 희석 향도계(Dilution Odor Meter)는 그 Osmoscope의 개량품이다. Barail은 또 공기 희석 방법을 응용하고, 5%이내의 오차 범위로 측정치의 재현 가능한 장치로 해서 향도계(Osmometer)를 작성해서 최소가 역치(Threshold Value)를 표시하고 그 역수를 Odor Threshold Number(OTN)라고 부르고 다음 식으로 표시한다.

$$OTN(Odor\ Threshold\ Number) = \frac{Total\ Pressure(TP)}{Odorous\ Increment\ Pressure(OIP)}$$

　이외에도 표면장력의 변화를 이용한 측정법이나 향물질의 불휘발성을 응용하는 소위 Specific Tenacity를 측정하는 방법, 혹은 향물질의 압력, 온도 용적 증기압을 재는 방법 등으로 냄새의 시험을 행한다. 그 결과를 Number of odorous molecule로 해서 나타내는 방법도 제안되고 있다.

　Threshold Value는 통상 공기 $1m^3$ 중 향물질의 g수 또는 mg/ℓ로 표시되나 측정자에 따라 그 수치는 큰 차이가 있다.

최소역치(g/m^3)

측정자 품명	Psaay	Zwaardemaker	Henning	Bertheolt
장 뇌	0.005	0.016		
Citral	0.5−0.1		0.08	
Heliotropine	0.1−0.05		0.01	
α−Ionone		0.0001	0.0005	
Nitro−Musk	0.0001~0.00005	0.001		0.0001
α−Terpineol		180.0	24.0	

제4절 냄새의 분류

　냄새의 종류는 수없이 많다. 유기화합물이 약 200만종 정도가 존재한다고 알려져 있으며 그 중에서 약 5분의 1이 냄새를 가지고 있다고 한다. 그러니까 냄새를 가지고 있는 물질은 그 수가 40만 정도가 되고 완전히 똑같은 냄새를 가지고 있는 물질은 없기 때문에 냄새의 수도 40만 정도라고 말할 수 있다. 이런 수많은 냄새를 분류하려고 시도한 사람은 과거로부터 꽤 많이 알려지고 있다.

　그 중에서 몇 가지 살펴보면

　(1) Amoore의 분류 : 그는 616종의 물질을 무작위로 추출하여 그 물질에 대해서 책에 기재되어 있는 기사 중 냄새를 표현하는 말을 모아서 히스토그램을 만들고 다음과 같은 7가지 기본적인 냄새가 모든 냄새의 기본취라고 생각했다. 즉 에테르취, 꽃냄새, 장뇌취, 민트취, 썩은 냄새, Musky취, 톡쏘는 냄새로 분류했으나 뒤에 이설이 변형되어 기본 냄새가 27개로 증가했다.

　(2) Rimmel의 분류 : 냄새를 경험적인 훈련에 의해 18종으로 분류하

제1장 냄새의 개론

고 있으나 이 분류에 식품류의 냄새는 표시되고 있지 않고 분류의 중복도 피하지 못했으며 주로 조향사의 경험에 의해서 도입된 분류이다. 18종의 분류는 Rose, Jasmines, Orange flower, Tuberose, Violet, Balsam, Spice, Clove, Camphor, Sandal, Ambergris, Fruit, Almondy, Anise, lemon, lavender, Peppermint, Musk이다.

(3) Zwaardemaker의 분류 : Linné가 행한 냄새의 계통적 분류를 보다 발전시킨 것으로 후각기관중에는 9종류의 세포군이 있어서 냄새를 9종류로 분류하고 각종류별로 세부적으로 분류했다.

이를 열거하면

* Etherical : fruits, beeswax, ether
* Aromatic : camphor, clove, lavender, lemon. bitter almond
* Balsamic or Fragrant : flower, violet, vanilla 및 coumarin
* Ambresial : amber, musk
* Alliaceous : sulfured hydrogen, arsine, chlorine
* Empyreumatic : roast coffee, benzene
* Caprylic : cheese, rancid fat
* Repulsive : deadly mightshade, bedbug
* Nauseating or foeti : carrion, faeces

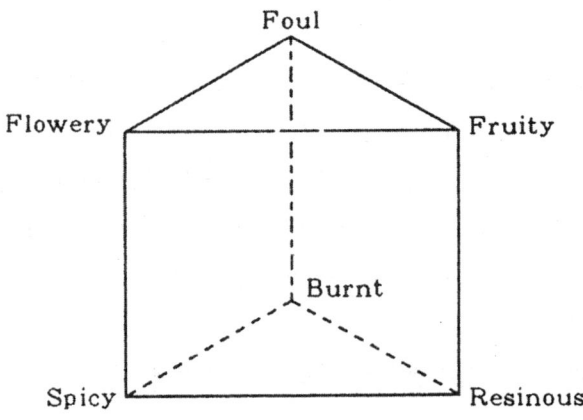

제4절 냄새의 분류

(4) Henning의 분류:그는 면밀한 실험 결과로부터 냄새를 6군으로 분류하고 제각각의 냄새를 명확히 구분하지 않고 상호 연속성이 있다고 해서 상관관계를 Olfactory Prism으로 표시하였다.

(5) Crocker 및 Henderson의 분류 : 그들에 의하면 후각신경은 Fragrant, Acid, Burnt, Caprylic의 4종류로 구성되어 있고 전체 냄새는 이 4종류의 조합에 의해서 분류가 가능하다고 하였다. 이 4종류의 요소는 냄새의 강함에 의해 $1 - 8$ 의 수치로 표현할 수 있고 각 수치는 4행 숫자로 배역해서 표시하는 것을 제안했다. 즉 1행은 Caprylic취 10행은 Burnt취, 100행은 산취, 1000행은 방향을 표시하고 각각의 4행 숫자로 고유의 냄새를 표현하였다. 예를 들면 Vanillin : 6113. Orange oil : 6333, Menthol : 6246 등으로 나타내었다. 이 이외에도 여러 사람이 냄새의 분류를 시도하였으나 색의 삼원색과 같은 뚜렷한 공통적인 학설은 아직 없다.

제12장 향료의 개론

제1절 향료의 발달사

향료는 언제 어떻게 발생하였는가는 알 수는 없으나 여러가지 사적에 의해 확인된 바에 의하면 인류문명이 발달하면서 더불어 사용되었으리라는 것은 의심할 여지가 없다. 특히 인도, 중국, 메소포타미아, 이집트 등의 아시아 오리엔트 지역에서 발생한 문명에 향료가 큰 공헌을 했던 것으로 기록되고 있다.

선사시대 부터 원시사회에 걸쳐 인류생활에서 생명의 유지나 생활에 감사하기 위해 꽃이나 과일, 수지 등의 방향물질을 신에게 바치는데서 향을 이용하게 되었다.

라틴어의 Per Fumum(Through Smoke)은 방향물질의 훈증을 의미하는데, 분향은 이집트의 멘피스 신전이나 예루살렘 신전에 있는 제단에서 예로부터 지금까지 행해지고 있다. 특히, 분향하는데 사용하는 분향료(Incense)는 주로 Olibanum(유향), 몰약, 감송향 등이 이용되었다.

고대문명의 시조라 일컬어지는 이집트인이 가장 오래 전에 향료를 사용한 인종으로 알려져 있지만 나일강 하류에 발달한 햄족은 4000년 역사 말기에 이르러 이집트 왕국을 건설하고 B.C 6세기 말까지의 사이에 흥망한 고왕국, 중왕국, 신왕국 시대에 이집트 문명이 거의 완성되었고 B.C 7세기경에 향료가 널리 사용되었던 기록이 있다. 그들은 알렉산드리아에 많은 공장을 건설하고 많은 종류의 향료를 제조하였다. 그 당시의 표본은 네델란드의 라이덴 박물관에 지금도 보관되고 있다.

당시 향료는 주로 방향성 생약류로 제단에 봉헌하는 것이었으나 화장료나 장신료로 사람의 몸에 이용되고 미약(최음약)으로도 혼용하여 널리 보급하였다.

이집트의 지배로부터 벗어난 헤브라이인도 파레스티나에 나라를 세우고 이집트인과 같이 시체의 방취, 방부에 유향 등을 이용하였다. 이스라

제2장 향료의 개론

엘 및 유태인도 화장료로 이용하였지만 유태인은 종교의식용으로 몰약, 감송향 등을 인도로부터 수입하고 페니기아인도 중국으로부터 장뇌, 육계 등을 로마에 수입해 갔다. 오리엔트 특히, 이집트, 메소포타미아, 고대 바빌로니아, 앗시리아, 페니기아, 헤브라이, 아라비아 등의 셈족 및 페르시아, 인도에서 시작한 향료도 그 후 차츰 서양에 전해져 전성기에 이르게 되었다. 그러나 키리샤인들 간에는 고대로 부터 향나무, 정유, 침액 등을 향료로 사용한 듯 하고 아테네를 중심지로 제조소도 많이 존재하였다. 흑사병의 유행을 향료로 방지하려고한 기록도 남아있다. 아무튼 서양에 널리 보급시킨 것은 로마인들이다. 그들은 부향시킨 유지(향유, Pomade)를 시체에 도포하고 화장료로도 많이 사용하였다.

그 당시 향료에 관한 연구를 한 사람은 Theophrastos(B.C 370-285)로 향료의 혼합법, 오일의 특성, 건조한 꽃이나 생약의 이용법, 저장법 등 많은 연구를 한 것으로 그의 문서에 기재되어 있다. 또 Pliny(23-79)는 향료의 제조에 큰 공적을 남겼다.

인도에서는 B.C 3000년전부터 인더스강 하류에 문화가 꽃을 피워 고도의 생활이 이루어졌으며 오리엔트와 같이 종교상의 목적으로 향료를 보급해서 사용하였고 파라몬교를 대신해서 B.C 6세기 후반에 불교가 융성하게 되었으며 종교적인 의식이나 제사 의식에 사용되었다.

중국에서는 황하강 유역의 황토지대에 문명이 융성하고 B.C 2000년대에는 도기 문화를 탄생시키고 향료도 이미 그 시대에 사용하게 되었으며 B.C 1000년경에는 종교적인 목적 이외에 질병 치료에도 이용되었으며 불교권의 확대에 따라 널리 보급되었다. B.C 200년경 한무제 시대에는 낙양, 장안, 돈황을 거쳐 천산남북로를 경유해서 지중해로 이르는 무역로가 개설되고 Silk Road라는 동서무역의 중요한 길이 만들어지게 되었다. 이 길을 통해 많은 문물과 함께 향료도 서양으로 전해지게 되었다. 현대 세계 문화의 기초는 키리시아인이 시작한 고대문명 및 헤레니즘 문화의 발전에 의한 경우가 많지만 Herodotos(B.C 484-425)나

제1절 향료의 발전사

Hippocrates(B.C 460-377)에 의해 기록된 많은 식물정유나 방향식물이 고도의 문화생활 중에 받아들여지게 된 것이 향료공업 발전의 원인으로 생각된다.

키리샤 문화를 받았던 로마제국은 크리스도교를 모태로 오늘날의 서양문화를 건축하였지만 당시 Dioscorides는 향료 및 의약분야에 큰 업적을 남겼다. 로마제국이 분열하는 동안에 동로마제국에서는 비쟌틴 문화가 키리시아인과 스라브인을 중심으로 일어났고 콘스탄티노블은 동서 물자 교류의 요충지로 번창하였다. 향료는 중요한 통상물자였고 향료를 포함한 화학적 연구가 이 무렵부터 시작되고 있었다.

비쟌틴 문화가 쇠퇴하고 아라비아 반도에서 흥한 셈계의 사라센인은 마호멧이 이슬람교를 연 이래로 광대한 사라센제국을 건설하고 화려한 이슬람 문화를 전개하였다. 이 시대에 자연과학의 기초가 확립되었으며 연금술의 발전이 이룩되게 되었고 아라비아인들은 증류법과 이에 대한 화학관련 서적을 많이 남겼다.

로마시대가 멸망한 후 긴 암흑시대를 맞았던 유럽에 서광이 비칠 무렵 향료에도 관심이 높아지기 시작하였다. 그 첫번째 움직임을 보면 남유럽에서 알코올의 비밀이 해명되기 시작되었는데 동기가 되었던 것은 알렉산드리아의 연금술사가 이용하였고, 아라비아와 중국의 기술자가 완성한 증류기였다. 두번째로 르네상스 초기에 증류법이나 식물학, 화학, 유리제조법 등에 관한 논문이 계속해서 발표되었으며 이러한 기술이 전 유럽에 번져가게 되었다. 셋째로 유럽인이 처음으로 독자적인 무역로를 개발해서 인도에 접하게 되었다. 이것은 Silk Road가 아닌 아프리카 대륙을 우회해서 간 것이다. 물론 오스만도르코가 동지중해역을 점령하고 동서무역을 봉쇄했기 때문이다. 덧붙이면 이러한 무역로가 개척되게 된 것은 마르코폴로가 풍부한 시장인 중국과 방향성 식물의 보고인 말레이군도에 대해 견문록을 써서 유럽인들의 물욕을 더욱 자극하게 되어 네델란드인, 영국인, 프랑스인 그리고 북구인들은 먼저 포르튜

제2장 향료의 개론

갈인이 개척한 항로를 따라 교역을 하게 된 것이다. 넷째 르네상스의 출현을 들 수 있다. 14-16세기에는 문화가 모든 면에서 진보를 이루었으며 의학, 향료분야에도 많은 발전을 할 수 있었다. 위와 같은 움직임에 따라 향료 산업은 발전하게 되었으며 당시 프랑스 Henry II의 부인인 Katherine de Medici(1519-1589:이태리인)가 근대 향료를 프랑스에 가지고 왔다는 전설이 전해지고 있는데 그녀는 Grasse에 머물면서 프랑스 왕실에 향수 만드는 방법을 소개하였다고 한다. 그러나 이러한 전설을 의심하는 사람들도 있지만 Katherine의 후예 중의 한사람인 Remé이라는 피렌체 조향사가 파리에 첫번째의 이태리 향료 판매점을 만든 것은 사실이다. 여기서 판매한 향수나 향유는 Grasse에서 만들어졌는데, 그 당시 Grasse는 가죽제품의 제조산업 중심지였다고 한다.

이 가죽제품들은 향에 의해 고급화되었고 더불어 향료산업은 발달하게 되었다. 이렇게 해서 발달한 향의 문화가 프랑스는 물론 유럽 전역에 전파되었다. 그리고 그 당시에 향을 제조하는 방법인 증류, 압착, 추출법 등은 지금까지도 남아 있다.

그러는 사이에 많은 연구가들에 의해 새로운 합성향료를 개발하게 되었으며 이러한 합성향료가 향료산업의 큰 비중을 차지하게되었다.

이와 같은 역사적 흐름을 근거로 주요한 향료 연대를 살펴보면

    B.C 484-425 : Herodotus는 터펜타인 오일을 언급했고 후에 Pliny 와 Dioscorides도 같은 언급을 했다.

    A D   1100 : 북부 이태리에서 처음으로 알코올을 증류하는데 성공했다.

              1190 : 프랑스의 Philippe-Auguste는 장갑제조업자를 조향사로 공식적으로 인정하여 그들로 하여금 향료를 취급하는 독점권을 인정하고 보수로 39금 은화를 주었다. 그 척허는 다음 통치에서 새롭게 비준되었다.

        C 1290 : Catalan 물리학자인 Arnald de Villanova는 그의

"Opera omnia"에서 로즈마리와 Sage오일을 언급했고 증류수들의 우수한 질을 찬양했다.

1370 : 알코올을 사용한 첫 향수는 아마 Hungarian Water (Eau de la Reine Hangrie)인 것이다. 처음에는 그것은 순수하게 Rosemary 증류물로만 된것 같았으나 후에는 Lavender와 Marjoram을 포함시켰다.

1420 : Wenod에 의해 철로된 냉각 콘덴서가 기술되었다.

15세기 : Frangipani향수가 소개되던 시기에, Spicy한 향수, 예를 들면 Peau d'Espagne와 같은 향수가 가죽장갑에 향기를 내기 위해 처음으로 사용되었다. 후에는 알코올로 만든 여러가지 변형제품들이 고안되어졌고 그것들의 인기는 오랫동안 유지되었다.

1493-1541 : 에센스에 관한 Paracelsus의 저술이 정유의 미래연구에 대한 초석이 되었다.

1500-1607 : 이 시기에 정유증류 및 정향, 육두구, 아니스, 계피 등과 같은 정유에 관한 많은 참고 문헌이 발견되었고 약 61종의 정유가 Narbonne에서 전문생산업자에 의해 제공되었다는 사실이 발견되었다.

1556 : Walter Ryff of Strasbourg는 프랑크푸르트에서 저술한 그의 증류에 관한 저술에서 프랑스의 정유증류와 특히 Spike오일(Lavandula Spica)을 인용하였다.

C 1560 : 이태리인 Tombarelli는 Caterine de Medici의 일행으로 프랑스에 왔고 화정유와 화장수를 Grasse에서 생산하기 시작하였다.

1563 : G. B. della Porta는 감귤류 열매에서 얻어진 정유와 알코올 추출물 그리고 그 치료성질에 관해서 상세히

제2장 향료의 개론

기술하고 있다.

C 1670 : Mar chale d'Aumont는 2세기반 동안 알려진 향분 La poudrela Mar chale을 고안했다. 이것은 파우다 타입이나 알코올 타입으로 현대 향수성분의 원조로 간주되고 있다.

1708 : Charles Lillie(Lilly로도 사용함) 런던 조향사였던 그는 향기로운 냄새 맡는 약(Scented Snuff)을 소개 했고 Amber, 오렌지꽃, 사향, Civet, Violet로 불린 새로운 향수를 소개 했다.

1710 : 화장수중에서 가장 유명한 오데코롱이 소개되었다. 오데 코롱의 방부성질에 관한 요구 속에서 감귤류와 약초 오일을 잘 조화시킨 혼합물이 관심을 끌었고 급속히 화장수로 널리 사용하게 되었다.

1796–1843 : Count Rumford, Savalle, Lebon, Rillieux, Coffey, Grimble을 포함해서 많은 발명가들이 증기진공, 분별증류를 개발하는데 몰두하였다.

1802 : Terpene유와 염화 보르네올을 합성(Kindt)

1818 : Terpene 탄화수소의 조성을 C_5H_8로 결정(Houtton –Labillardiere)

1825 : Coumarine의 발견(Boulet)

1830 : 세계적 향료회사 Schimmel사 설립(독일)

1835 : 용제에 의한 향성분 추출법이 이용되었다.

1863 : Azulene 의 발견(Piesse) Benzaldehyde의 합성(Cahours)

1866 : Terpene의 호칭을 창시(Kekul)

1868 : Coumarine의 합성(Perkin)

1869 : Piperine으로부터 헤리오트로핀 합성(Fittig)

1874 : 바닐린의 구조 결정과 합성(Tiemann et al)
1875 : 이소프렌의 중합에 의한 Dipentene의 합성(Bouchardat)
1876 : Guaiacol로 부터 바닐린 합성(Reimer, Tiemann)
1878 : 헤리오트로핀의 공업적 합성 개시
1882 : Linalool 단리(Morin) Menthone단리
1884 : Terpene화학의 계통적 연구 개시(Wallach)
1885 : α-Pinene으로부터 Terpineol합성(Wallach) Camphene으로부터 Borneol합성(Wallach)
1886 : 인조 사향 처음으로 합성(Baur)
1891 : Menthol합성(Beckmann)
1893 : Citral로 부터 Ionone합성(Tiemann)
1896 : 합성 Cinnamic Aldehyde 처음으로 발매(Schimmel)
1901 : Enfleurage법(침출법) 발명(Hesse)
1906 : 천연 사향의 성분 Muscone의 발견(Walbaum)
1909 : Terpene화학의 연구에 의해 Nobel상 수상(Wallach)
1910 : Schering사 합성 장뇌시장에 참여(독일)
1915 : 장뇌유 정유탑의 공업적 작업에 성공
1919 : Linalool합성(Ruzicka)
1920 : Takasago 창사 및 합성 시작
1926 : Muscone, Civettone의 구조 결정(Ruzicka)
1927 : Safrole로 부터 오존화법에 의해 바닐린의 합성에 성공
1928 : Exaltolide등의 대환상 Lactone의 합성(Ruzicka)
1933 : Jasmone의 구조 결정(Ruzicka, Pfeiffer) Dupont 사(미국) 합성 장뇌 제조 개시, 장뇌 기술자협회 발족
1935 : 녹차로부터 $\beta\gamma$ Hexenol발견(일본)

1938 : 리그닌으로부터 바닐린의 공업적 제조 개시(Salvo사)
1939 : Ruzicka 노벨상 수상
1941 : 가스 크로마토그라피법 발명(Martin, Synge)
1948 : Muscone, Civettone의 합성(Stoll)
1952 : 후각의 입체화학설 제창
1953 : 아세틸렌, 아세톤으로부터 처음으로 메칠헵테논 합성 (Hoffmann - La Roche사)
1955 : 일본에서 최초로 합성 Methol제조(Takasago)
1967 : α-Pinene으로부터 β-Pinene에의 전환기술 개발 (Glidden사)
1972 : 세계 처음으로 석유화학 원료에 의한 합성 Menthol 공장 준공(Takasago)
1981 : α-Pinene으로부터 Linalool합성에 성공(Glidden사)

제2절 향료의 분류 및 용어 해설

1. 향료의 분류

향료를 분류할 때 소재 및 제법에 따라 천연향료와 넓은 의미의 합성향료로 크게 나눌 수 있다. 천연향료는 식물성 향료와 동물성 향료로 분류하고 동물성 향료는 사향, 용연향, 해리향, 사향고양이향 등이 있고 예로부터 귀중하게 취급되었다. 천연향의 대부분이 식물성 향료인데 여기에는 식물의 잎이나 가지 꽃 등으로부터 얻는 식물성 정유와 오레오레진, 발삼, 검 등의 수지상 물질이 있다. 장미유, 오렌지유, 페루발삼 등이 그 예이다. 그것들 가운데 대부분이 정유이기 때문에 식물성 천연

제2절 향료의 분류 및 용어 해설

향료라고 하면 식물정유를 나타낸다. 정유는 일반적으로 말하는 유지류와는 성질이 다르고 수증기 증류로 나오는 휘발성이 강한 물질이다. 성분은 테르펜류 화합물 및 그 유도체가 주성분으로 되어있다.

넓은 의미의 합성향료는 천연물질로 부터 유리시킨 유리향료와 순수하게 화학반응에 의해 만든 합성향료로 분리할 수 있다. 유리향료는 많은 성분의 복잡한 혼합체로 되어있는 천연향료로 부터 공업적으로 이용가치가 높은 조합향료의 원료로 많이 이용되고 있는 성분을 유리시켜 만든 것이다.

좁은 의미의 합성향료는 석유화학제품, 석탄 Tar제품, 테르펜유 등의 싼 원료를 이용해서 합성되어진 것들로 유리향료와 합해서 수천종(5000종 이상)에 이르고 있고 매년 새로운 합성품들이 나오고 있으나 공업적으로 대량 제조되고 있는 것은 300-400종 정도이다.

유리향료의 예로 Citronella유로 부터 분리된 장미향기를 가지고 있는 Geraniol, Citronellol과 박하유로부터 냉각법에 의해 분리된 천연 박하뇌 등을 들 수 있다.

그리고 합성향료를 본질로부터 분류하면(협의의 합성향료)

1) 천연에 존재하는 성분을 분석, 그 화학구조를 밝히고 그것과 동일한 구조를 가지고 있는 화합물을 다른 원료로부터 합성한 것으로 l-Menthol ,Citral 등

2) 향기가 유사하거나 조합에 유용하게 사용될 수 있는 특색 있는 향기를 가진 화합물을 합성하는 것으로 천연 성분으로는 아직까지 발견된 적이 없으나 각종 인조사향,Heliotropine, Amyl cinnamic aldehyde 등이 이 계열에 속한다.

많은 경우 천연향이나 합성향료를 단독으로는 만족한 향기를 얻지 못하기 때문에 실제로는 이런 천연향료와 합성향료를 혼합해서 만드는 향료가 대부분 사용된다. 이것을 조합향료라 한다.

조합향료는 용도에 따라 향장품향료,식품향료,연초향료,약용향료,산업

제2장 향료의 개론

용향료로 구별할 수 있다.

지금까지 설명한 내용을 도표로 보면 다음과 같다.

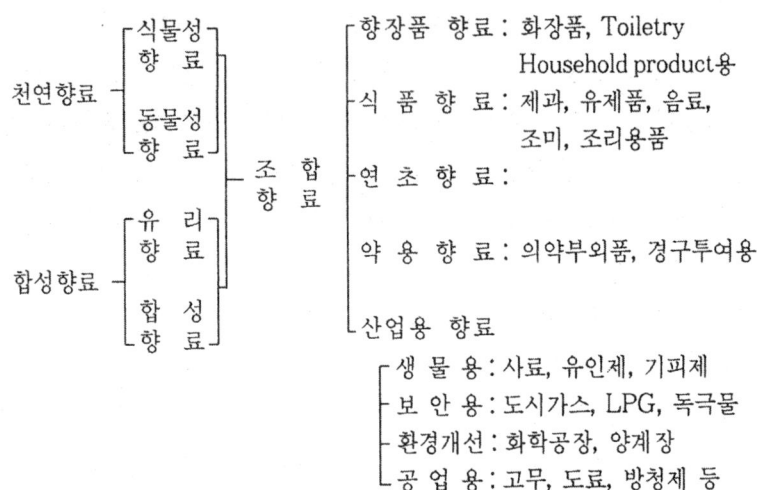

2. 용어 해설

Absolute : 여러가지 식물로부터 추출한 천연향료 물질로서 Concrete (탄화수소 용해성 물질을 모두 포함한 물질 : Concrete항 참조)나 다른 탄화수소를 이용한 추출물, 그리고 식물을 유지로 추출한 추출물의 알코올 용해성 물질을 말한다. 경우에 따라서는 Resinoid(관련항 참조)의 알코올 용해성 부분을 말한다.

　-Absolute from châssis : 유지 트레이로 부터 떼어낸 꽃을 탄화수소류 용매로 추출하고 그 추출물의 알코올 용해성 물질을 말한다.

　-Absolute from pomade : 유지 트레이에 있는 향이 흡착된 유지를 찬 알코올로 추출한 물질을 말한다.

Absolute oil : 이것은 상업적으로는 보기 힘들지만 정유와 비교해서 성분들의 데이타를 만들기 위해서 만들어지는데 Absolute의 수증기 증류 가능한 부분을 말한다.

제2절 향료의 분류 및 용어 해설

Adulteration : 이 말은 "Sophistication", "Cutting", "Diluting", "Bouqueting"(불어:Bouquetage), "Bounding off"와 같이 서투른 시도로 볼 수 있다. 즉 천연향료를 취급하는 과정에서 섞음질을 하여 이상한 냄새를 감추거나 혹은 그 품질을 떨어뜨리는 경우도 있다.

Anhydrol : 수증기나 물을 사용하지 않고 생산하는 향료의 Brand명으로 수증기나 물증류에서 향이 나오지 않거나 고온에서도 변하지 않는 오일을 생산할 때 사용하는 말이다. Myrrh, Olibanum, Oakmoss, Opoponax, Patchouli, Peru balsam, Tolu balsam, Tobacco leaf, Tea leaf추출물을 들 수 있다. 이것은 정유나 합성향료에 녹는다.

Aroma : 이 말은 주로 Flavorist에 의해 사용되는 처리된 원료물질이다. 통상적으로 물이 포함된 용매를 이용해서 추출한 추출물 또는 테르펜이 없는 오일의 농축된 용액이다.

분류	종별	성분	용도
유용성	오일 Flavoring oil (후레바)	천연정유(레몬, 오렌지, 라임) 천연정유 및 합성향료를 조합하고 유용성 용제를 가해 만든 것	주로 조합향료용 캔디, 껌류 굽는과자
수용성	에센스 Flavoring oil (후레바)	천연정유를 알코올로 추출한 것 또는 천연정유 또는 합성향료를 조합한 것에 희석 알코올을 가한 것 향료에 알코올 이외의 수용성 용제를 가한 것	음료, 냉과 음료, 냉과
유화상	유화향료 (Emulsion)	유용성 향료에 유화제, 안정제를 가해 유화시킨 향료	음료, 냉과
분말상	분말향료 (Powder flavor) Spray dry 향료 Lock in	유당, 전분류에 식향 베이스를 가해 혼합교반하고 일정의 분말을 만들어 채로 걸러서 만든 것 식향 베이스에 아라비아검 등의 유화제, 덱스트린 등의 부형제를 가해서 유화한 것을 Spray dryer로 분무 건조시킨 미립상의 향료 시럽상으로 끓인 당질에 식향 베이스를 혼합하고 냉각, 굳히고 분쇄해서 분말화한 것	분말식품, 굽는 과자

Balsam : 식물의 생리적 병리적 배설물로 생각되는 물질로 알코올에는 거의 완전히 용해되고 물에는 불용이며 Hydrocarbon에는 부분적으로 용해되는 레진상의 물질이거나, 반고형의 점성 있는 액체상의 물질이다.

Benzoin : Balsam중에서 숙성이나 뒤에 일어나는 레진화로 인해 용해도가 적어 진 것을 말하고 Balsamic resin으로 특징질 수 있다.

Concrete : 꽃, 엽, 초, 근, 수지 등을 휘발성 용매를 이용해서 방향성분을 추출하고 저온 감압하에 용매를 제거하면 농축방향성분을 포함한 Wax상의 물질을 얻는데 이것을 Concrete oil, 약해서 Concrete라고 한다. 여기서는 Châssis에서 얻은 것과 Pomade로 부터 얻은 것이 있다.

Distillation : 향료 추출법 참조

Essential oil : 증류법이나 압착법에 의해 식물의 여러 부위에서 얻어지는 방향성 물질로 여러가지 화학물질로 이루어져 있고 Fatty oil과는 달리 잔유물이 남지 않고 모두 휘발되는 것이 특징이다.

Extract : 꽃,잎,뿌리,과일,씨앗,수지,동물성물질 등을 휘발성 용매를 이용해서 뽑아낸 향기성분 물질을 말한다. Extrait(불어)와 혼동해서는 안된다.

Extrait(불어) : 이 말은 Pomade중의 냄새나는 부분을 알코올로 용해시켜 놓은 용액을 말한다. 즉 Pomade로 부터 얻은 Tincture로서, Pomade로부터 Absolute를 만들 때의 중간물질이다. 또 다르게는 향수라는 말로도 많이 사용된다. 즉 Parfum의 뜻을 가지고 있는 말이기도 하다.

Fixatives : 향료조합에서 더 잘 휘발하는 물질들의 증발율을 낮추는 물질들로 다음의 종류들이 있다.

－True fixatives : 독특한 물리적인 효과에 의하여 향료중의 다른 성분의 증발을 늦추는 물질 Benzoin을 예로 들 수 있다.

― "Arbitrary" fixatives : 이것은 구성성분중 다른 성분의 증발에 영향을 주지 않고 전체 증발하는 과정에 특별한 냄새를 주는 물질 Oakmoss를 예로 들 수 있다.

― Exalting fixatives : 이것은 향료 구성성분 중에서 다른 구성 향료들의 증기를 증진하거나 뒷받침하거나, 운반하여 상승효과를 주는 냄새 운반체로 작용한다. Musk, Civet을 예로 들 수 있다.

― 소위 fixatives : 이것들은 냄새가 전혀 없거나 거의 없는 결정성 물질 또는 점성액체이다. b.p가 높아 전체향료 성분의 b.p를 높여 저비점 향료들의 냄새를 약화시키거나 마비시킨다. Amyris oil을 예로 들 수 있다.

Gum : 이것은 천연 또는 합성물질이다. 엄격히 말하면 이것은 물에 용해되는 물질에만 사용되어져야 한다. 천연검은 음이온성 물질로 Glycoside와 같은 구조를 가끔 가지고 있고 고분자 물질인 경우도 있다. 향료에서 검이라는 말은 가끔 레진으로 사용되는데 이는 여러 가지 터펜타인이 검으로서 말하여지기 때문이다. 그리고 오스트랄리아의 많은 유카리 나무들이 그곳에서는 검나무로 불려지기 때문이다. 검과 레진을 구분하자면, 검은 중성 또는 약산성 용액이나 물과 함께 교질용액(sol)을 형성한다. 반면 레진은 물에 불용인 산성 특성을 가지고 있고 수용액에서는 표면장력을 나타내지 않으나 알카리 존재하에서는 물에 녹고 수용액에서 표면장력을 나타내는 비누를 형성한다.

Gum resin : 식물이나 나무로부터 분비되는 천연물로 검, 레진 그리고 가끔은 약간의 정유로 이루어져 있다. 이런 경우에 정확한 표현은 Oleo-gum-resin이다. 이것들은 알코올이나, 탄화수소, 아세톤에 부분적으로만 녹는다. 검의 양에 따라 역시 물에도 부분적으로 용해된다.

Infusion : 이것은 식물이나 나무들의 분비물을 포함한 식물성 약제, Pomade, 또는 동물성 원료를 열을 가한 상태에서 5분에서 수 시간 동안 알코올에 담궈놓아서 만든 용액

제2장 향료의 개론

Oleo-gum-resin : 천연 Oleo resin은 나무껍질이나 나무줄기로부터 나온 분비물로 맑고 점성이며 엷은 색의 액체인 반면 가공 Oleo resin은 용제를 이 용해서 천연향료, 향신료 소재로부터 향미성분을 낸 물질로 정유 및 불휘발 성분으로 되고 식향의 향기 강화 및 보류제로 조합에 사용된다.

Pomade : 이것은 Enfleurage 또는 Maceration(천연향료추출법 참조)등의 화향 추출법에서 정제한 우지, 돈지의 혼합물에 꽃잎을 방치하여 향기성분을 흡착시킨 것을 Pomade라고 한다. 이것을 알코올로 침적시켜 향기성분만 분리한 것을 Absolute라고 한다.

Resin : 천연 resin은 수목으로부터 나오는 분비물로 Terpene의 산화에 의해 생성되고 많은 resin들은 Acid 나 Acid Anhydride들이다. 가공 resin은 Oleo resin으로 부터 정유를 제거시킨 것을 말한다. resin은 무정형의 고체 또는 반고체이고 냄새가 없고 물에 불용이며 가끔 알카리 용액에 용해된다.

-Copal : 천연 Resin중에서 융점이 높고 딱딱한 감촉을 가진 것을 말하고 향료로 이용되지 않고 락카나, 인쇄잉크와 니스에 이용된다.

-Amber : 흔히 호박이라고 하는 것으로 침엽수종으로 부터 나온 Resin이 화석화된 것으로 냄새가 없으나 분해증류로 정유를 생산할 수 있다.

Resin absolute : 천연식물 원료에서 추출된 Extract나 검 등을 알코올로 추출한 후 알코올을 진공 상태에서 제거시킨 나머지를 말한다.

Resinoid : 이것은 천연물 중에서 탄화수소류의 용매를 이용해서 추출한 물질인데 생생한 세포로부터 얻는 concrete와 달리 죽은 유기물로부터 얻어진 것이다.

-Clairs : 천연물 중에서 색깔이 엷고, 순도가 좋고, 용해성이 좋은 추출물을 말하는 프랑스어로 어떤 것은 증류된 것이고 어떤 것은 활성탄이나 다른 흡착제를 이용해서 탈색되어진 것이다.

Spices : 향이나 매운맛, 쓴맛 등을 가진 식물의 꽃봉오리, 줄기, 뿌리, 껍질 내지는 이들로 부터 얻어지는 것들로서 음식물에 사용하여 식욕증진, 소화흡수를 돕는 것

   −Condiment : 여러가지 Spice 또는 강한 Herb를 잘 화합한 것

   −Seasoning : 설탕, 염, 식초 등을 사용해서 기본적인 Flavor효과를 부가한 것

Terpeneless oil : 이것은 가공 처리된 식향이나 향료를 말한다. 정유 중에서 Monoterpene류를 제거시킨 정유를 말한다.

테르펜을 제거하는 이유로는

(1) 낮은 농도의 알코올이나 식품용매의 용해도를 증진시키기 위해

(2) 활성 있는 향이나 식향을 농축시키기 위해 Terpene류들은 비교적 약한 방향효과 때문에 향료나 식향에서 적은 역할을 한다.

(3) 정유의 안정도를 증진시키기 위해 그리고 불쾌한 냄새나 resin의 형성을 막기 위해서 Terpene을 제거한다.

Tincture : 천연물의 알코올추출물로서 용매인 알코올이 그대로 남아 있고 Infusion과는 달리 열을 가하지 않는다.

제3절 향료의 합성법

합성향료에는 수많은 종류가 있기 때문에 그 종류 개개의 합성법을 서술하기란 곤란하므로 여기서는 테르펜계 합성향료와 방향족계 합성향료를 중점적으로 하고 작용기(Functional Group)별로 나누어 논하고자 한다.

1. 테르펜계 합성향료

1) 전합성법

이 방법은 아세톤과 아세칠렌을 출발물질로해서 메칠 헵텐논을 경유 비타민 A, 비타민 E 등을 합성하는 Roche process로 공업화에 크게 공헌하고 있는 방법이다.

테르펜의 합성과는 무관한 Carroll반응과 Ethynyl화 반응의 방법이 석유화학 제품으로 인해 안정된 가격으로 공급 가능해지면서 여기에 아세톤이나 디케텐 등의 원료가 합쳐져, 아세칠렌을 출발물질로 한 비타민 A와 E의 합성연구가 진행되어 그 결과 공업화에까지 발전되었다. 여하튼 아세톤과 아세칠렌의 에치닐화 반응으로 디메칠에치닐 카르비놀을 만드는 것. 반 환원 후 Carrol반응을 행하여 Key물질의 메칠헵테논을 합성하고 재차 에치닐화를 하면 디하이드로 리나놀로 된다. 이것을 반 환원하면 리나놀을 얻을 수 있을지도 모르지만 일단 Iso-propenyl ether로 해서 열분해하는 방법, Alkyl ether로 해서 Carroll반응을 행하는 방법, 초산 에스터까지 특수한 촉매로 분해하는 등의 방법을 거쳐 Citral로 해서 아세톤을 축합하는 등의 제 Root들로 Pseudo Ionone을 합성하는 경우도 있다. 이 Pseudo Ionone을 Cyclization하면 α-Ionone과 β-Ionone을 얻을 수 있는데 α-Ionone은 향료로 이용하고 β-Ionone은 Vitamin A, Vitamin E, 카로친노이드의 합성원료로 중요하게 사용된다. 지금까지의 반응을 표시하면 다음과 같다.

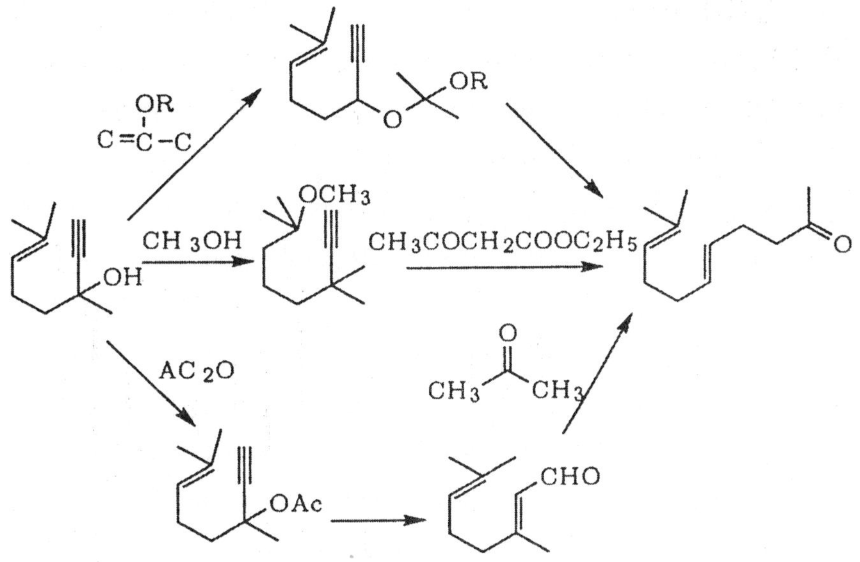

Roche Process

2) 반 합성법

천연에 다량으로 존재하는 테르펜계 탄화수소의 α-Pinene, β-Pinene을 원료로하는 테르펜 화합물의 합성법도 Glidden사의 Glidden에 의해 공업화되었다.

반 합성법의 성공은 탄소수 10개의 테르펜 탄화수소를 한 산소화합물로 만들 때에 이용하는 모든 유기합성화학의 수법과 광학활성의 원료화합물로부터 광활성을 보유한 그대로의 테르펜 화합물을 거친 비대칭 합성법의 진보에서 볼 수 있다. 그래서 β-Vitamin을 열분해하여 얻은 Myrcene에 염화수소를 부가해서 Geraniol Chloride를 만든 후 이를 가수분해하면 Geraniol, Linalool, Nerol등이 얻어지는데 이것을 원료로해서 Citral, Pseudo – Ionone, α-Ionone, β-Ionone등 일련의 중요한 향료 화합물을 합성할 수 있다. 천연에는 β-Pinene은 α-Pinene보다 그 존재량이 적지 않지만 β-Pinene으로부터 α-Pinene의 이성화가 가능하기 때문에 그 반합성법의 지위를 고수했다고 볼 수 있다. 더욱이 $PbCl_2$ 촉매로 Myrcene과 초산의 반응에 의해서 Linalyl acetate, Geranyl acetate, Neryl acetate 등의 테르펜 알코올의 초산에스터화 혼합물을 얻을 수 있다.

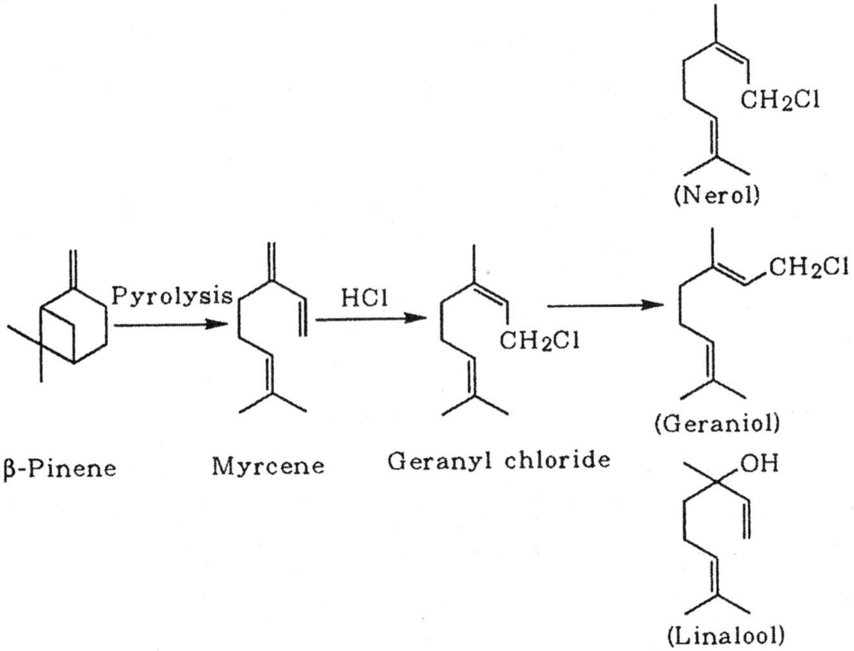

β-Pinene →(Pyrolysis)→ Myrcene →(HCl)→ Geranyl chloride → (Nerol), (Geraniol), (Linalool)

또 α-Pinene을 수소 첨가해서 얻은 Pinene을 출발 물질로 하여 Citronellol을 합성할 수도 있다. 이로 인하여 β-Pinene, α-Pinene을

제3절 향료의 합성법

출발 물질로 하여 그 외 염가의 테르펜계 탄화수소, 예를 들면 Limonene, Carene, Camphene가 점차 합성되고 있다.

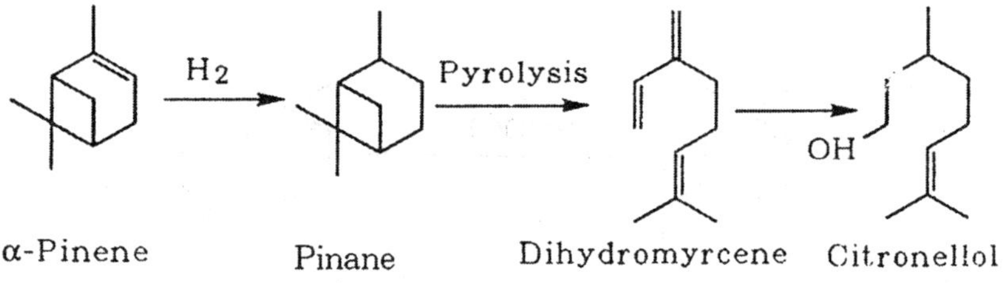

α-Pinene →(H₂) Pinane →(Pyrolysis) Dihydromyrcene → Citronellol

이외에도 2, 3종의 물질에 대해 서술해보면 Oleo-resin과 포름알데히드의 반응은 Prins반응으로 알려졌는데 초산 또는 무수 초산의 존재하에 리모넨과 포름알데히드를 반응해도 약한 Para상의 향기를 지닌 2종의 알코올을 얻을 수 있다. (K. Suga, S. Watanabe, J.Ishii, Bull. Chem, Soc, Jap, 32, 711(1959))

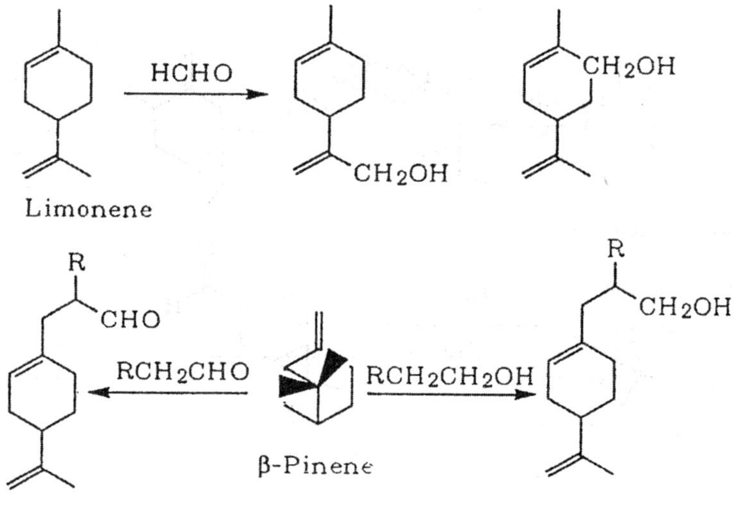

Limonene + HCHO → (두 종의 알코올 생성물)

β-Pinene + RCH₂CHO → (알데히드 생성물)
β-Pinene + RCH₂CH₂OH → (알코올 생성물)

제2장 향료의 개론

또 β-Pinene에 알데히드와 알코올을 Radical반응해도 2-(1-p-Methene -7yl) Alcanal과 알코올 등이 얻어진다.

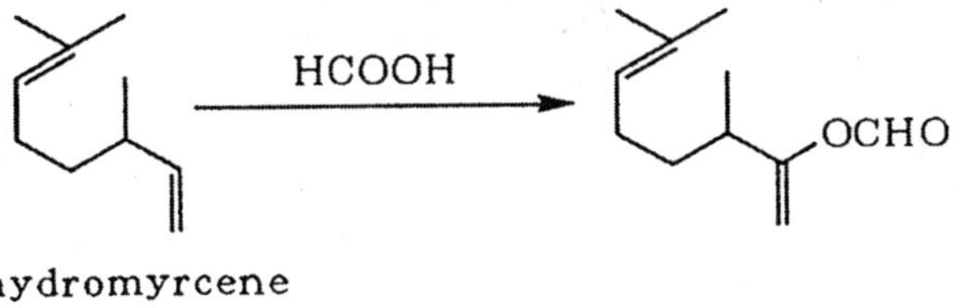

Dihydromyrcene

환상 Monoterpene이 2-Carene부터는 다음과 같이 쌍환상 Hexyl 유도체를 만드는데 이것은 향료나 세제로 이용되고 있다. 또 산 무수물을 반응하고도 비누향으로 이용하는 2-α-Acyl-3-Carene이 얻어진다.

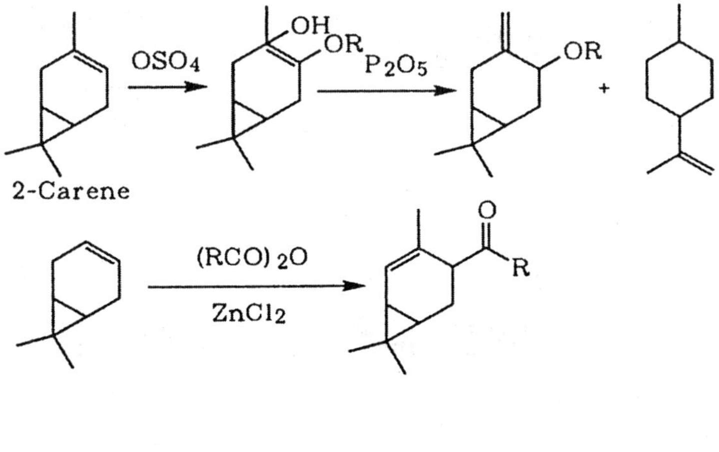

2-Carene

제3절 향료의 합성법

Bornylic Ayaol의 수소첨가로 강한 Sandalwood의 냄새를 가진 향유나, Isoprene의 환상 3량체의 Trimethyl-di-Grotosene의 Acyl화로 해서 Woody등의 냄새를 가진 Ketone체가 얻어진다.

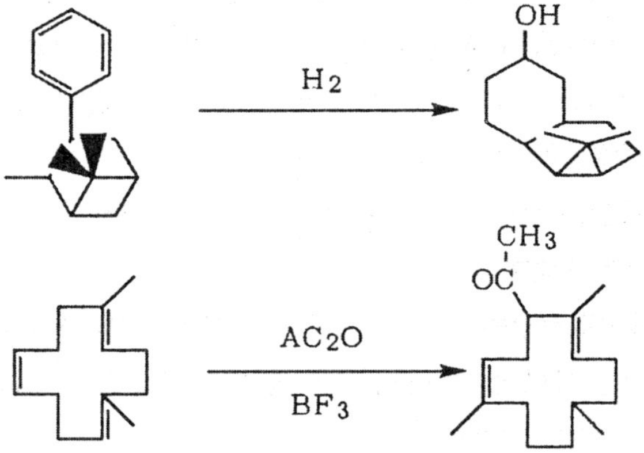

중요한 합성향료인 Hydroxy Citronellal도 전술의 Dihydrolinalool부터 다음과 같은 반응으로 합성할 수 있다.

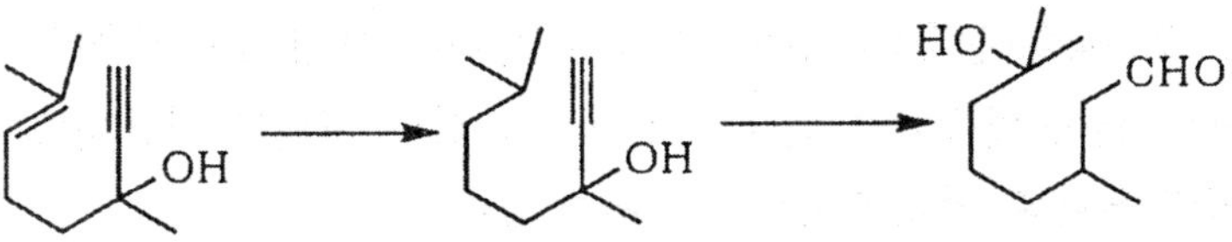

Dihydro linalool → → Hydroxy citronellal

이처럼 천연에 다량으로 존재하는 Terpene화합물에 여러 종류의 유기합성반응을 응용하여 소위 반합성법으로 새로운 합성향료가 다수 합성되고 있다. 또 완전한 테르펜 골격은 아니지만 향료로 이용할 수 있는 많은 화합물이 합성되어지고 있다.

예를 들면 3,6,7−Trimethyl−2,7−Octadienal은 Citral과 같은 향기를 3,7−Dimethyl−3,7−Octadien−nitrile은 레몬의 냄새를 나타낸다.

Cyclohexene의 유도체가 있는 1−(4−oxo−3−Methyl−1−Peneny l)−1, 3− Dimethy−2−Cyclohexene은 Iris의 냄새를, 5−(3−buten −2−yl)−3− cyclo hexenyl carbinol은 장미의 냄새를, 2−Methyl− 6− (4−Methyl− 3− cyclohexene −1−yl)−5−heptene−2−ol은 복숭아 냄새를 나타낸다.

더욱이 중요한 향료 Carvone, Menthol등의 합성법이 널리 연구되어 공업적으로 양산하고 있다.

Carvone은 박하향기를 가지고 있어 츄잉껌 등에 널리 이용하고 있는데 귤의 껍질오일의 d−Limonene으로 부터 합성할 수 있다.

$$\text{d-Limonene} \xrightarrow{\text{NOCl}} \text{Limonene nitrosochloride} \xrightarrow[\text{i-PrOH}]{\text{Co(NH}_2)_2} \text{Carvon oxime} \longrightarrow \text{l-Carvon}$$

d−limonene는 쥬스제조의 부산물로 해서 대량 얻어지는데 그의 이용법이 많이 연구되어 전술 Carvone의 합성 이외에 각종향료, 윤활유 첨가제 테르펜 수지 등에도 이용하고 있다.

Menthol은 박하뇌라고도 한다. 12종의 광학이성체중에서 l−menthol 만이 향료로서 품질이 좋다. 합성 l−menthol은 Citronellal로 부터 합성한다. α−Pinene의 공기 산화로 인한 Menthol, 기타 합성향료를 만드는 특허도 있다.

α-Pinene $\xrightarrow{O_2}$ α-Pinene oxide + 3-Pinene-2-ol + Vervenol + Vervenone

OH $\xrightarrow{H^+}$ OH $\xrightarrow{CrO_3}$ O ⇧ Piperidine $\xrightarrow{Redution}$ Menthol

3) Iso-prene으로 부터 테르펜 화합물의 합성

테르펜 화합물을 조금만 처리하면 2-4분자 결합한 구조의 Isoprene을 가지기 때문에 만약 Isoprene을 원하는 형식으로 결합시킬 수만 있다면 조금 처리된 테르펜 화합물도 자유로이 합성할 수 있을 것이다. 이 점이 테르펜 화학자들의 최대 과제로 되어 있다.

최근 석유화학의 급속한 발전에 의하여 고품질의 Isoprene을 좋은 가격으로 대량 공급하는 방법이 나왔고 이 분야의 연구도 많은 발표를 해서 어떤 것은 공업화의 단계에 와 있다.

최근에 Rhodia사(Rhone-Poulene)에서는 Isoprene과 염화수소의 반응으로 얻은 염화 Prenyl을 출발 원료로해서 Methyl heptenone을 경유하여 일종의 테르펜과 Vitamin A,E의 원료 합성법의 공업화를 시작하였다.

이 방법의 최대 특징은 염화 Prenyl과 Acetone의 반응에 의해 Methyl heptenone을 합성하는 단계로 Dimethyl formamide, Dimethylsulfoxide 등의 극성 용매 중에 수산화나트륨과 같은 알칼리성 촉매를 사용

제2장 향료의 개론

해서 고수유율의 Methyl heptenone을 합성하는 방법이다.

Methyl heptenone을 Linalool, Geraniol, Citral, Vitamin A 등으로 유도하는 방법은 전술한 Roche Process와 같다. 이 방법은 Isoprene으로 부터 테르펜 화합물의 합성을 경제적으로한 공업화에 그 의의가 있다.

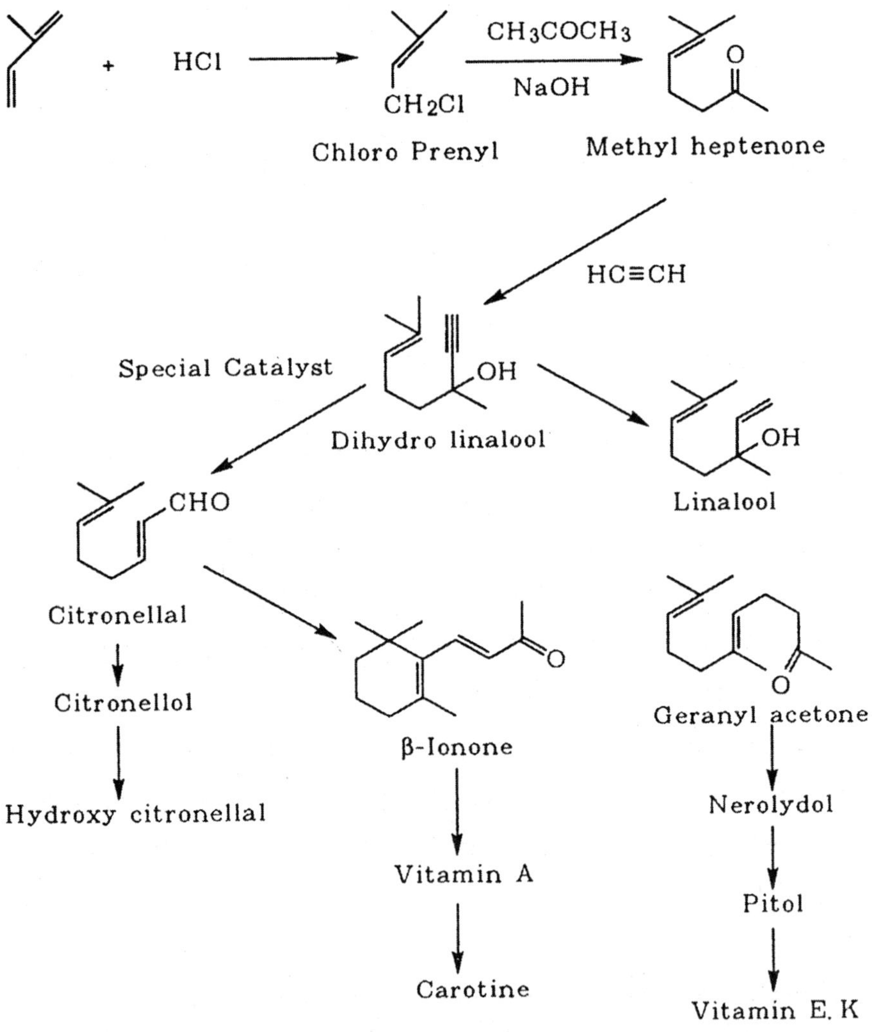

```
              + HCl →    Chloro Prenyl   CH₃COCH₃/NaOH →   Methyl heptenone
                         (CH₂Cl)
```

↓ HC≡CH

Dihydro linalool

Special Catalyst ↙   ↘ Linalool

Citronellal (CHO)

↓
Citronellol
↓
Hydroxy citronellal

β-Ionone
↓
Vitamin A
↓
Carotine

Geranyl acetone
↓
Nerolydol
↓
Pitol
↓
Vitamin E. K

제3절 향료의 합성법

유기금속 화합물과 광화학 반응은 최근의 유기합성반응의 전성으로해서 널리 연구되고 있다.

Isoprene에 광화학 반응을 응용하면 여러 종류의 환상 2중체 혼합물이 얻어지지만 그 생성물은 테르펜 화합물의 합성원료로서는 지금의 경우 조금도 이용가치가 없다. 그러나 유기금속 착염에 관한 Isoprene의 Oligomelization은 매우 미묘한 반응을 해서 사용하는 금속촉매, Doner, 용매, 복합촉매의 종류, 반응조건, 반응온도, 분위기 등의 적당한 선택으로 선택적인 테르펜 화합물을 합성할 수 있다. 예를 들면 Triethyl aluminium에 철 Acetylacetonade, Cobalt acetylacetonade 등의 금속촉매와 2.2′-Dipirydyl-1, 5-cyclo octadiene과 1, 6-Dimethyl-1, 5-Cyclo octadiene의 혼합물이 얻어진다.

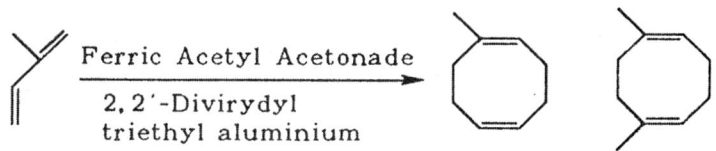

그런데 Zr(Ⅳ)-n-Butoxide, $(C_2H_5)_2AlCl$, Triphenylphosphime계 촉매, Hf(Ⅳ)-n-Butoxide, $Al(C_2H_5)Cl$계 촉매, 취화닉켈 그리코셀시약계 촉매에는 2, 6-Dimethyl-1, Trans-3, 6-Octatriene이 얻어지고 또 RuCl3계 촉매에는 2, 7-Dimethyl-2, 6-Octadiene이 얻어진다.

이 방법으로 Isoprene이 앞뒤로 결합된 천연의 테르펜 화합물과 골격이 같은 것을 얻을 수 있지만 대부분 이중결합의 위치가 천연의 Myrcene, Ocimene, Dihydromyrcene 등과 다르게 되기 때문에 전술한 β-Citral, Geraniol, Vitamin A 등을 원료로하여 그대로 사용할 수 없음이 상당히 안타까운 일이다. 이로 인해 인공적으로 테르펜 화합물을 합성하는 경우는 현재로선 곤란하지만 최근 눈부신 화학 연구 발달로 그 반응조건 등의 상세한 연구에 힘입어 가까운 장래에 Myrcene, Ocimene 등의 테르펜 탄화수소를 시초로 해서 많은 테르펜 화합물이 Isoprene으로 부터 그대로 합성할 수 있는 날이 올 것이라 기대된다.

4) Ionone과 관련 화합물

α-Ionone, β-Ionone, Methyl Ionone류는 합성향료로 역사도 깊고 수요도 많은 것으로 지금까지 합성법 및 제품의 특징 등이 많은 사람들에 의해 검토되고 있다.

근년에는 합성향료로는 물론, 합성 Vitamin A, Carotine 등의 중간 원료로서도 중요한 것이 되어 있다. 현재는 Pseudo Ionone을 Cyclization해서 α-Ionone, β-Ionone(Vitamin A, Carotine의 원료)을 선택적으로 합성하는 방법이 확립되어 있다.

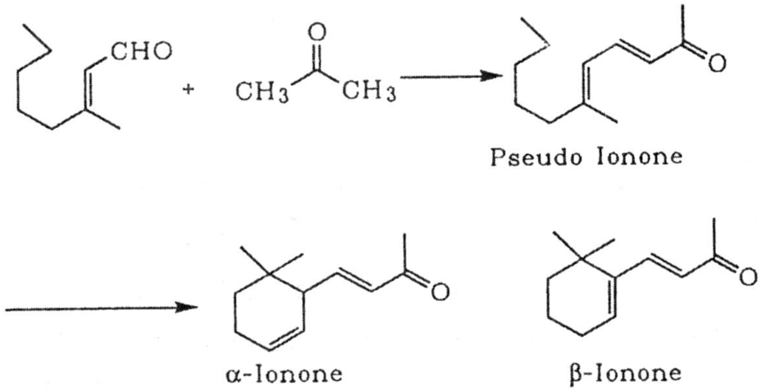

Pseudo-Ionone을 인산, 개미산 등으로 Cyclization하면 향기가 좋은 α-Ionone과 유산으로 β-Ionone이 생성된다.

Ether와 유산의 혼합물을 이용 $-10°C$에서 Cyclization하면 주로 α-Ionone을 생성한다는 최근의 독일 특허도 있다. Pseudo-Ionone은 종래 Citral로 Acetone을 축합해서 만든 것이나 최근에는 Dihydro linalool과 Isopropenyl ether와의 반응하는 방법이 공업화되고 있다.

Acetone대신에 Ethylmethyl Ketone을 이용해도 Violet나 Orris와 유사한 향기를 내는 Methyl Ionone을 생성할 수 있다.

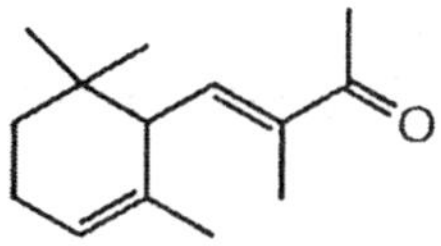

α-Iso methyl ionone

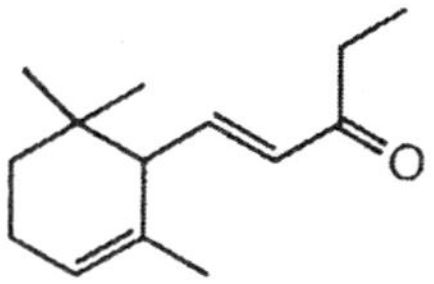

α-n-Methyl ionone

Ionone의 이성체로 해서 새로이 Woody Violet향기를 가진 Retro Ionone이 α−Ionone−enol Acetal로 부터 합성되었다.

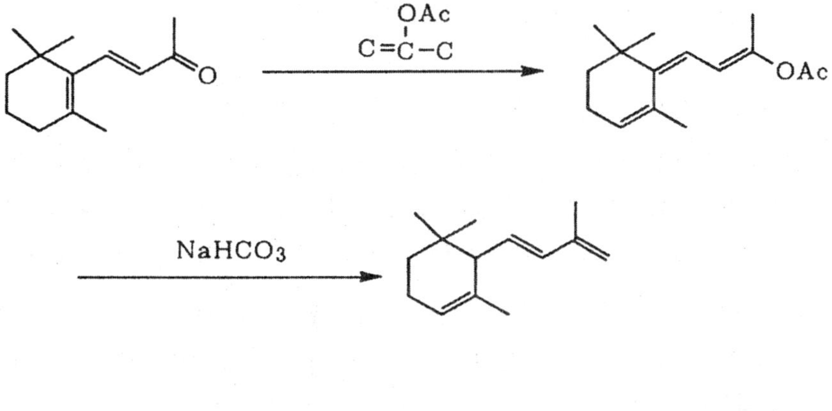

Iso Alkyl Ionone류는 알카리 촉매 존재 하에 β−Ionone과 염화 Alkyl의 반응으로 얻어진다. 또 부향제로 사용하는 Ionone의 쌍환성 유도체도 합성할 수 있다.

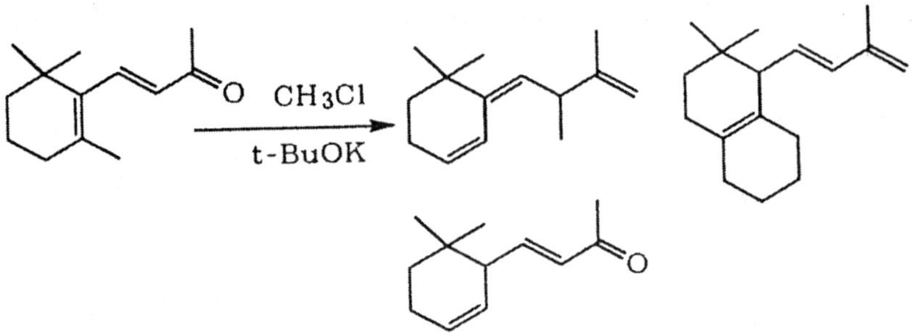

덧붙이면 Ionone의 Cyclohexene에 Methyl기가 1개 치환한 α-Ionone은 Violet의 냄새가 있는 것으로 고대부터 유명하다.

5) 테르펜계 Oxide의 합성

최근 천연정유 냄새에서 중요한 위치를 점하고 있는 특수 미량성분을 분석 확인, 이것을 합성하여 조합의 처방에 사용하면 그 효과를 얻을 수 있다. 이와 같은 미량성분은 많이 있지만 그 중에도 테르펜계 Oxide는 주목을 받고 있다.

Rose oxide는 처음 Bulgarian Rose로 부터 그후 Geranium류로부터 유리되어(Ⅰ)의 구조를 가지고 있음이 확인되었고 그 절대 배치, 입체 이성체의 특성도 밝혀졌다. 이것은 천연정유가 가지고 있는 최고의 인자로 유효하다고 인정받고 있다.

Rose oxide는 Citronellol로 부터 도식과 같이 합성한다.

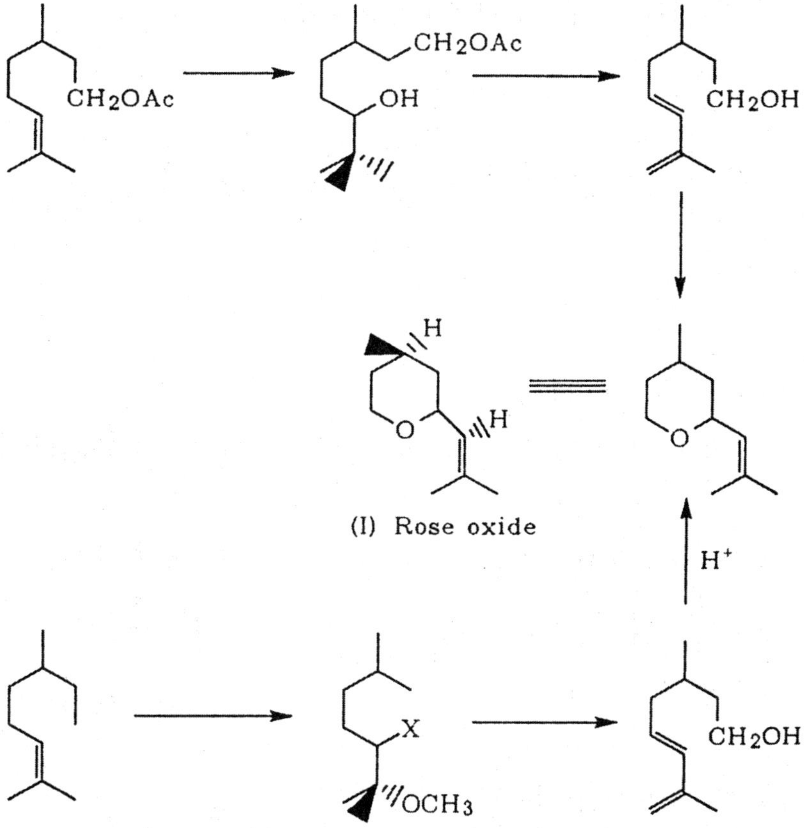

(I) Rose oxide

이 Rose oxide는 Citronellol을 함유한 정유 중에는 미량 존재하나 Linalool을 함유한 정유 중에도 같은 모양의 Linalool oxide가 보이고 있다. 그 외의 Lime류로부터 화합물 II, III가 Geranium류로부터(II)가 확인되고 있다.

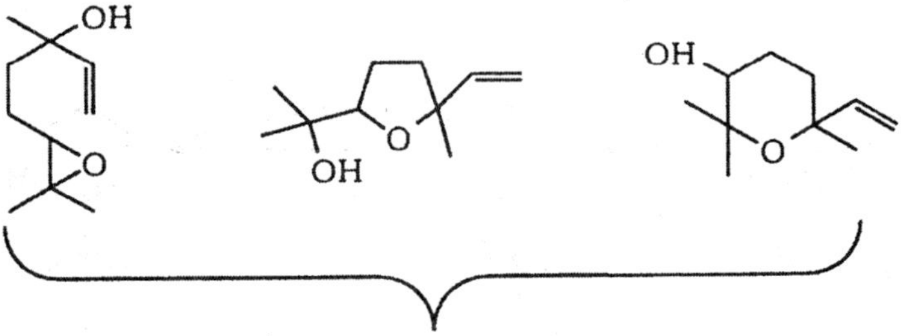

Linalool oxide

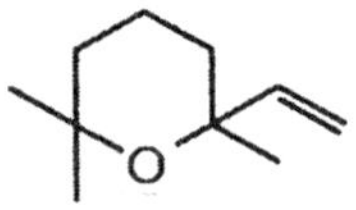

(II) 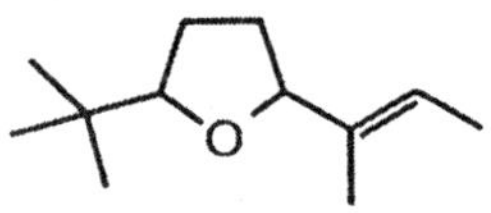 (III)

2. 방향족 합성 향료

향료계에서 방향족 화합물의 역할은 매우 큰 것으로 공업적인 면부터 검토해 본다.

1) α-Amyl cinnamic aldehyde에 관한 물질 Hyacinth, Jasmine과 같은 향기를 가지고 있는 α-Amyl cinnamic aldehyde는 Benzaldehyde와 Heptyl aldehyde로 부터 얻어지지만 그 관련 화합물도 다수 합성되고 있다.

	I	II	III	IV
R_1	CH_3	C_2H_{11}	Ch_3-	$CH-$
R_2	H	H	$(CH_3)_2CH-$	$(CH_3)C-$
향기	Hyacinth	Jasmin	백합, Cyclamen	유리

제3절 향료의 합성법

$$\text{PhCHO} \xrightarrow{CH_3(CH_2)_5CHO} \text{Ph-CH=C(C}_5H_{11}\text{)-CHO}$$

a-Amyl cinnamic aldehyde

$$R_2\text{-C}_6H_4\text{-CHO} \xrightarrow{R_1CH_2CHO} R_2\text{-C}_6H_4\text{-CH=C(R}_1\text{)-CHO} \xrightarrow{2H_2} R_2\text{-C}_6H_4\text{-CH}_2\text{-CH(R}_1\text{)CH}_2OH$$

$$\xrightarrow{-H_2} R_2\text{-C}_6H_4\text{-CH}_2\text{-CH(R}_1\text{)CHO}$$

위표에 표시한 바와 같이 R_1, R_2를 이용해서 합성하면 보다 Hyacinth, Cyclamen, 백합(Lily), Jasmine의 냄새를 가진 Aldehyde가 얻어진다. 또 Toluene에 α-Ethyl allylidene Acetate를 축합하고 가수분해하면 Cyclamen과 같은 냄새를 가진 Aldehyde도 얻을 수 있다.

$$\text{C}_6H_5\text{-CH}_3 + \underset{C_2H_5}{\overset{CH_2\text{-}OAc}{C}}\text{-CH}\overset{OAc}{\underset{}{}} \xrightarrow[BF_3]{TiCl_4} \text{CH}_3\text{-C}_6H_4\text{-CH}_2\text{-CH(C}_2H_5\text{)CH(OAc)}_2$$

$$\longrightarrow \text{CH}_3\text{-C}_6H_4\text{-CH}_2\text{-CH(C}_2H_5\text{)CHO}$$

Cyclamen aldehyde

Cyclamen aldehyde는 Lux타입의 비누향료에 빼놓을 수 없는 중요한 방향족 Aldehyde로 많은 수요가 있다.

Cumin aldehyde와 Propion aldehyde의 Claisen 축합체로 만든 후 유기용매 중에서 P−isopropyl − α−Methyl cinnamic aldehyde의 측쇄의 이중결합을 Nickel 촉매를 사용하여 선택 수소첨가하는 법이 기본적 제조법으로 촉매나 반응조건을 잘 검토하여 생산하고 있다.

Cinnamic alcohol(계피 알코올)은 빼놓을 수 없는 향료로 Chloramphenicol등의 의약품의 제조원료로 사용하는 등 많이 이용되고 있으며 공업적으로 대량으로 생산되고 있다.

$$\text{Cinnamic aldehyde} \xrightarrow{\text{Al(IsoPro)}_3} \text{Cinnamic alcohol}$$

Cinnamic aldehyde를 Aluminium isopro−pilade로 Pondorf환원시켜 만드는 제법이 일반적이다.

$$\text{CH=CH}_2 \xrightarrow[\text{H}_2\text{SO}_4]{\text{HCHO}} \longrightarrow \longrightarrow -\text{CH}_2\text{CH}_2\text{CH}_2\text{OH}$$

2) β−Phenyl ethyl alcohol과 관련 화합물

장미꽃의 향기를 가진 β−Phenyl ethyl alcohol은 염화벤질과 벤젠으로부터 다음과 같은 방법으로 만들어진다.

제3절 향료의 합성법

$$\text{C}_6\text{H}_5\text{-CH}_2\text{Cl} \xrightarrow{\text{KCN}} \text{C}_6\text{H}_5\text{-CH}_2\text{CN} \xrightarrow{\text{NaOH}}$$

$$\text{C}_6\text{H}_5\text{-CH}_2\text{COOH} \xrightarrow{\text{C}_2\text{H}_5\text{OH}} \text{C}_6\text{H}_5\text{-CH}_2\text{COOC}_2\text{H}_5$$

$$\xrightarrow[\text{C}_2\text{H}_5\text{OH}]{\text{Na}} \text{C}_6\text{H}_5\text{-CH}_2\text{CH}_2\text{OH}$$

$$\text{C}_6\text{H}_6 + \underset{\triangle}{\text{O}} \xrightarrow{\text{AlCl}_3} \text{C}_6\text{H}_5\text{-CH}_2\text{CH}_2\text{OH}$$

Lilac이나 Hyacinth와 같은 향기를 가지고 있는 Phenyl acetaldehyde는 Benzaldehyde로 부터 합성하는 경우가 있다.

$$\text{C}_6\text{H}_5\text{-CHO} + \text{ClCH}_2\text{COOC}_2\text{H}_5 \xrightarrow{\text{C}_2\text{H}_5\text{ONa}}$$

$$\text{C}_6\text{H}_5\text{-CH(O)CHCOOC}_2\text{H}_5 \xrightarrow{\text{NaOH}} \text{C}_6\text{H}_5\text{-CH}_2\text{CHO}$$

제2장 향료의 개론

Heliotropine은 Heliotrope와 같은 향기를 가지고 있으며 장뇌유로부터 얻을 수 있다.

Safrole을 알카리로 이성화해서 Isosafrole로 변형하고 적당한 때에 Ozone산화시켜 얻을 수도 있다.

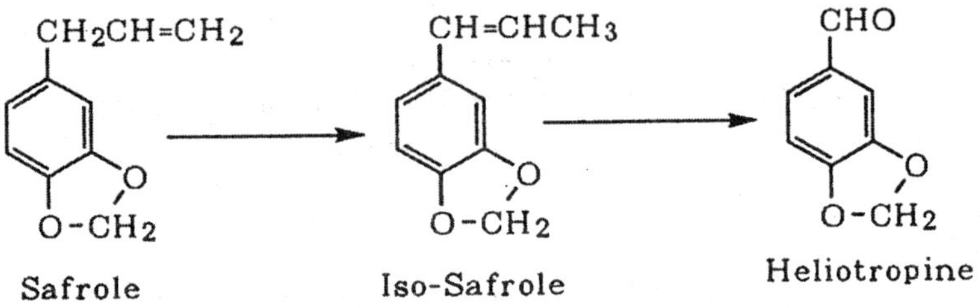

Safrole → Iso-Safrole → Heliotropine

아이스크림을 비롯 식품, 과자, 담배 등에 널리 응용하고 있는 바닐린은 바닐라콩으로 부터의 추출물이나 Eugenol부터의 제품이 품질적으로 뛰어나지만 목재의 리그린 경우는 Lignin sulfonic acid로 부터도 얻어진다.

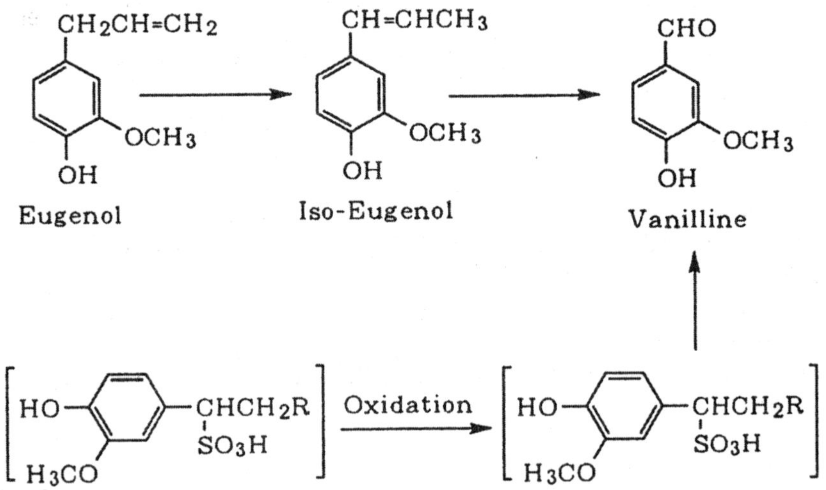

Eugenol → Iso-Eugenol → Vanilline

$$\left[\begin{array}{c} HO--CHCH_2R \\ H_3COSO_3H \end{array}\right] \xrightarrow{Oxidation} \left[\begin{array}{c} HO--CHCH_2R \\ H_3COSO_3H \end{array}\right]$$

3) 그 외의 방향족 합성향료

이 전에 Coumarine, Vanillin은 식품 향료로서 사용하였지만 최근엔 식품에 사용을 금지하였으며 ortho-Cresol로 부터 합성한다. β-Naphthyl Methyl ether, Yara Yara로도 합성이 가능하다. 복숭아 꽃 향기를 가지고 있는 β-Naphthol은 Methylalcohol, 염산을 사용할 경우 가열해야하는 번거러움이 있는 반면 황산 Dimethyl로 Methyl화 반응시켜 처리하면 쉽게 비누 등에 많이 적용시킬 수 있다.

Iso amyl salicylic acid : 난초의 향기를 가진 화장품, 비누향료에 이용 Benzyl salicylic acid : 향기는 별로 좋지는 않지만 보류제로서 중요함 Methyl anthranic acid : 포도의 단향을 가지고 있다.

2-Piperonyl propanal : 강하고 특수한 냄새를 가지고 있고 보류성이 풍부한 것으로 Cyclamen, Jasmine, Rose 등의 조합에 사용하고 있다.

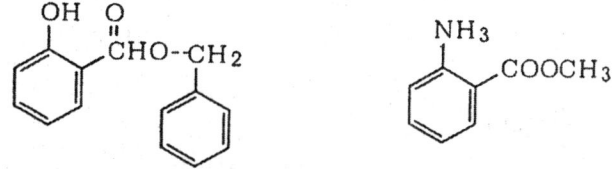

Coumarine

β-Naphthyl methyl ether

Iso Amyl salicilic acid

Benzyl salicilic acid

Methyl anthranilate

3. 그 외 중요한 합성 향료

1) Musk와 같은 냄새의 화합물

사향은 예로부터 고가의 향장품으로 중요시 해왔다. 사향은 Jacozica,

Jaconeco, Jaconezmi 등의 동물이나 Ambrette, Angelica 등과 같은 식물의 종자 및 뿌리로부터도 얻어진다.

천연 사향의 향기 성분의 구조가 Ruzicka 등에 의해 결정, 합성도 되었지만 그것과 구조가 다른 화합물에도 Musk와 같은 냄새가 다수 발견되어 널리 실용화되고 있다.

Musk와 같은 향기를 가진 화합물을 구조상 대별하면 Nitrobenzene, Indan, Tetrarine(Tetra hydronaphthalene), 大환상 Musk로 되어 있지만 그 중에서도 大환상 Musk가 천연 Musk향의 특징을 최대로 갖고 있어서 특히 많은 연구가 되고 있다.

(1) Macro cyclic musk

이 계통의 Musk의 기본적인 화학구조는 14~19 Cycle과 1개 또는 적은 관능기를 보유하고 있는 구조로 Macro cyclic ketone, Lactone, Ester, Oxide 등이 합성되고 있다. 여기서는 비교적 새로운 2,3개의 합성법을 도표에 표시한다.

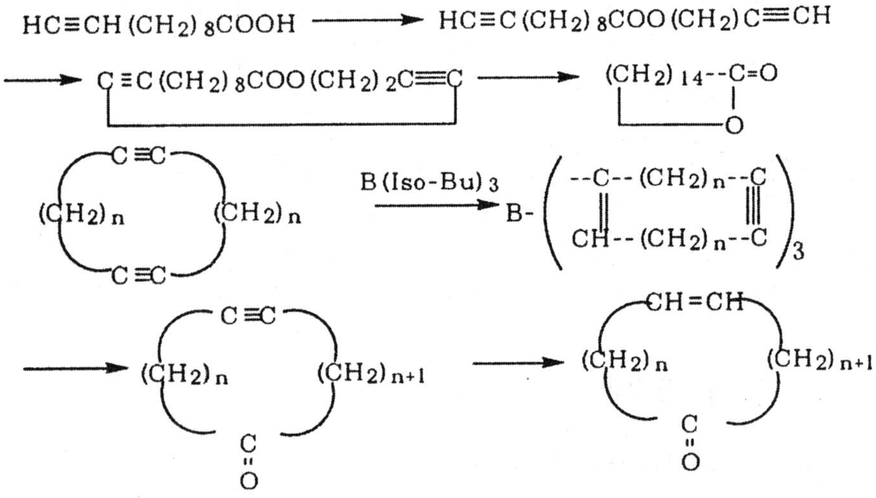

HC≡CH(CH2)8COOH
HC≡C(CH2)8COO(CH2)C≡CH
C≡C(CH2)8COO(CH2)2C≡C
(CH2)14--C=O
O
C≡C
(CH2)n
(CH2)n
C≡C
B(Iso-Bu)3
B-
--C--(CH2)n--C
CH--(CH2)n--C
3
C≡C
(CH2)n
(CH2)n+1
C
O
CH=CH
(CH2)n
(CH2)n+1
C
O

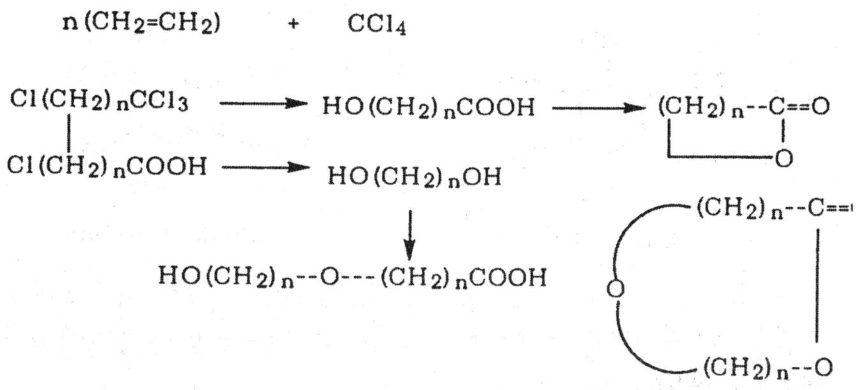
n (CH2=CH2)
+
CCl4
Cl (CH2) nCCl3
HO (CH2) nCOOH
(CH2) n--C==O
O
Cl (CH2) nCOOH
HO (CH2) nOH
(CH2) n--C==
HO (CH2) n--O--- (CH2) nCOOH
O
(CH2) n--O

또 Butadiene을 3량화해서 얻은 Cyclo dodecatriene, 합성섬유의 원료의 Cyclododecanone, Cyclo octene의 Metacesis반응으로 얻은 Cyclo−hexadecadiene 등을 원료로 Macro ketone의 합성 연구가 널리 행해지고 있다.

(2) Nitro Musk

1, 3−Dinitrobenzene의 동족체중 Musk 또는 Civet과 같은 냄새를 가지고 있으면서 적정가로 제조 가능한 인조 Musk라는 물질을 Soap, 화장품 등의 향료로 사용할 수 있다.

예를 들면

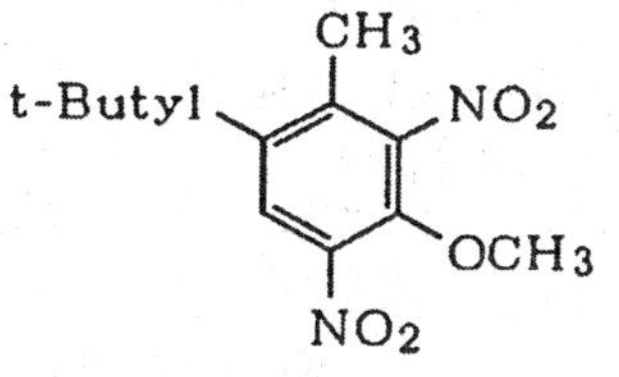
CH3
t-Butyl
NO2
OCH3
NO2

Musk Ambrette

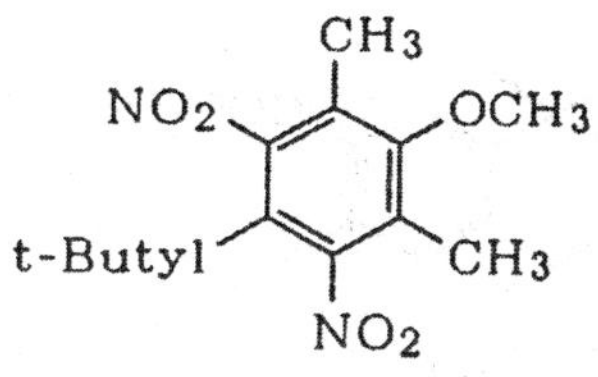
CH3
NO2
OCH3
t-Butyl
CH3
NO2

Musk Ketone

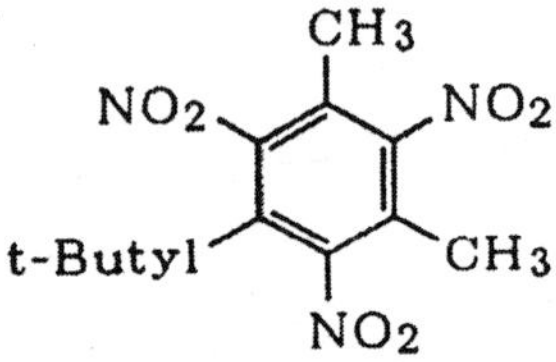

Musk Xylene

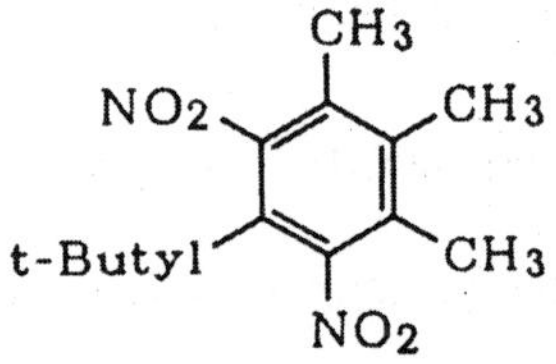

Musk Civetone

여기서는 Benzene 동족체에 알킬기 또는 아실기를 Friedel-Crafts 반응으로 Nitro화 해서 얻어진다.

Friedel-Crafts 반응, Nitro화 반응 둘다 이성체의 혼합물이 얻어진다. Nitro Musk는 열이나 광에 대하여 불안정한 것이 결점으로 되어 있다. 그리고 최근에는 광알러지, 공해 등으로 인해 사용이 금지되거나 사용량이 줄고 있다.

(3) Tetrarin계와 Indan계 Musk

Tetrarin과 Indan 유도체가 Musk와 같은 냄새를 가지고 있는 경우가 있기 때문에 냄새와 구조와의 관계가 상세히 검토되고 다음과 같은 방법으로 강한 Musk 모양의 향기를 가지고 있는 경우가 다수 합성되고 있다.

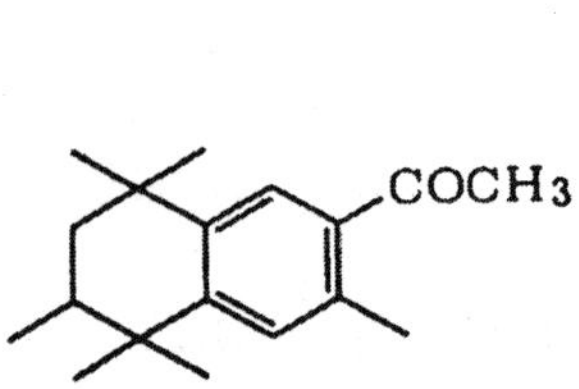

Tonalide

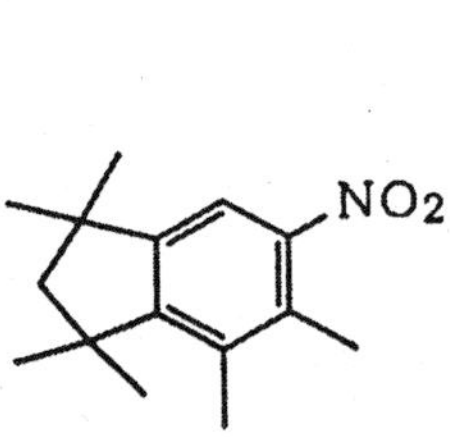

Muskene

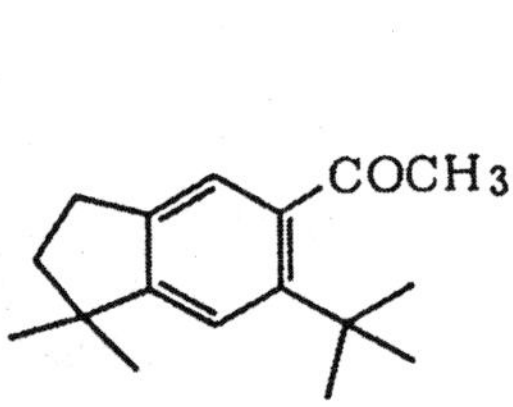

Celestolide

2) Jasmon과 관련 화합물

식물성 향료의 대표라고도 하는 Jasmin의 꽃의 정유 성분은 고대부터 조사되어 새로운 기기의 이용으로 중요한 향기 성분인 Jasmon, Jasmin lactone, Methyl jasmon산이 확인되었다.

Jasmone   Methyl Jasmonate   Jasmin Lactone

5-Octene-2-one을 출발물질로 해서 다음 방법으로는 Trans-Jasmon이 얻어진다.

$C_2H_5CH=CH(CH_2)_2COCH_3$

$\xrightarrow{ClCH_2COOC_2H_5}$ $C_2H_5CH=CH(CH_2)_2\underset{O}{\overset{CH_3}{C}}-CHCOOC_2H_5$

$\xrightarrow{CH_2(COOC_2H_5)_2}$ (구조: C_6H_{11}, C_2H_5OOC, C_2H_5OOC 치환 락톤)

$\longrightarrow$ HOOC- (C_6H_{11} 치환 락톤) $\longrightarrow$ HOOC- ((CH_2)_2CH-CHC_2H_5, Br, Br 치환 락톤)

$\longrightarrow$ (CH_2CH-CHC_2H_5, Br, Br 치환 락톤) $\xrightarrow{Zn}$ Aroms Jasm

제2장 향료의 개론

Cis hexenol부터 출발해도 Cis jasmone이 얻어진다.

$$C_2H_5I + HC \equiv CH \xrightarrow{Na-NH_3} C_2H_5C \equiv CH$$

$$\xrightarrow{\triangle\text{O}} C_2H_5C \equiv CCH_2CH_2OH$$
$$3\text{-Hexine-1-ol}$$

$$\xrightarrow{H_2} C_2H_5CH=CHCH_2CH_2OH$$
$$cis\text{-}3\text{-Hexen-1-ol}$$

$$\xrightarrow{PBr_3} C_2H_5CH=CHCH_2CH_2Br$$

$$\xrightarrow{Mg} C_2H_5CH=CHCH_2CH_2MgBr$$

$$\xrightarrow{(CH_3CO)_2O} C_2H_5CH=CHCH_2CH_2COCH_3$$

$$\xrightarrow{NaH} C_2H_5CH=CHCH_2CH_2COCH_2COOCH_3$$

$$\xrightarrow[Na]{BrCH_2COCH_3} C_2H_5CH=CHCH_2CH_2COCHCOOCH_3$$
$$\qquad\qquad\qquad\qquad\qquad\qquad |$$
$$\qquad\qquad\qquad\qquad\qquad COOCH_3$$

$$\xrightarrow{NaOH} cis\ Jasmone$$

Methyl cyclo pentene 과 Cis-pentenyl chloride를 직접 축합해서 얻은Methyl cyclo Pentenone에 직접 Alkyl화를 시켜 Cis-Jasmone을 얻는 방법도 있다.

$$HC \equiv CCH_2OH$$
$$\longrightarrow HC \equiv CCH_2-O-\text{(tetrahydropyranyl)}$$

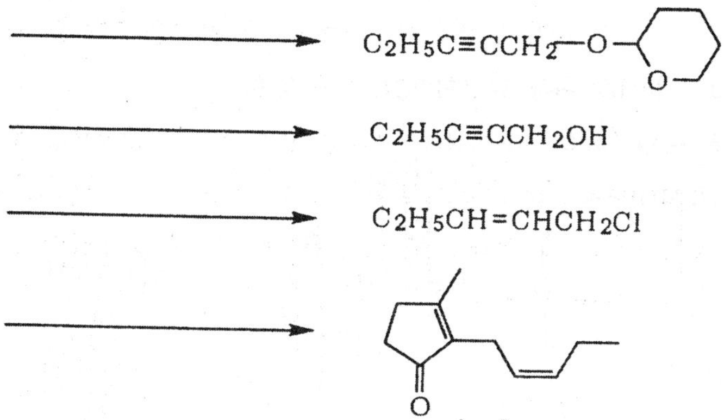
$C_2H_5C \equiv CCH_2-O-$
$C_2H_5C \equiv CCH_2OH$
$C_2H_5CH=CHCH_2Cl$

cis Jasmone

최근 또 다른 Cis-Jasmone의 합성법이 보고되었다.

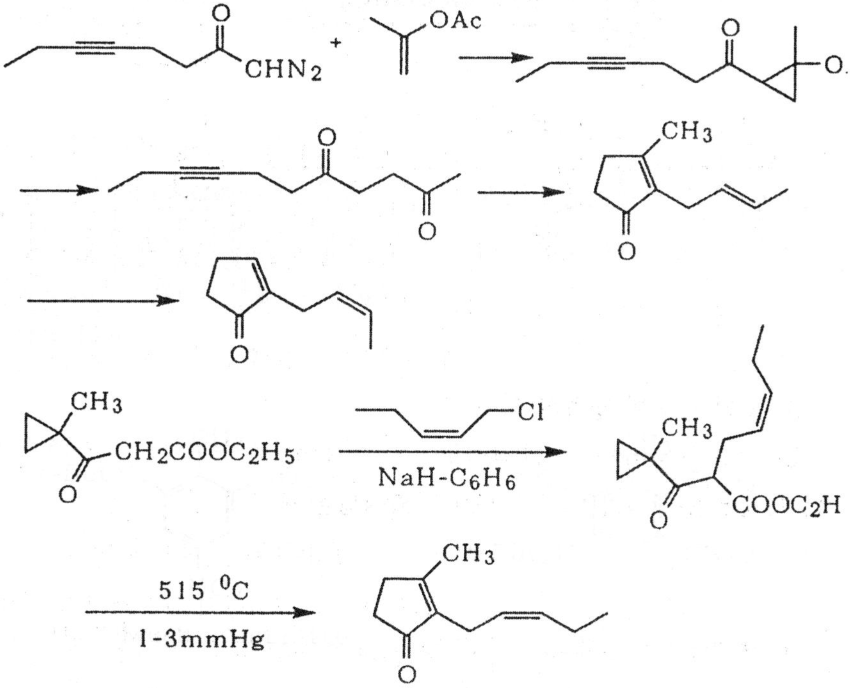
CHN_2
OAc
CH_3
$CH_2COOC_2H_5$
Cl
$NaH-C_6H_6$
$COOC_2H$
515 ⁰C
1-3mmHg

천연에 존재하는 Cis-Jasmone의 공업적 합성법에는 여러가지 문제점이 많이 있기 때문에 비교적 Jasmone에 가까운 향기를 가지고 있는 Dihydro Jasmone의 합성이 행해지고 있다.

예를 들면 Chloro acetone과 Grignard 시약의 반응으로 얻어지는 C-hloro hydrine을 Epoxide로 변화시키고 이것에 Na-diethyl maronate를 반응시켜 Ester lactone으로 만든 후 탈탄산 해도 수유율 66%의 Dihydro Jasmone을 얻을 수 있다.

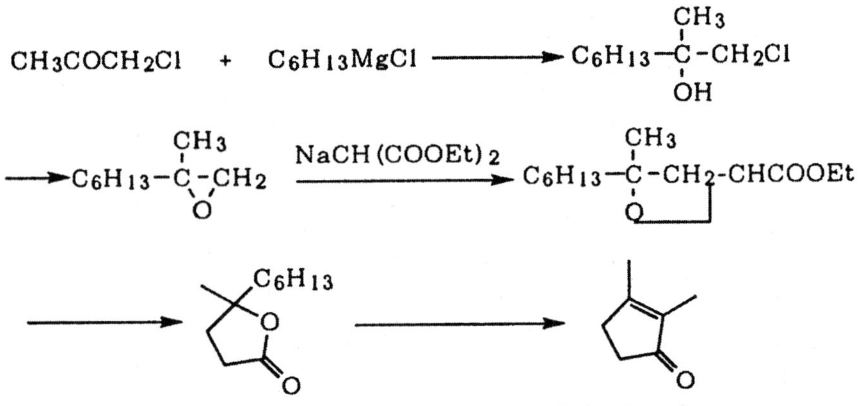

$$CH_3COCH_2Cl + C_6H_{13}MgCl \longrightarrow C_6H_{13}-\underset{OH}{\overset{CH_3}{C}}-CH_2Cl$$

$$\longrightarrow C_6H_{13}-\underset{O}{\overset{CH_3}{C}}-CH_2 \xrightarrow{NaCH(COOEt)_2} C_6H_{13}-\underset{O}{\overset{CH_3}{C}}-CH_2-CHCOOEt$$

$$\longrightarrow \text{(lactone)} \longrightarrow \text{Dihydro Jasmone}$$

3) 기타 중요한 향료의 합성

Cis-3-hexene-1-ol 과 Cis-3-hexenal은 녹색 잎 중에 존재하며 녹색을 연상시키는 성분으로 그 합성법을 예를 들면

$$HC\equiv CH \longrightarrow NaC\equiv CH \xrightarrow{C_2H_5I} C_2H_5C\equiv CH$$

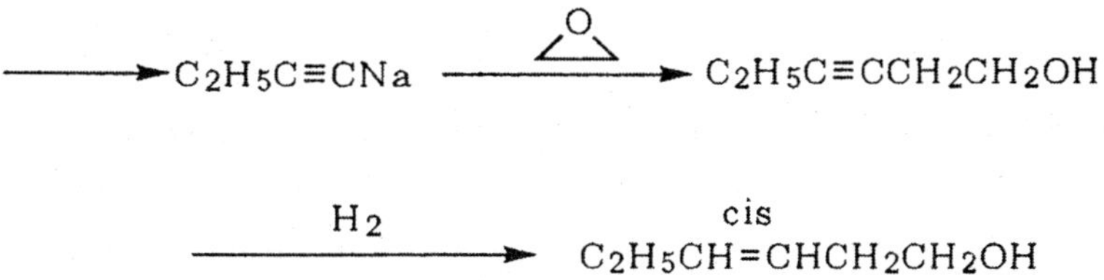

$$\longrightarrow C_2H_5C\equiv CNa \xrightarrow{\triangle\;O} C_2H_5C\equiv CCH_2CH_2OH$$

$$\xrightarrow{H_2} \underset{C_2H_5CH=CHCH_2CH_2OH}{cis}$$

이 이외에도 Aldehyde류의 향료들이 여러가지가 많으며 새로운 유향 물질들을 많이 연구하고 있다.

제4절 향료추출법

천연물로부터 향을 생산하는 공정은 다음과 같이 분류할 수 있다.

1. Distillation

증류에는 Water Distillation, Steam Distillation, Water and Steam Distillation, Dry Distillation 등이 있다. 식물체에 수증기를 불어넣어 파괴된 유세포로부터 분리하거나 또는 증기압으로 유리하여 얻는 정유는, 수증기와 접촉하고 서로 불용인 양액혼합물의 증기압이 각성분의 분압의 총계압을 표시할 때 수증기를 따라서 증류한다. 증류성분의 비점은 대개 150~300℃ 정도 되는데 수증기 증류법을 이용할 경우 그 성분들은 실제의 비점보다 떨어지는 저온-수증기온도-에서 증류된다. 따라서 향료성분의 분해나 변질을 막는 것이 가능하다. 이런 증류법을 Hydrodistillation이라고 칭하고 있다.

수증기법은 추출법 압착법에 비해 대규모로 생산하는데 적합해서 공업적으로 널리 이용되고 있다. 그러나 열에 불안정한 것 혹은 수용성

제2장 향료의 개론

향료의 생산에는 부적당하다. 화정유는 그 때문에 오로지 추출법에 의해, 감귤류는 압착법에 의해 채유되고 있다. 장미유, Orange flower유 처럼 수용성분을 함유한 것은 정유 그대로 향료 또는 화장품으로 하는 경우도 있지만 그 유출액을 다시 증류가마에 되돌려서 재증류하여 채유하는 것이 보통이다. 이 증류 조작을 "Cohobation"이라고 부른다. Hydrodistillation은 보통 3가지로 분류된다.

1) Water Distillation

채유원료가 비등수에 직접 접촉하고 있는 형식의 증류법으로 원료는 비중의 대소에 따라 물에 뜨거나 가라앉는다. 물은 직화 증기 Jacket, 증기코일 등으로 가열한다. 이 방법은 식물질이 수중에 침적되기 때문에 장미꽃잎, 오렌지꽃과 같이 증기에 접촉되면 딱딱한 모양으로 되어서 채유에 좋지 않게 되는 원료인 경우에 적합하다.

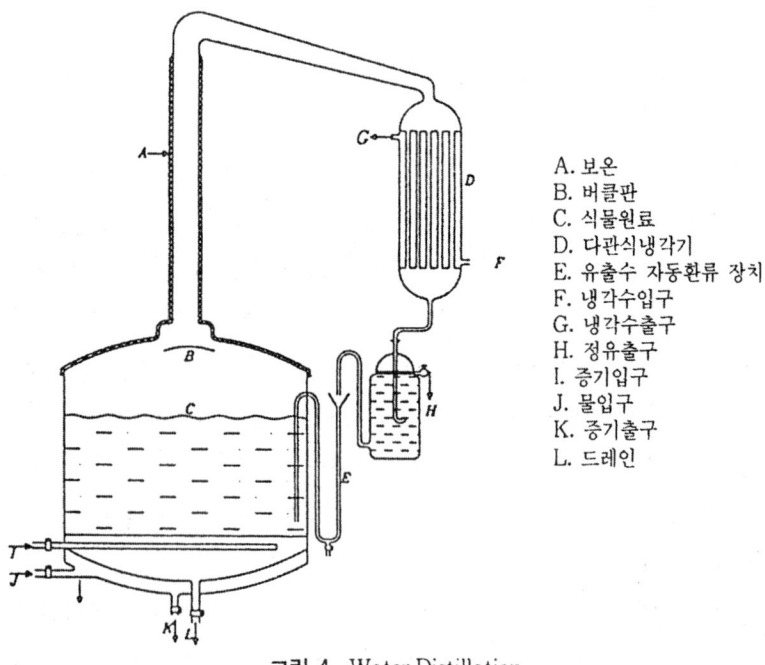

A. 보온
B. 버클판
C. 식물원료
D. 다관식냉각기
E. 유출수 자동환류 장치
F. 냉각수입구
G. 냉각수출구
H. 정유출구
I. 증기입구
J. 물입구
K. 증기출구
L. 드레인

그림 4 Water Distillation

2) Water and Steam Distillation

식물체를 준비된 격자 위에 쌓고 격자 밑에 물을 넣어서 가열하는 형식의 증류법으로 이 방법의 특징은 증기가 포화상태에 있어도 과열되지 않고 식물체는 수증기와만 접촉하고 있다는 점이다.

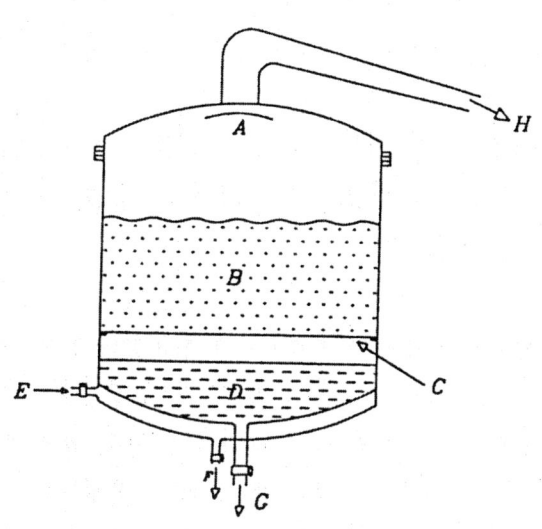

그림 5 Water and Steam Distillation
A. 버클판 B. 식물원료 C. 지지대 D. 물 E. 증기입구 F. 증기출구
G. 드레인 H. 콘덴서 연결관

3) Steam Distillation

Direct Steam Distillation이라고 부르기도 한다.

증류가마에 물을 넣지 않고 수증기를 밑에서 직접 불어넣어 증류하는 형식으로 오늘날 공업적으로 널리 사용하고 있다.

제2장 향료의 개론

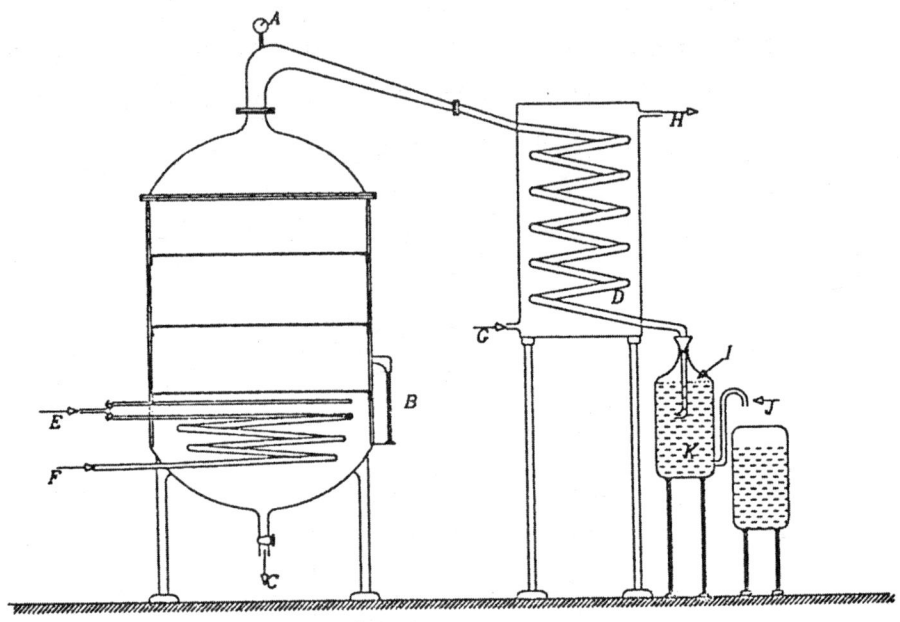

그림 6 Steam Distillation
A. 압력계 B. 게이지관 C. 드레인 D. 냉각기 E. 증기입구 F. 증기출구
G. 냉각수입구 H. 냉각수 출구 I. 정유출구 J. 유출수출구

이상 3가지 증류 방법을 알아보았는데 증류가마에 냉각기, 냉각수기를 연결하는 경우는 일반증류법과 같다. Cohobation을 행할 때는 유출수를 증류탑에 환류하는 설비가 필요하다. 유출액은 유층과 수층으로 분리되기 때문에 유수분리기(Oil Separator)를 이용한다.

4) Dry Distillation, Direct Distillation
　채유할 나무줄기, 나무뿌리 등을 미세하게 절단해서 증류가마에 넣고 가열해서 채유하는 방법으로 Copaiba oil, Birch tar oil 등의 예가 있고 식물 자체에는 냄새 물질이 존재하지 않고 증류하는 과정중에 향이 생기게 되는데 이때 이증류를 Destructive Distillation 이라고 한다.

2. Expression법

감귤류의 과피에 함유된 정유의 채유를 목적으로 행하는 채집법. 과피를 압착시키면 정유와 과즙의 혼합물을 얻게 되는데 Pectin 및 그 외의 성분도 포함되어 있기 때문에 현탁상태로 되어 있다. 방치후 분액해서 유분을 취하고 과즙은 농축과즙의 제조 또는 구연산 제조원료로 이용된다.

감귤류는 열에 불안정하기 때문에 차게 압착해서 채유한다. 소위 Cold press라는 상표로 상품화된다.

용제 추출이나 수증기 증류로 얻어지는 정유는 저급품이다. 왜냐하면 본래향기와는 다소 차이가 있는 향을 갖고 있기 때문이다.

1) Ecuelle법

Ecuelle이라는 특수한 기구를 이용하여 채유하는 방법으로 이태리 북부에서 예로부터 행해지고 있다. Ecuelle은 약 1cm 길이의 침이나 스파이크 모양의 돌출물이 다수 나와 있는 직경 20cm의 나팔이나 Funnel모양의 금속기구로, Funnel모양의 중앙에 채유관으로 연결되는 구멍이 나 있다. 한 손으로 채유도관 부위를 잡고 한 손으로는 과피를 침상 돌출 부위에 눌러 회전하면 액이 나오는데, 이는 도관을 통해 용기에 모여지고 이를 분액해서 채유한다.

2) Sponge법

이 방법은 이태리 남부에서 행해지는 방법으로 소규모의 가내 공업적 작업이다. 이 방법은 과피를 손으로 눌러 나오는 정유를 다른 손에 쥔 Sponge에 흡수시키고 이것을 다시 짜서 나온 액을 별도의 용기에 담아 과즙과 정유를 분액해서 채유한다. 착유후의 과피는 역시 약간의 정유가 남아 있기 때문에 수증기 증류나 용매 추출해서 2급품의 향을 회수하는데 사용한다.

3) 기계적 방법

과피를 벗기거나 압착하거나 분액 정제 등의 전 과정을 기계적 방법에 의해 행하는 채유법이다. 미국 캘리포니아 지방에서는 이 방법으로 채유하고 있다. 또는 포대 또는 양모제의 포대에 과피를 넣어 수압기로 착유하고 원심분리기에 의해 분액하는 약간 구식의 방법도 널리 행해지고 있다. 이것은 완전히 상온 이하에서 행하도록 권장되고 있다.

3. Extraction법

Jasmine, Tuberose, Violet, Hyacinth 등의 화정유는 열에 불안정해서 수증기 증류로는 정유성분이 분해, 중합, 수지화되므로 수증기 증류방법으로는 채유할 수 없다. 또 정유성분의 어떤 것은 물에 용해되어 채유율이 심하게 저하되는 경우가 있다. 이런 때는 Extraction법이 행해지는데, 비휘발성 용제와 휘발성용제를 이용하는 2가지 방법이 있다.

1) 비휘발성 용제추출법

이 방법은 남프랑스 지방에서 널리 행해지는 방법으로 지방이나 지방유가 꽃향 성분을 잘 흡수한다는 성질을 이용한 추출법이다. 일종의 흡수법(Absorption)이라고 할 수 도 있다.

(1) 냉침법(Enfleurage) : 지방에 꽃향을 흡수시켜 향료를 분리하는 방법은 옛날부터 행하여져 왔고 시대의 변천과 함께 점점 개량되어 지금은 소규모로 행해지고 있다. 그러나 프랑스 남쪽지방에서는 요즘도 행해지고 있다. 흡수는 높이 5cm, 폭 약 60cm, 길이 약 50cm의 목제틀의 중앙에 유리판을 끼운 Châssis라고 하는 기구를 이용한다.

유리판의 양면에 흡수매체(Corps)가 되는 지방(Fatty corps)을 약 1

제4절 향료추출법

chassis

cm두께로 도포시키고 약 4cm정도로 사이를 만들어 표면을 넓힌다. 아침 일찍 날이 밝기 전에 따서 수분이나 이물질을 제거한 신선한 꽃을 지방표면에 산포하고 나무틀을 35~40개 정도 겹쳐 싸놓고 일정시간 방치한다.(그림) 방치시간은 꽃의 종류에 따라 다르지만 보통 24~72시간으로 그 사이 유리판 공간사이에 충만한 향기는 완전히 흡수된다. 이 조작을 Enfleurage라고 한다.

꽃향의 흡수가 끝나면 지방표면에 붙은 꽃을 제거하는데 이 조작을 Défleurage라고 부른다. 이 작업에는 숙련을 요한다.

신선한 꽃을 다시 산포하고 Enfleurage와 Défleurage를 30~36회 정도 되풀이하면 지방은 화정유로 포화되고 여기서 Pomade(향지)를 얻는다.

예를 들면 Pomade No 36 이라고 칭하는 것은 36회 흡수조작을 반복해서 얻은 고농도의 Pomade라는 것을 의미하고 숫자의 대소는 화향 함유량의 다소를 뜻하고 있다. Jasmine의 경우 No 36 Pomade를 얻는 것에 8~10주간을 요한다. 지방 1kg당 꽃 2.5~3kg가 필요하다.

Jasmine, Tuberose 등의 꽃은 딴 후에도 수일간은 여전히 생리기능을 가지고 있어서 꽃향의 발산과 생성이 따기 전과 같다. 그리고 단시간에 화향 또는 정유를 저장시키기는 어렵다. 따라서 온침법이나 휘발성 용제추출법의 경우 꽃은 빠르게 시들어 버리고 채유량도 적다. Enfleurage는 이 성질을 잘 이용한 점에 특징이 있고 꽃향도 천연물에 가깝다.

예로부터 Pomade는 그대로 향료 또는 화장품으로 사용되었지만 그 후 향성분만을 추출해서 이용하도록 되었다.

추출용제로는 고순도의 알코올이 사용되고 있고 이 추출용액을 알코올성 화정유 또는 Extrait, Extract, Essence, Infusion 등으로 불리워진다.

프랑스 남부지방에서는 "batteuse"라고 부르는 교반식 추출기에 넣어 냉침 추출을 행하고 있다. 이 Extrait로 부터 알코올을 회수하여 얻은 화정유를 Absolute of Enfleurage라고 하거나 Absolute of Pomade 라고 부른다.

실온에서 처리하기 때문에 신선한 꽃향을 가지고 있지만 지방으로부터 오는 약간의 이취(by-note)를 수반하기도 한다. Soluble Concrete, Liquid Concrete of Pomade 등으로도 불리워진다.

여러가지 추출 후에 남은 지방을 Corps Epuis 라고 부르고 비누공업에 이용된다. 또 Enfleurage에 사용한 유지로부터 제거시킨 꽃을 석유 Ether 등의 용제로 추출한 뒤 그 용제는 휘발시키고 알코올 용해부분만 다시 추출한 것을 Absolute Châssis라고 한다.

Enfleurage법에서 중요한 것은 흡수제로 이용하는 지방의 품질이다. 다년의 경험에 의하면 Tallow 1 : 돈지 2의 혼합물이 최적이고 여기에 Benzoin 0.6 % 와 명반(0.15~0.3%)을 방부제로 사용하면 더운 여름철에도 산패하는 것을 방지하는데 효과가 있다.

광물유나 식물유 또는 다가 알코올 에스터르유를 이용하는 경우도 있으나 흡수성이 약하고 알코올 추출도 불안전하다. 지방 대신에 올리브유, 유동파라핀 등을 이용할 경우 Châssis 위를 통과 흡수하게 하는 방법이 연구되고 있으나 실용적이지 못하다.

(2) 온침법(Maceration) : 냉침법과 같은 일종의 흡수법에 지나지 않는다. Jasmine, Tuberose 등의 꽃은 꽃을 딴 후에도 잠시동안 생명을

제4절 향료추출법

가지고 있기 때문에 냉침법으로 작업해도 정유가 생성되고 채유량이 증가하는 특징이 있지만, Rose, Orange flower, Acacia, Mimosa 등의 꽃은 꽃을 딴후 곧 생리기능이 없기 때문에 단시간에 추출 효율이 좋은 온침법이 사용된다.

이 방법은 따뜻한 지방(60~70℃)에 꽃을 담궈서 꽃향을 추출하는데 오래된 꽃은 제거하고 신선한 꽃으로 교체하는 작업을 여러 번 반복해서 Pomade를 만든다.

Pomade로 부터 Extrait를 만드는 방법은 냉침법과 같으나 이 방법의 특징은 추출에 따뜻한 유지를 이용하는 것과 그 때문에 조작시간이 단축된다는 것이다. 그러나 냉침법에 비해서 향기의 이취가 강하고 Absolute가 산패해서 불쾌취를 수반하는 경우가 있다.

예를 들면 신선한 꽃 20kg을 아마포 또는 철망포에 넣고 이것을 60~70℃로 가온된 80kg의 정제유지에 담근 상태에서 약 1.5시간 온도를 유지시키고 1시간 방치한 후 온도를 내린다. 다음에 오래된 꽃은 걷어 내고 새로운 꽃 20kg을 교체한다. 이 조작을 10회 정도 반복하면 금속망 및 여과포를 통해서 Pomade를 얻는다. Pomade를 용매로 추출해서 얻은 Flower concrete는 고형성분 Stearoptene과 액상성분 Oleoptene으로 되고 그 위에 알코올로 처리해서 Stearoptene을 제거한 것을 Flower Absolute of Maceration이라고 부르고 Violet, Acacia, Rose, Orange flower 등 화정유 제조에 응용된다.

2) 휘발성 용제추출법

이 방법은 Robiquet에 의해 처음으로 응용되었던 방법으로 그 후 Buchner와 Favrot에 의해 설비,용매,조작방법 등을 개량하여 근대적 방법으로 오늘날에 널리 이용되고 있다.

신선한 꽃을 특별하게 제작된 추출장치에 넣고 여기에 정제한 용제를 넣어 추출하는 방법으로 그 조작은 상온에서 행한다. 일반적으로 석유

Ether를 이용하는 경우가 많다. 추출액을 증발장치에 옮겨 저온에서 농축하고 감압하에서 용제를 완전히 제거하면 Concrete를 얻게된다. 이것은 약간의 Wax, 단백질, 색소 등이 포함되어 있는데 Concentrated flower oil이라고도 한다.

concrete를 "Batteuse"라는 추출기에서 고농도 알코올과 함께 24시간 진탕시키고 여과해서 불용성 Wax를 제거시킨다. 그러나 약간의 알코올 용해성 Wax가 알코올 용액에 포함되어 있을 수도 있다. 이것은 −20℃로 냉각시키면 제거시킬 수 있다. 이 알코올 용액으로부터 용매 알코올을 제거하면 Absolute flower oil을 얻을 수 있다.

3) Spice oleoresin의 추출법

Spice herb의 정유는 수증기 증류에 의해 얻어지지만 중요한 맛을 내는 성분은 대부분 비휘발성이기 때문에 증류해서는 얻어지지 않는다. 따라서 적당한 용제로 Herb를 추출해야 비로소 Spice oleoresin이 얻어진다.

추출 용매는 아세톤, 에테르, 벤젠, 에탄올, 이소프로필 알코올, 등이 있으나 부탄이나 프로판도 가압하에서 사용하는 경우도 있다. 원료로는 종자, 과실, 잎, 나무껍질, 뿌리 등 많은 종류가 있으나 가능하면 신선하고 파쇄 직후의 것을 이용하는 것이 바람직하다. Oleoresin 중에서 어떤 것은 짙어서 수지상을 나타내는 것이 있는데 그 경우는 정유 또는 용제로 희석해서 사용한다. Cassis, Ginger, Celery, Clove 등의 Oleoresin이 잘 알려져 있다.

4) Extract의 제조법

동, 식물성 원료를 용매로 추출한 뒤 그 용매를 제거시킨 농축물을 Extract라고 하거나 ex라고 표현한다. 따라서 Absolute, Concrete, Resinoid, Oleo resin 등은 모두 Extract의 일종이다. 그러나 향장품 계통에 사용하는 천연물의 Pomade는 비휘발성 용매 중에 정유를 포함하는 일종의 용액으로 간주된다.

식품향료 분야에서는 향물질을 물, 지방유, 기타 용매에 용해시킨 희석액, 유액도 때에 따라 Extract라고 부르는 경우가 있으나 진정한 의미의 식향 Extract는 천연물로부터 얻어진 액상, 고상, 또는 반고상 제품을 말한다.

용매로는 물, 알코올, 아세톤, 석유 에테르, 벤젠 등이 사용되고 냉침, 온침 어떤 방법으로도 좋다. 추출액은 제품의 변질을 방지하기 위해 감압하에서 용제를 회수 농축한다.

새로운 방법으로 초음파를 이용한 경우도 행해지고 있다. 소량의 용매를 이용 단시간 내에 향미가 우수한 제품이 좋은 수유율로 얻어지는 잇점이 있다. 커피, 후추, 미모사 꽃등의 추출에 이용한다.

5) Tincture의 제조법

천연물의 알코올 추출액으로 희석용제로서 알코올을 그대로 함유하는 제재를 말한다. 향장품이나 식품 등에 사용하는 경우는 어떤 규정이 없으나 약용 Tincture를 제조하는 데에는 주로 온침법이 사용되고 추출기간은 수일간 또는 2주간 걸리는 것도 있다.

식용 Tincture를 제조하는데는 Percolation법이 주로 행해진다. 즉, 잘게 자른 원료를 충진한 용기에 상부로부터 용매를 주입해서 추출하는 방법으로 바닐라 Tincture, Ambrette Tincture,등 외에 약용제의 제조에도 널리 이용된다. 또 가용성 향물질을 알코올에 용해한 것을 Tincture라고 부르는 경우도 있다. Resinoid, Balsam을 용해한 Tincture제는 화장품용으로 자주 사용한다.

Tincture제는 Amber(3%), Musk(3%), Orris(25%), Vanilla(15%), Labdanum (20%), 안식향(20%) 등이 중요한 것들이다.

Infusion도 Tincture제의 일종으로 볼 수 있으나 추출이 가열 시에

제2장 향료의 개론

행해지는 특징이 있다. Oleo-resin, Gum-resin 등의 수지 유출액을 침출 또는 꽃으로부터 지방을 이용하여 추출하는 Pomade의 제조 등에 응용한다.

제3장 천연향료

제1절 정유의 생물화학적 생성

　정유는 생물체내에서 어떠한 생리적 메커니즘에 의해, 어떠한 목적으로, 그리고 어느 조직 중에서 생성되는가?
　물론 자연계에 있어서 정유는 주로 식물체의 종자, 꽃, 잎, 가지, 줄기, 뿌리 등에서 얻어지고 그 조성은 식물의 종류 및 부위에 따라 다르다.
　이러한 모든 문제들은 정유의 화학적 연구에 매우 중요한 과제이다. 그러나 아직까지 결정적인 결론은 이루어져 있지 않다. 물질대사 과정 중에 식물의 생존에 불필요한 분비물이 생기는데 이것은 일정 부위 즉 저장소에 저장되거나 일부는 체외로 배출한다. 이 분비물을 저장하는 저장세포는 일반의 조직세포와 비교해서 언뜻 보기에는 차이가 없으나 정유, 수지를 포함하고 있다. 이른바 Oil cell이라고 부르는 세포이다. 이것은 보통 원형포낭이지만 길고 관상의 것도 있다. 저장하는 내용물의 종류에 의해 유실(油室), 유도(油道), 수지낭(樹脂囊), 수지도(樹脂道) 등으로 나눈다. 식물체내의 이 조직을 일반적으로 Internal Gland라고 부르고 한편 외피조직이 있어서 체표면을 형성하고 분비물을 체외로 배출하는 것을 External Gland라고 한다.
　그러면 이러한 식물체 조직 내에 있는 정유는 어떠한 특성을 가지고 있고 어떻게 만들어지는가?
　정유는 Terpene, Polyterpene, Phenol류 등의 복잡한 혼합물로, 어떤 것은 100종 이상의 성분을 함유하고 있다. 이러한 정유는 세포원형질부터 분리되어 정유 저장소에 존재하고 높은 에너지를 갖고 있는데도 불구하고 알칼로이드와 같이 식물생리상 배설물로 간주된다.
　일반적으로 같은 속(屬) 식물의 정유는 성분의 종류, 조성 및 함량도 일정한데 이 점에서 정유는 규칙적으로 생성되는 것이지 결코 우연의 생산물은 아니라고 본다. 그의 변이는 식물 자체의 연고관계의 차나 생육하는 땅의 기후 풍토의 차에 의해 발현되지만 그래도 우발적인 것은 아니다.

정유는 크게 나눠서 Terpene계 화합물과 방향족 화합물로 구분할 수 있다. Gymnospermae(나자식물)의 정유는 조성이 비교적 단순해서 Terpene계 탄화수소를 주성분으로 하는 것이 대부분이지만 나자식물의 정유도 각종 화합물의 복잡한 혼합물이다. 또 나자식물보다 또 Monocotyledonae(단자엽 식물)보다 Dicotyledonae(쌍자엽 식물)의 편이 정유함량이 많은 것이 보통이다.

정유중의 각성분은 특수한 생화학적 접촉작용에 의해서 우선 일정의 중간적 대사물질을 생성하고 그것의 축합, 산화, 환원, 폐환(閉環) 등의 제반응이 일정 조건하에서 행해져 생성되는 것이다. 그 결과 Mono, di, tri, poly Terpene류가 생성하고 또 방향족 화합물도 똑같이 해서 이른 바 Biosynthesis가 행해진다. Walch 및 Semmler는 Terpene류를 Isoprene의 다량체로 생각하는 Isoprene의 구성원리(Isoprene build principle)를 제창했고 Harries는 Terpene의 열분해에 의해 Isoprene이 생성됨을 실험적으로 증명하였다. 그러나 이 Isoprene설을 강하게 지지하고 인식을 높인 것은 Ruzicka이다. Wagner-Jauregg 및 Lennartz는 Isoprene을 축합해서 Terpene의 생성을 입증하고 생물 화학적으로 주목받을 만한 주장을 하였다.

Isoprene $\xrightarrow{H_2O}$ Geraniol   +   α-Terpineol

제1절 정유의 생물화학적 생성

Von Euler는 Acetaldehyde와 Acetone이 세포 내에서의 Aldol축합으로 Methylbutenal로 되고 이것이 Terpene생성의 모체가 된다고 설명하였다.

$$CH_3\underset{CH_3}{\overset{O}{\|}}C + CH_3CHO \longrightarrow CH_3-\underset{OH}{\overset{CH_3}{\underset{|}{C}}}-CCH_2CHO \xrightarrow{-H_2O} \underset{CH_3}{\overset{CH_3}{C}}=CHCH_2$$

또 Francesconi, Favorsky 및 Levewa 등에 의하면 Terpene생성의 근원이 아미노산의 일종인 Isoleucine이라고 주장했다.

$$\underset{CH_3}{\overset{CH_3}{}}CHCH_2\underset{NH_2}{\overset{}{C}}HCOOH \longrightarrow \underset{CH_3}{\overset{CH_3}{}}CHCH_2CHO \longrightarrow \underset{CH_3}{\overset{CH_2}{}}C-CH=CH_2$$

  Isoleucine   Isovaleraldehyde   Isoprene

이외에도 Terpene 생성에 관한 설은 Saccaharine산 근원설, Geraniol 근원설 고급 Terpene 분해설등이 있다.

Robinson에 의하면 Squalene, Cholesterol 등의 고급 Terpene도 Isoprene으로부터 유도가 가능하다고 설명하고 있으나 식물체내에서는 Mono, di, tri 및 Polyterpene이 천연검과 같이 식물체내의 효소작용에 의해 Isoprene 다량체를 생성하는 것이라 생각되었다.

Lagnon 및 Bloch는 Isoprene이 두분자의 초산부터 생성한다고 생각했고 또 Haagen-Smitt는 Terpene의 생성에 우선해서 먼저 활성초산이 생기고 Acetic acid 및 Isoprene이 중간에 생성된다고 하였다. 곧 중간체로Aceto-acetyl-coenzyme A(Co A)는 2분자의 Acetyl-Co A

제3장 천연향료

를 생성하고 이것이 다른 Acetyl—Co A와 반응해서 β—Hydroxy—β—Methyl—glutaryl—Co A로 되고 되풀이 반응해서 β—Methyl—Isovaleryl—Co A 또는 β—Methyl Crotonic acid를 생성한다고 설명하고 있다.

결국 다음에 표시한 Farnesol형 화합물과 같이 규칙적인 단량체의 결합 즉 "Head to tail union"(두미결합 "Kopf—schwartz Stellung")의 형태로 Terpene 고급체가 성립된다고 서술했다.

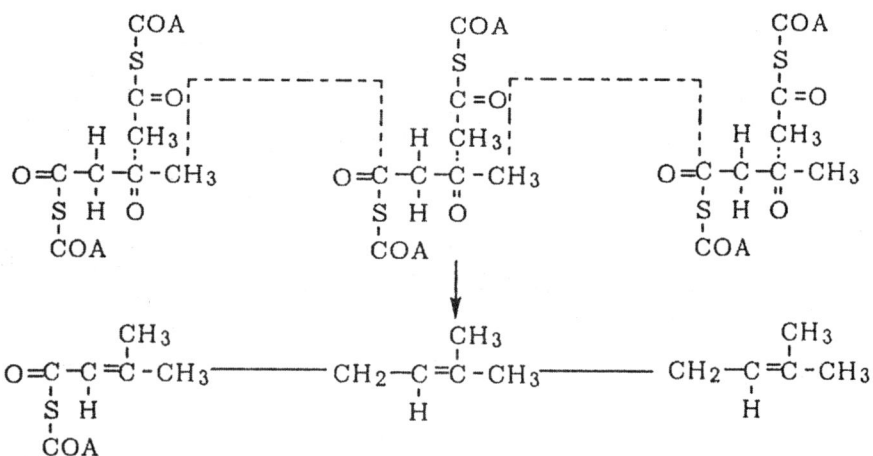

최근에는 Mevalonic acid 및 Mevalolactone이 천연물의 생합성에 중요한 역할을 해서 Terpene류가 이것으로부터 생성한다고 하는 학설이 나오게까지 이르렀다.

Mevalolactone   Mevalonic acid

제2절 동물성 향료

천연향료 중에 동물성 향료는 Musk(사향), Civet(영묘향), Castoreum(해리향), Ambergris(용연향), Musk rat 등 몇 종에 지나지 않는다.

1. Musk(麝香)

사향은 중국의 남서부 북인도의 히말라야 지방, 네팔, 북부 인도지나, 남 시베리아의 알타이 산맥지방 또는 몽고의 산악지대에 서식하는 Pecora 소속의 Moschus moschiferus 및 한국에 서식하는 M.moschiferus parripes의 수놈의 생식선낭의 분비물이지만 보통은 선낭을 가죽과 함께 잘라내어 건조한 것을 말한다. 위치는 복부에 있다.

발정기에 들어선 Musk가 먹을 것을 구해 야음을 틈타 행동할 때 수렵, 포획하여 그 선낭을 잘라낸다. 산지에 따라 남경(南京)사향, 동경사향, 운남사향, 아삼사향, 네팔사향, Cabardine사향 등의 구분이 있다. 남경사향은 고급품이지만 시장에는 좀처럼 나오지 않고, 동경사향, 운남사향은 중국남서부 티벳산으로 가장 유명해서 세계 전 생산량의 80%를 점하고 있고 본구(本口) 또는 청피(Blue skin)라고 부르기도 한다. 선낭은 "Pod"라고 부르고 1개의중량은 20~40g이다. 또 白毛라고 칭하는 것은 시베리아, 몽고 혹은 산동성 지방에서 생산되는 Cabardine의 사향으로 시베리아사향, 러시아사향 이라고도 하지만 상품가치는 낮다. 네팔사향, 앗삼사향(벵갈사향)은 형태도 작고 향기도 약하다.

선낭중의 분비물은 담갈색-암갈색으로 반고체의 과립상이다. 때로는 백색결정이 석출되는 경우도 있다. 가온하면 연화되고 물에 잘 용해된다. 그대로는 불쾌한 냄새가 있지만 희석하면 특유의 향기를 발한다. 주성분은 Muscone($C_{10}H_{30}O$)로 0.5~2%정도이고 그 이외는 지방 단백질

제3장 천연향료

염류 등이다. 이것을 알코올 Tincture로 해서 고급 조합향료의 휘발 보류제로 사용되며 매우 귀중하다. 입상으로 칭하는 것은 분비물에 다른 물질을 가해 만든 성형품으로 매우 고가이고 간혹 가짜가 있어 주의를 요한다.

최근에는 수렵수단이 진보에 따른 생활환경의 파괴 등으로 많은 야생 동물이 멸종 위기에 있기 때문에 이를 보호하기 위해 국제조약이 맺어졌다. 따라서 일부를 제외하고는 원칙적으로 원산지부터 수출할 수 없기 때문에 점점 천연사향을 찾아보기 힘들게 되었다.(조약 80년 8월 23일 공포)

2. Civet(靈猫香)

이디오피아,아프리카,남아메리카,동남아시아의 각지에서 서식하는 Cornivora vera에 속하는 동물로 아프리카산이 가장 유명하고, Viverra civetta(에티오피아, 기니아, 세네갈), V.zibetta(인도, 중국 서남부), V. malaccensis(말레이시아, 인도네시아), V.megaspila(인도, 중국서부), V.tangalunga(쟈바, 수마트라), V.zibettina(인도), V.rasse(인도) 등의 많은 종류가 있다. 이것은 암수의 항문 근처에 있는 포대모양의 분비선낭에 있다. 이 Civet는 야생의 것을 잡아서 채취하는 경우도 있지만 일반적으로 향을 얻기 위한 목적으로 사육해서 분비하는 Paste상 물질을 주걱으로 긁어 얻는다. 1회 30g정도 얻는데 에티오피아 경우 Civet의 주산지로 능률적인 사육법과 채향조작이 행해진다.

Civet은 신선한 것은 황백색 유동성이지만 공기 중에서 점차 암갈색 고체로 변한다. 강한 불쾌취가 있지만 희석하면 향기로워 진다. 알코올, 벤젠, 크로로포름에 용해되나 물에는 불용이다. 주성분은 Civettone ($C_{17}H_{30}O$)로 그 외 Skatole, Indole도 향기 성분중의 일종이다. 또 알코올 Tincture로 해서 Musk와 같이 사용된다. 대개 소뿔에 넣어서 운송

하는 것으로 알려져 있지만 최근에는 좀처럼 보기 힘들다.

3. Castoreum(海狸香), Castor

Castoreum은 해리(Beaver : Castor fiber L.)의 암수의 생식선을 따라 있는 분비선낭을 잘라서 건조한 것인데 이 해리는 캐나다, 북미동부, 북유럽 하천이나 호수, 늪지내에 서식하는 Sciuromorpha류에 속하는 동물로서 신장 75～95cm로 목은 짧고 몸통은 둥글고 뒷부분이 크다. 꼬리는 삽모양으로 생긴 동물이다. 이 동물의 선낭 중에 있는 크림상의 특이하고 강한 냄새를 가진 분비물을 건조한 것이 Castoreum이다. 카나다산과 러시아산이 있는데 러시아산이 우수하다. Castorin이라는 결정체와 수지상의 물질 등 많은 성분들이 연구되고 있다.

4. Ambergris(龍涎香), Amber

Odontoceti류에 속하는 고래 Physter macrocephalusL의 체내 즉 장내에서 생기는 일종의 병리학적 분비물을 건조해서 만든 것으로 병리학적 원인은 아직 밝혀지지 않았다. 그러나 문어, 오징어, 낙지 등을 먹고 이것이 소화되지 않고 결석이 되어 분비된 것이 아닌가 하는 것이 일반적인 설인데 이것을 고래가 밖으로 배출시켜 해상에 부유하거나 해안에 올라온 것을 채취하거나 또는 포획된 고래를 해체시 부산물로 얻어진다.

아프리카, 인도, 수마트라, 일본, 브라질 등 각지의 해상에서 발견된다. 용연향은 호박에 유사한 황색, 암회색 또는 암갈색의 밀납 또는 아스팔트상의 고상의 덩어리로 그다지 딱딱하지 않다. 형상, 크기는 다양하고 1kg부터 160kg에 달하는 거대한 것도 있다. 비중은 대략 0.9～0.92, 70～75℃ 부근에서 녹고 간혹 내부에서 오징어의 주둥이가 발견되는 경우도 있다. 알코올에 녹고 물에 녹기 어렵다. 주성분은 Triterpene인 Ambrein ($C_{30}H_{51}OH$)이 약 45%이고 그 외 콜레스테롤 등이 존재한다. Amber의 향기는 Ambrein부터 분해 생성한 γ-Ionone, Dihydro-γ-Ionone, Amberoxide 등이 내는 것으로 알려졌고 알코올 Tincture로 해서 보류제로 사용한다. 용연향 중에는 식물성 물질에 향료 수지 등을 가해서 응고시킨 외관이 유사한 가짜가 있으므로 주위를 요한다.

5. Musk rat

북미, 캐나다, 시베리아 등에 서식하는 쥐과류(Myomorpha)소속의 사향쥐 Fiber zibethics(또는 Ondatra zibethicus rivalicub)의 방향 분비선낭을 잘라 건조시킨 향으로 해리와 같이 암수 모두 분비선낭이 있으나 암놈 것은 선낭이 작아서 상품가치가 적고 이 작은 동물의 선낭 1000개로부터 얻는 지방성 방향유는 30온스 정도밖에 안된다. 북미대륙, 시베리아 늪지, 특히 루이지아나주는 전 포획량의 50%를 점유한다.

주성분은 Cyclopentadecanol 40%, Dihydrocivetol 58%고 그 외 Cyclo-pentadecanone(Exaltone), Cycloheptadecanone(Dihydrocivetone)이 2% 정도 있다.

Alcohol Tincture로 해서 Musk의 대용으로 사용된다. 미국산은 "Musk zibata"라는 이름으로 시판된다.

제3절 식물성 향료

1) Abies Alba

Abies Exelsa, Abies Pectinata, Abies Picea, "Silber Spruce" "White Spruce"라고도 한다.

오스트리아(Tirol), 프랑스 동쪽, 독일, 폴란드, 유고슬라비아에서 자라고 향은 침엽 또는 침엽과 가지를 증류해서 얻어진다. 이렇게 해서 얻은 오일을 Silver pine oil 또는 Silver fir oil이라고 하고 이들 나무의 열매(Templin)인 솔방울에서 얻어지는 오일을 Templin오일이라고 한다.

- 주성분 : 침엽유나 솔방울유가 거의 유사. 1-Bornyl acetate, α-Pinene 1-Limone 등이 있다.
- 성 상 : 무색 또는 약간의 황색의 유동성 액체
- 용 도 : 방취제, 욕용제, 비누향료로 사용하고 감기, 류마티스 등의 치료에도 사용한다.

2) Abies Balsamea

Abies Balsamifera, "Balsam fir" "Balsam tree" "Balm of Gilead fir"라고 부르며 캐나다, 북미에서 자라고 향은 잎이나 가지를 증류해서 얻어지며 Canadian fir needle oil이라고 한다. 또 줄기로부터 얻어지는 Oleoresin은 Canada Balsam 이라 하며 이를 수증기 증류하면 Canada Balsam oil 또는 Canada Turpentine oil을 15~25% 얻는다.

- 주성분 : 침엽유는 α-Pinene, Bornyl acetate, Cadinene 등 Turpentine유는 α-Pinene, β-Pinene, 1-β-Phellandrene, Bornyl acetate 등
- 성 상 : 침엽유는 연황색 또는 거의 무색의 유동 액체 Canada Balsam은 매우 끈적이는 점성이고 결정성 물질로 엷은 황색 또는 녹색을 나타낸다.
- 용 도 : 침엽유는 Airfreshner, 조합향, Household cleaner로 사용 Balsam는 바니스 또는 현미경 봉쇄제 또는 내복약으로도 사용한다.

3) Abies Sibrica

Siberian fir라고도 하고 북부 소련일대에 널리 분포하고 향은 작은 가지 줄기를 수증기 증류해서 얻어진다. 이 향을 Siberian fir needle oil 또는 Siberian Pine needle oil로 부르고 대량으로 채유된다.

- 주성분 : l-Bonyl acetate, α-Pinene, β-Pinene, Camphene, Terpinyl acetate 등
- 성　상 : 무색, 엷은 황색 또는 연한 올리브색
- 용　도 : 침엽유 중에서 가장 중요하고 화장품, 욕제, 소독제, 소취제, 비누용 등에 사용된다.

4) Almond oil, bitter

이것은 Prumus Amygdalus의 열매인 Bitter almond 仁(Kernel)이나 Prunus Armeniaca의 열매인 Apricots의 仁, Cerasus종의 열매 Cherries의 仁, Prunus Domestica의 열매인 Plums의 仁, Amygdalus Persica의 열매 Peach의 仁으로부터 부분적으로 올레인산염을 제거한 덩어리를 증류해서 얻어진다.

- 주성분 : Benzaldehyde
- 성　상 : 무색
- 용　도 : 과자류, 양주의 Flavor등에 사용

5) Ambrette seed oil

Ambrette seed는 앙골라, 에콰도르, 해난(중국), 인도네시아, 마다카스카르(Nossi-B), Martinique(서인도) 등에서 경작하는 Hibiscus Abelmoschus라는 식물의 열매인데 정유가 Nossi-B에서 국부적으로 생산되어 왔으나 지금은 대부분 유럽과 미국에서 생산되고 있다.

Ambrette seed를 분쇄하지 않은 상태에서 증류시키면 액상의 정유가 생산되어지고 단지 Palmitic acid만 함유하지만 분쇄한 것을 증류하면

고체상 정유를 얻게 된다. 이것을 Concrete라고 한다. 이 고상의 Concrete를 Ca 또는 Li 염으로 처리해서 팔미틴산, 고급지방산을 제거하면 0.2~0.6% 의 액상 정유(Ambrette seed oil, Liquid musk seed oil)를 얻어진다.

- 주성분 : Farnesol(주성분), Ambrettolide(특유성분), Decyl alcohol, Pamitic acid
- 성 상 : 무색 액체
- 용 도 : 강한 사향 냄새를 보유, 인조화정유의 변조제, 보류제로서 고급 화장품에 이용하지만 고가이기 때문에 사용양은 적다. 종자는 의약용으로 사용하는 경우도 있다.

6) Angelica oil

벨기에, 네델란드, 프랑스, 독일, 헝가리 그리고 북인도에서 경작되는 키가 큰 Angelica Archangelica라는 식물의 말린 뿌리나 씨(열매)를 수증기 증류 또는 용제 추출해서 얻어지는데 Angelica root oil은 뿌리를 증류해서, Angelica seed oil은 씨를 증류해서 얻어지고 Angelica root absolute는 다른 Absolute 제조공정과 같다.

- 주성분 : Root oil은 α-Phellandrene, α-Pinene, Angelicin, Angelica lactone, Exaltolide 등 Seed oil은 β-Phellandrene, Xanthotoxol, Xanthotoxin, Umbelliprenin, Bergaptene 등
- 성 상 : Root oil은 담황색~오렌지색~갈색 Seed oil은 담황색액체
- 용 도 : 식물성 사향이라고 하고 Liqueur의 Flavor, 고급조합향료에 사용한다. 생약은 진정, 강심제로 사용된다.

※ Angelica 속식물은 Coumarine or Furo-Coumarine을 포함하고 있는 것이 많아 광독성을 나타낸다. 따라서 IFRA에서 규제하고 있다.

7) Anise oil

Pimpinella Anism이라는 1년생 Herb를 말려서 부순 과실을 증류해서 얻어지는데 Anise seed oil, Aniseed이라고 부르며 근동지방이 원산이며 지금은 전세계적으로 재배하는 식물유이다. 폴란드와 구소련이 대량 생산국이다.

- 주성분 : Anethol, α-Pinene, Phellandrene, Chempene, Methyl chavicol, Anisketone, Anise aldehyde.
- 성 상 : 무색~담황색
- 용 도 : 양과, 과자, 치약향, 향미료, 의약, 구충약, 구품, 최유약으로도 이용된다.

8) Basil oil

여러가지 종류의 Basil 중에서 다음의 2종류가 일반화 되어있다.

① Ocimum Basilicum이라는 작은 식물의 꽃핀 윗부분을 수중기 증류해서 얻는데 True Sweet Basil oil이라고 하고 프랑스, 미국, 그리고 이태리, 헝가리, 스페인에서 약간 생산된다.

② "Exotic" 소위 Réunion타입이라고 부르며 Comoro, Seychelles 때로는 Madagascar에서 생산된다.

위 두 오일들은 그들의 냄새에 따라 간단하게 다음과 같이 나눈다.

① Linalool type : Estragole을 함유하고 있으나 전형적인 Sweet Basil oil의 냄새는 아니다. Camphor는 함유하고 있지 않다.

② Camphor-estragole type : Estragole을 전자보다 많이 포함하고 있고 Camphor가 함유되므로 해서 Exotic 타입의 냄새가 숨겨지지 않는다. 이 타입은 Linalool이 없거나 약간 있다.

- 주성분 : French산은 60% Linalool, 25% Estragole Reunion산은 60~70% Estragole, d-Camphor
- 성 상 : French산은 무색~연황색 Reunion산은 황색~황록색

－용　도 : 고급향수, 과자, 식품 등의 식향

9) Bay leaf oil

Pimenta racemosa, Bay, Bayberry, Wild-Cinnamon이라고 하는 야생, 또는 재배한 식물의 잎을 수증기 증류해서 얻는다. 그 수유율은 1~2% 어떤 경우는 3%까지 된다. 주로, 도미니카, 서인도제도, 프에르토리코에서 생산된다.

　－주성분 : Eugenol(50~60%), Chavicol, Citral 등
　－성　상 : 황색~암갈색 인화점 : 62℃
　－용　도 : 두발 화장수용향, 소스의 식향 등.

10) Benzoin

이것은 Benzoin siam 과 Benzoin Sumatra의 두종류가 있다.

① Sumatra benzoin

Styrax benzoin 또는 Styrax Sumatrana라는 나무로부터 얻는 향으로 수마트라에서 최고 많이 자생하고 인도, 말레이시아, 쟈바, 보르네오에서도 야생 또는 재배된다. 나무줄기를 상처내어 나오는 수지를 말한다.

　－주성분 : Resinotanno(93%), Benzoresinol cinnamate(7%), Styracine (Cinnamyl cinnamate), Vanillin phenyl propyl cinnamate
　－성　상 : 황갈색 과립, 상온에서 고체고 가열하면 연화된다.
　－용　도 : 일찍이 거담약으로 사용한 경우도 있었으나, 오늘날에는 Tincture로 해서 조합향료, 치약, 훈향료등 기타 화장료로도 응용된다.

② Siam benzoin

Styrax benzoides 또는 Styrax tonkinensis라는 나무로부터 얻는 향

으로 태국, 베트남, 캄보디아에 야생 또는 재배되고 나무 줄기를 상처내어 나오는 수지가 고화된 것을 말한다.
- 주성분 : Siaresinotannol($C_{10}H_{14}O_2$)(56.7%), Benzoresinol($C_{16}H_{26}O_2$) (5.1%)과 그의 안식향산 Ester(38.2%)
- 성   상 : Sumatra benzoin과 유사하나 품질이 뛰어나다.
- 용   도 : Sumatra benzoin과 같이 사용된다.

11) Bergamot oil

Citrus aurantium, Subsp bergamia라는 나무에서 나는 과일의 껍질을 Cold expressed 방법에 의하여 정유를 얻는데 이 나무는 이탈리아 남부의 Calabria 지방, 알제리아, 모로코, 튜니지아, 기니아 등에서 재배된다.

또 같은 속의 잎이나 가지를 수증기 증류해서 Bergamot Petitgrain oil 또는 Bergamot leaf oil을 얻는다.

※ 이 Bergamot oil은 Furo-coumarin류 내지 Coumarin 유도체를 함유하고 있어서 피부에 광독성을 나타내므로 화장품에 사용시는 Furo coumarin을 제거한 것을 사용해야 한다.

① Bergamot oil
- 주성분 : α, β-Pinene, d-Limonene, l-Camphene, Linalool(20~30%), Linalyl acetate(38~44%), Citral, Bergaptene, Bergamottin, Limettin, Citropten 등
- 성   상 : 녹색 또는 올리브색의 액체
- 용   도 : Eau de Cologne 향료나, 화장품, 비누용 향료로 널리 사용된다.

② Bergamot Petitgrain oil
- 주성분 : Furfural, d-Limonene, Dipentene, l-Linalool(55%), Terpineol, Geraniol, 및 Nerol, Methyl anthranilate

－성　상 : Bergamot oil과 같다.
－용　도 : Bergamot oil과 같다.

12) Birch oil
다음과 같은 종류가 있다.
① Birch Bark oil
Bentula Lenta(Sweet birch, Black birch, Cherry birch, Southern Birch)의 줄기나 껍질 및 작은 가지를 온수에 담근 다음 수증기 증류하면 배당체 Monotropitin(Gaultherin)이 효소에 의해 가수분해해서 정유를 유출한다. 캐나다 남부, 북미동부에 자생한다.
－주성분 : Methyl Salicylate(99%), 파라핀, 에스터
－성　상 : 무색~연황색
－용　도 : Winter green oil의 대용품, 조합향료, 식품향료 대부분 약용에 제공된다.

② Birch bud oil
Bentura alba(White Birch), Bentura pubescens의 잎싹을 수증기 증류해서 정유를 얻는데 구소련, 독일, 덴마크, 핀랜드에서는 주로 Bentura alba를, 핀랜드에서는 Bentura pubeseens를 사용한다.
－주성분 : Betulene($C_{15}H_{24}$)(3%), Betulenene($C_{15}H_{22}$), Betulenol($C_{15}H_{24}O$), Betulenol 의 ester(34%)
－성　상 : 연황색 액체
－용　도 : Hair Tonic(Birkenwasser)에 주로 이용되어 왔다. 현재는 향료로는 사용되지 않는다.

③ Birch tar oil
Benta pubescens, Betula pendula, Betula alba의 껍질을 건류(Destructive distillation)해서 얻어진다. Birch tar oil를 수증기 증류하면 정제 Birch tar oil(Rectified birch tar oil)을 얻을 수 있다.

－주성분 : Guaiacol, Cresol, Pyrocatechol, Betulin의 분해 생성물
－성　상 : 거의 검은 색의 오일, Carbon flakes도 Homogeneous하지 않다.
－용　도 : Russian leather라는 향료에 예로부터 사용하여 오고 있으며 살균성이 있어 피부병 약에 혼합하고 방부제, 류마치스 등의 치료제로 사용하며 향의 보류제로도 사용한다.

13) Bois de Rose

Aniba Rosaeodora(Cayenne rose wood 또는 Cayenne linaloewood)의 나무를 미세하게 잘라서 수증기 증류해서 정유를 얻는다. 브라질, 페루, 프랑스 Guiana(Cayenne rose wood)에서 나무를 수집한다.
－주성분 : Linalool(90~97%), Nerol, Geraniol, Cineol, Terpineol 등
－성　분 : 무색~담황색
－용　도 : 고품위 리나룰의 제조 원료, 고급향료에 널리 이용됨

14) Cajuput oil

Melaleuca Minor(Cajuput, Cajeput)의 나무의 잎과 작은 가지들을 수증기 증류해서 얻어진다. Moluccas제도를 중심으로 동인도 제도, 말레이, 호주에서 야생한다.
－주성분 : Cineol("Cajuputol", "Cajeputol", "Cajuputhydrate") (50~60%), α－Pinene, α－Terpineol, l－Limonene, Azulene
－성　상 : 무색~연황색, 녹색액체
－용　도 : 말레이에서는 위장약, 피부병 치료제, 진정제, 류마티스, 홍분제, 거담, 구충제, 그 외 구강, 방충제 및 Eucalyptus 대용으로 사용하기도 한다.

15) Calamus oil

Acorus Calamus("Sweet flag", "Sweet root", "Sweet myrtle",. "Sweet cinnamon", "Sweet cane")라는 다년생식물의 근경을 수증기 증류해서 정유를 얻고 이 식물은 유럽, 아시아, 미국 등의 온화한 지역의 늪이나 강가, 수렁에 자생하거나 경작한다.

- 주성분 : Asarone(80%), Calanenol($C_{15}H_{24}O$), Calamone($C_{15}H_{26}O$), Calameone($C_{15}H_{25}O_2$), Acorone
- 성   상 : 연황색~연갈색 점성액체
- 용   도 : Liqueur, 치약향, 방향성 건위약, 구충, 살충용, 식품향 등 여러가지 조합향에 사용한다.

16) Camphor oil

Cinnamomum Camphora의 나무, 줄기, 뿌리를 수증기 증류해서 얻어지는데 대만을 중심으로 해서 일본, 중국, 기타 아열대 지역에 널리 자생하거나 재배된다. 증류를 하면 고체, 결정 오일의 혼합된 물질이 얻어진다. 이 혼합액을 여과 압착하면 Crude camphor(35~40%)와 장뇌유(Camphor oil)(60~65%)가 얻어진다. 이 장뇌유를 장뇌생유 또는 장뇌원유라고 하고 비점의 순서에 따라 다음과 같이 나눈다.

- White camphor oil : Cineol과 Monoterpene으로 구성되어 있고 전체 Camphor oil의 20% 정도이다.
- Brown camphor oil : 80% 정도의 Safrole과 약간의 Terpineol을 함유하고 있으며 전체 Camphor oil의 22% 정도이다.
- Blue camphor oil : 대부분 Sesquiterpene의 무거운 것들로 되어 있으며 1%정도이고 camphor 50%, 그리고 찌꺼기 3%가 남는다.

17) Cananga oil

쟈바에서 재배되는 Cananga odorata form Macrophylla종의 꽃을 수증기 증류해서 0.5%~1%의 Cananga oil을 얻는다.
  ―주성분 : Sesquiterpene, Sesquiterpene-alcohol을 주성분으로 Nerol, Farnesol을 함유
  ―성 상 : 황색~오렌지색, 약간의 녹황색을 나타낼 때도 있다.
  ―용 도 : 비누향 또는 Ylang-Ylang oil의 대용

18) Capsicum
Solanaceae과에 속하는 여러 종류의 열매인 Capsicum, 한국에서 뿐만 아니라 동남아시아에서 많이 사용하는 고추종류인데 다음과 같이 두 종류가 주종이다.
Capsicum Annuum 또는 Capsicum Longum의 종에서 얻는 것은 크기가 크고 Capsicum Frutescens 또는 Capsicum Fastigiatum의 종에서 얻는 것은 작다.
위 것들은 세계 각지에서 재배되며 인도, 멕시코, 칠레, 한국 등에서 재배되며 Oleo-resin을 알코올 처리하면 자극취가 없는 Absolute가 얻어진다.
  ―주성분 : Capsaicin(Decylene Vanillyl amide), Carotein
  ―성 상 : 검붉은 색~황적색~적갈색(Oleoresin색)
  ―용 도 : 향신료 또는 의약품

19) Caraway oil
Carum Carvi의 익은 열매를 말려 부수어서 수증기 증류하여 얻어지는데 아시아, 유럽, 북아프리카, 미국의 북서에서 야생으로 자라고 동구 지방에서는 재배하고 있다.
  ―주성분 : d-Carvone(50~60%), Limonene, Dihydrocarvone등
  ―성 상 : Crude oil은 미황~갈색 액체 Redistilled 또는 Double

rectified oil은 무색~미황색
- 용 도 : 조미료, 육류, 쏘세지, 치약향, 껌, 건위제에 사용한다.

20) Carnation Absolute

Dianthus Caryophyllus의 꽃을 석유 Ether로 추출하면 0.2~0.3%의 Concrete를 얻는다. 이것을 알코올 처리해서 Carnation Absolute를 얻는다. 또 Absolute를 수증기 증류하면 1~8%의 Carnation flower oil을 얻는다. 불어로 "Absolue d'oeillet라고 알려져 있다.
- 주성분 : Eugenol, Phenyl ethyl alcohol, Benzyl benzoate, Benzyl salicylate, Methyl salicylate
- 성 상 : Olive green~황갈색 액체
- 용 도 : 소량이지만 프랑스 남부에서 Absolute, Concrete를 생산 Oriental조의 고급향수에 사용한다.

21) Cassia oil

Chinese cinnamon 오일이라고도 하며 Cinnamomum Cassia라는 나무의 잎이나 수피를 수증기 증류해서 정유가 얻어지는데 중국남부 특히 광동, 광서성을 중심으로 널리 자생하고 수피를 중국산계라고 해서 예로부터 생약으로 사용되어 왔다. 이 수피를 수증기 증류해서 1.5%의 Cassia bark oil, Cassia oil을, 잎으로부터는 0.54% Cassia leaf oil을 얻을 수 있다.
최근에는 용매 추출해서 Cassia Oleo-resin도 생산한다.
- 주성분 : Cinnamic aldehyde, Benzaldehyde, Salicylaldehyde, Cinnamyl acetate 등
- 성 상 : 황갈색~농갈색 액체
- 용 도 : 주요 식품향료, 음료, 과자, 빵류, 껌류 등에 사용하고 비누, Cinnamic aldehyde의 원료

22) Cassie oil

Acacia Farnesiana라고 하는 작은 나무의 꽃을 용매 추출해서 0.5~0.82%의 Cassie absolute를 얻는다. 레바논, 모로코, 이집트, 프랑스 남부에서 재배하고 있다.

- 주성분 : Methyl salicylate, Farnesol, Benzyl alcohol, Coumarine, Anise aldehyde 등
- 성　상 : 연황~농황색 액체
- 용　도 : 고급 조합향료

23) Cedarwood oil

Juniperus Virginiana(Cupressaceae)의 나무가루나 조각을 수증기 증류해서 정유가 얻어지는데 미국의 남동쪽에 야생한다. 또 Cedrus Atalantica로 부터 얻어지는 Cedarwood Himalaya가 있고 일본에서는 Thufopsis Dolobrata로 부터 얻어지는 Hiba oil과 Chamaecyparis obtusa의 잎이나 뿌리로부터 얻어지는 Hinoki oil, Cryptomeria Japonica로 부터 얻어지는 Sugi oil이 있다. 또 Cedrus Libani라는 종으로부터 얻어지는 Cedarwood oil, Lebanon, Chamaecyparis Lawsoniana로 부터 얻어지는 Cedarwood oil port 또는 ford, Juniperus Mexican으로 부터 얻어지는 Cedarwood oil, Texas등의 많은 종류가 있다.

그 중에서 대표적인 것이 Juniperus Virginiana를 들 수 있다.

- 주성분 : Cedrene, Cedrol, Cedrenol 등
- 성　상 : 담황색~황색 액체
- 용　도 : 비누향, 살충 소독제용향, 기타 Woody 조합향료

24) Celery oil(Selery oil)

Apium Graveolens의 전초나 씨를 증류해서 정유가 얻어지는데 구주가 원산이고 세계 각지에서 재배되고 있다.

인도, 프랑스 남부, 캘리포니아 등에서 씨를 수증기 증류하여 1.3~2.5%의 Celery Seed oil을 얻고, 완숙전의 전초에서 0.1%의 Celery herb oil을 얻는다. 또 종자를 용매 추출해서 Oleoresin(Celery seed oleoresin)을 얻을 수 있다.
 - 주성분 : 종자유는 d-Limonene, Selinene, Sedanolide 등
 - 성 상 : 종자유는 담황색~황갈색 액체
 - 용 도 : 중추신경 진정작용이 있다고 한다. 식용으로도 널리 이용된다.

25) Chamomile oil

Chamomile에는 독일 Chamomile과 로마 Chamomile이 있는데 독일형은 Hungarian Chamomile 또는 Blue Chamomile이라고 하고 Matricaria Chamomilla의 수증기 증류에 의해 정유가 얻어지며 유럽, 동구에서 재배된다. 로마형은 Anthemis Nobilis라는 종류의 혀모양의 꽃을 증류해서 정유를 얻는다. 영국, 벨기에, 헝가리에서 재배된다. 또 모로코 Chamomile이 있는데 Ormenis Multicaulis의 증류에 의해서 정유가 얻어지고 북아프리카 및 지중해 연안에서 자란다.
 - 주성분 : 독일형은 Chamazulene, Sesquiterpene 등 로마형은 Tiglic ester, Angelic ester 등
 - 성 상 : 독일형은 짙은 잉크색 액체 로마형은 연 Blue색의 유동액체
 - 용 도 : 독일형은 소염작용이 있기 때문에 약용, 화장품, 치약, 비누 등에 사용되고 로마형은 조합향료로 이용된다.

26) Cinnamon Bark oil

Ceylon cinnamon bark oil이라고도 하며 Zeylanicum 나무의 어린 가지의 안쪽 나무껍질을 말려 수증기 증류를 하거나 가끔 물 증류를 해서 정유를 얻는다. 세이론, 인디아, 버마, 인도차이나, 인도네시아 열도

에서 야생한다.
- 주성분 : Cinnamic aldehyde(60~75%), Eugenol(4~10%)
- 성　상 : 연황색~녹황색~황갈색 액체
- 용　도 : 식품, 과자류의 식향, Oriental타입 조합향료, 피부에 감작 작용을 나타내므로 조합향료 중 10%이하로 제한한다.

27) Cinnamon leaf oil

Cinnamomum Zeylanicum의 잎이나 가지를 부분적으로 말려서 수증기 증류로 정유를 얻는다. 산지는 Bark oil용 나무의 산지와 같다.
- 주성분 : Eugenol(80~90%), Safrole, Linalool, Benzaldehyde
- 성　상 : 담황색~황갈색 액체
- 용도 : 비누향료 및 조미향료, clove, Bay 잎유와 시장에서 경합하고 있다.

28) Cistus oil

Citrus Ladaniferus의 전체 Herb로 부터 수증기 증류에 의해 정유를 얻는다. 이 정유를 정류(Rectification)하여 시장에서 팔리고 스페인이 주산지이다.
- 주성분 : Acetophene, Trimethyl-1, 5, 5-hexanone-6
- 성　상 : 연오렌지색 액체
- 용　도 : Lavender bouquet용, 남성용 After shave용 향

29) Citronella oil

쟈바종과 세이론종이 있다.
① Citronella oil, Ceylon

Cymbopogon nardus의 잎을 수증기 증류해서 0.7%의 정유를 얻는다. 산지는 Ceylon이다. 쟈바종에 비해 수유율이 낮고 Geraniol, Citron-

ellal의 함량도 낮다.
 －주성분 : Geraniol(55~65%), Citronellal(7~15%), Borneol, Camphene, Methyl Eugenol.
 －성 상 : 황색~황갈색 액체
 －용 도 : 비누향, 공업용 향료

② Citronella oil, Java

Cymbopogon winterianus의 잎을 잘라 수증기 증류해서 정유를 얻는다. 이 종은 옛날 세이론에서 이식되어 Mahapengiri 또는 Old glass 라고도 불리는데 세이론 종과 구별된다. 잎은 세이론 종보다 넓고 수유율도 높고 품질도 우수하지만 재배에는 세심한 주의가 요구된다. 수증기 증류해서 0.7%의 정유를 얻고 총 Geraniol 및 Citronellal 함량이 35%이상의 것이 표준품으로 되어 있다. 세계 각지에서 재배 채유되고 있지만 쟈바이외의 중요한 산지는 대만, 과테말라, 온두라스, 하이티, 콩고 등이다.

 －주성분 : d－Citronellal(35%), Geraniol과 Citronellol(35~40%), Pinene, Limonene, Sesquiterpene류 등
 －성 상 : 무색~연황색
 －용 도 : 매우 중요한 정유로 년산 수천 톤에 달한다. Citronellal 및 Geraniol을 분리하고, Menthol, Hydroxycitronellal, Ionone의 합성 원료로 중요하다. 비누향, 실내방향제 기타 공업용 향료로 널리 사용된다.

30) Clove oil

Eugenia Caryophyllata로 부터 향을 얻는데 Moluccas 제도가 원산으로 추정되지만 현재는 아프리카 동부 산실바르섬, 벤바섬, 마다카스카르가 재배의 중심지이고 이 이외 인도네시아 각지, 세이론, 말레이에서도 재배되고 있다. 채집하는 부위와 방법에 따라 다음과 같은 종류가

얻어진다.

① Clove bud oil

개화전의 꽃봉오리를 채집하고 건조한 것을 정향(丁香)이라고 부르고 생약으로 사용된다. 이것을 수증기 증류하면 16-19%의 정향유(clove bud oil)가 얻어진다.

　－주성분 : Eugenol(70~90%), Eugenyl Acetate, Vanillin, Caryop-
　　　　　　yllene
　－성　상 : 무색~황갈색 숙성이 되면 황갈색으로 짙어진다.
　－용　도 : 식품향료, 의약, Eugenol관련 합성향료의 제조원료

② Clove leaf oil

Clove 나무의 잎이나 가지를 수증기 증류해서 얻어지고 수유율은 2~3%, 주산지는 마다카스카르로 Eugenol함량이 83~95%로 높다. 처음에는 황색이나 나중에는 철용기에서 검은 Violet로 변한다.

③ Clove stem oil

꽃봉오리를 딴 후에 꽃줄기를 증류해서 정유가 얻어지고 수유율은 6%로 높다. 주산지는 잠비아이고 Eugenol 함량은 82~87%이다. 역시 처음에는 황색이나 철존재 하에서 검은 Violet색으로 변한다.

31) Copaiba Balsam oil

Copaifera reticulata, Copaifera guayanensis 등의 나무에서 나오는 Oleoresin을 Copaiba Balsam이라고 하는데 이 Resin은 황색~황갈색의 점성 액체이다. 이 Resin을 증류하면 Copaiba Balsam oil을 얻을 수 있다. 주로 남미(브라질, 베네주엘라, 콜롬비아)에서 자란다.

　－주성분 : α, β-Caryophyllene, 1-Cadinene, Sesquiterpene
　－성　상 : 무색~황색 액체
　－용　도 : 향료의 Fixative로 사용되어진다.

32) Coriander oil

Coriandrum sativum의 말린 씨의 수증기 증류에 의해 정유가 얻어진다. 수유율은 0.3~1.1%인데 전세계적으로 경작되어지고 있으나 대부분 동구, Holland, 프랑스, 영국, 미국에서 증류하여 생산한다.
- 주성분 : α-Pinene, β-Pinene, Dipentene, P-Cymene, d-Linalool, Geraniol, Aldehyde C-10
- 성　상 : 무색~연황색 액체
- 용　도 : Gin의 Flavour, 식품 조미료, 비누향료

33) Costus oil

Saussurea lappa의 뿌리의 수증기 증류에 의해 정유를 얻고 수유율은 0.1~1.5%이며 히말라야 고산지대에서 야생하며 네팔에서 경작되어진다.
- 주성분 : Myrcene, P-Cymene, 1-Linalool, β-Ionone, Sesquiterpene, Costolactone
- 성　상 : 미황색~황갈색 액체
- 용　도 : 향료의 Fixative로 사용되며 특히 Oriental조에 사용된다. 피부에 감작성을 나타내기 때문에 조합 향료 중 0.1%이하로 제한함. 훈향 또는 방충에도 이용된다.

33) Cumin oil

일년생 식물인 Cuminum Cyminum의 말린 씨를 수증기 증류해서 정유가 얻어진다. 이집트가 원산이고 모로코, 사이프러스, 인디아, 중국, 이란에서 상품적으로 경작된다.
- 주성분 : Cumin aldehyde(35~60%), α,β-Pinene, P-Cymene, β-Phellandrene, Cumin alcohol
- 성　상 : 연황색~황갈색 액체 철존재 하에 암갈색으로 변한다.

─용　도 : 카레 등의 식품 조미료로 사용. 피부에 대해 광독성이 있어 조합향료 중 0.1%로 제한한다.

34) Currant black

Ribes Nigrum이라는 관목의 꽃봉오리로부터 수증기 증류에 의해 정유가 얻어진다. 유럽지방에서 경작되고 특히, 프랑스, 네델란드 등에서 경작한다.
─주성분 : Nopinene, l−Sabinene, d−Caryophyllene, Cadinene등
─성　상 : 연녹색 액체
─용　도 : 식향 및 조합향에 이용된다.

35) Dill oil

Anethum graveolens라는 1년생 초에서 수증기 증류에 의하여 정유가 얻어지는데 다음과 같이 2종류의 Dill oil이 얻어진다. 유럽남부, 아시아, 아프리카에서 야생하고 미국, 유럽, 파키스탄, 인도, 일본에서 경작된다.

① Dill weed oil

미국에서 신선한 Herb를 수증기 증류에 의해 얻어진다.
─주성분 : Carvone, d−Limonene, Phellandrene, α−Pinene, Dipentene, Myristicin, Dillapiole
─성　상 : 미황색~황색 액체
─용　도 : 수프, 소스 등의 식향과 약용으로 사용된다.

② Dill seed oil

Dill의 씨를 수증기 증류해서 얻어진다.
─주성분 : Carvone, d−Limonene, Phellandrene, α−Pinene, Dipenten 등
─성　상 : 연황색 액체

－용　도 : 수프, 소스 등의 식향으로 사용된다.

36) Elemi oil

Canarium commune, 또는 Canarium luzonicum의 나무껍질에서 나오는 레진을 수증기 증류해서 20~30%의 정유를 얻을 수 있다. 주로 필리핀에서 야생하거나 경작한다.
－주성분 : d－Phellandrene, Dipentene, Elemicin등
－성　상 : 무색~연황색
－용　도 : 수지는 연고에 이용되고 정유는 비누향으로 사용된다.

37) Estragon oil(Tarragon oil)

Artemisia Dracunculus의 전초를 수증기 증류해서 0.25~0.8%를 얻는다. 프랑스 남쪽, 헝가리, 터키, 북아메리카가 주산지이다.
－주성분 : Methyl chavicol(60~70%), Ocimene, Methoxy cinnamic aldehyde
－성　상 : 무색~연황색~황록색 액체
－용　도 : 양주의 식향, Chypre조의 조합향료

38) Eucalyptus oil

Eucalyptus속식물을 일괄해서 유카리 나무라고 부르고 그 잎을 수증기 증류해서 얻는 정유를 유카리유라고 부른다. 이 식물은 오스트랄리아가 원산이고 분류학상으로 600~700종이 있으나 모두 다룰 수 없고 다음과 같이 몇 종류의 대표적인 것만 살펴보면

① Cineol계 Eucalyptus유

Cineol을 70%이상 함유하는 것으로 주요한 것이 7종 있다. 용도는 약용이 많고 구강제, 양취제, 치약향, 소독제, 살균제, 방충제 등에 이용된다.

- Eucalyptus globulus : Cineol(70~80%), 수유율 0.75~1.25%
- Eucalyptus polybractea : Cineol 함량은 92%로 최고이고 Cineol 제조 원료로 사용된다.
- Eucalyptus dives var.C : Cineol(70~75%)
- Eucalyptus smithii : 아프리카의 콩고, 남아연방, Uruguay, 아르헨티나에서 재배하고 생육도 좋고 수유율도 좋아 유망시 된다.

② Piperitone, Phellandrene 함유 Eucalyptus 유

Piperitone, Phellandrene을 함유하고 있고 합성향료의 제조 원료 및 선광제로 이용되고 5가지 중요한 타입이 있다.

- Eucalyptus dives 타입 : l-Piperitone(40~50%), 1-α-Phellandrene(20~30%) 함유, 수유율 2~4%
- Eucalyptus numerosa var. A : Piperitone(50%), Phellandrene(40%) 함유
- Eucalyptus dives var. A : Phellandrene(60~80%), Piperitone, Piperitol(5~15%)
- Eucalyptus Australiana var. B(E.Phellandra) : Phellandrene(35~40%), Cineol(20~50%)

③ Citronellal, Geranyl acetate 함유 Eucalyptus oil

- Eucalyptus macarthuri : 수유율은 0.2%이하로 현저히 낮다. Geranyl acetate(60%) 와 Geraniol(10%)을 함유하는 정유이다.
- Eucalyptus Citriodora : 주산지는 오스트랄리아이지만 남아프리카, 콩고, 과테말라, 쟈바, 인도에서도 재배된다. 수유율은 0.5~0.75% d, l-Citronellal(65~85%), Citronellol(20%), Geraniol(5%)을 함유하고 Hydroxy citronellal의 제조원료로 해서 이용된다.

39) Fennel oil

Foeniculum vare라는 식물의 과일을 수증기 증류해서 정유가 얻어지

는데 수유율은 3%정도이고 종류가 많다. 크게 나누면 Bitter Fennel과 Sweet Fennel이 있는데 보통은 Bitter Fennel을 말한다. 유럽, 인도, 중국, 일본 등에서 생산된다.
- 주성분 : Anethol(50~60%), Fenchone, Camphene, d-Pinene, Dipentene
- 성　상 : 무색~연황색 액체
- 용　도 : 과자, 의약, 조미료 등

40) Galbanum oil

Ferula galbaniflu 및 Ferula rubricaulis의 잎이나 싹을 침출해서 얻은 Oleoresin을 수증기 증류해서 정유를 얻는다. 그 수유율은 10~22%이고 또 주산지는 이란, 및 터키이다. 수지의 형태에는 연질 Levant galbanum과 경질 Persian galbanum이 있고 약용으로 쓰이며 향료용은 전자를 수증기 증류한 것을 사용한다.
- 주성분 : Pinene, Myrcene, Cadinene, α-Pinene
- 성　상 : 담황색~황색
- 용　도 : Floral계 조합향료, 약용

41) Garlic oil

Allium Sativum의 구근을 수증기 증류로 얻어진다. 주요 산지는 지중해 지방이고 전세계적으로 재배되며 오일은 불가리아, 중국, 이집트, 프랑스, 독일 등에서 생산된다. 마늘의 향기의 발생경로는 세포중의 Alliin이 효소에 의해 Allicin과 그 외의 유화물을 생성하기 때문이다. 생마늘은 그다지 강하지 않지만 짤라 증류하면 강하게 되는 것은 Allicin 등이 생성되기 때문이다.
- 주성분 : Allicin, Allyl propyl disulfide, Allyl di, tri sulfide, Allyl vinyl sulfide 등

－성　상 : 연황색~적황색 액체
－용　도 : 향신료 특히 육류의 식향으로 이용하며 약용으로 강장, 살균제로 사용한다.

42) Geranium oil

Pelargonium graveolens종 외에 P.roseum, P.radula, P.capitatum, P.fragrans 등이 있는데 가장 많이 재배하는 곳이 Reunion으로 이 섬에서 전세계 생산량의 50% 이상을 공급하고 P.graveolens를 생산한다. 그 외 다른 중요한 생산국은 아프리카(알제리아, 모로코, 콩고, 탄자니아, 케냐), 유럽(구소련, 불가리아, 프랑스, 이태리, 스페인)이며 남아프리카가 유일하게 야생하는 곳이다. 여러가지 정유를 지리적 원산지 이름을 따서 분류하면

① Reunion geranium oil

Bourbon geranium으로도 알려져 있고 꽃이 피기 시작할 때 생초를 수증기 증류해서 얻어진다. 황갈색~녹색 액체이며 민트취를 가진 것이 특징이다.

② Algerian geranium oil

이것이 Reunion 오일보다 더 우수하다고 생각되는데 꽃피기 전 노랗게 변하기 전의 잎을 거두어 수증기 증류해서 얻는다. 담황색~황색의 액체로 Mint취가 적다.

③ Moroccan geranium oil

이 오일은 P.roseum의 잎과 줄기를 잘라 수증기 증류해서 얻는다. 담황갈색~녹색 액체이다.

－주성분 : Pelargonium 오일들의 주성분은 Geraniol, Citronellol, Ethanol, Dimethyl sulfide, Phellandrene, α－Pinene, α－Terpineol, Menthol, Linalool, Phenyl ethyl alcohol, Eugenol 등이다.

－용　도 : 고급 조합향료

43) Ginger oil

Zingiber officinale의 구근을 수증기 증류(수유율 1.5～3%) 또는 용제 추출해서 얻는다. 이것은 아시아가 원산지이고 쟈마이카, 인도, 아프리카, 중국 남부, 오스트랄리아 등에서 재배한다.
　－주성분 : Zingerone, Gingerol
　－성　상 : 정유는 연황색～황색 Oleoresin은 암갈색 점성 액체
　－용　도 : 식품향신료, 식향 또는 화장수용 향료 향신료용은 Oleoresin 이 좋다.

44) Gingergrass oil

Cymbopogon martini var. sofia의 잎과 전초를 수증기 증류해서 정유를 얻는다. 주산지는 인도이며 마드라스, 벵갈, Punjab주, 봄베이 동남쪽에서 경작되어 진다.
　－주성분 : Geraniol(35～65%), d－Limonene, Dipentene, d－Phellandrene, d, l－Carvone, Perilla alcohol
　－성　상 : 황색～농황색, 갈색 액체
　－용　도 : 비누향, 동아프리카에서는 Sandalwood oil과 같이 배합해서 모기 방지제로 사용한다.

45) Grapefruit oil

Citrus paradisi M, Citrus decumana.L의 과피를 Cold expression에 의해 정유를 얻는데 수유율은 0.05～0.15%이고 미국의 캘리포니아, 폴로리다, 텍사스 등이 주산지이다. 과실은 식용으로, 오일은 향으로 이용된다.
　－주성분 : d－Limonene(90%), Nootkatone(특이성분), Citral, Gera-

niol, Geranyl acetate, Methyl anthranilate 등
- 성   상 : 황색~황적색 액체
- 용   도 : 식향 및 Soft drink에 이용한다. 이 이외에도 잎 또는 줄기에서 Grapefruit petitgrain oil(Grapefruit leaf oil)을 얻고 꽃을 수증기 증류해서 0.03%의 Grapefruit blossom oil(Grapefruit neroli oil)를 얻기도 한다.

46) Guaiacwood oil

Bulensia Sarmienti 와 Guaiacum officinale의 두종류가 있다. Bulnesia Sarmienti는 아르헨티나 그리고 파라과이에 널리 퍼져 있는 종으로 이것이 순종의 Guaiac이다. G. officinale은 미국이 원산지이고 베네주엘라, 쟈마이카, 쿠바, 콜롬비아에서 재배되거나 야생하고 Resin 상의 물질이 얻어지는데 Tincture로 이용된다. 오늘날 Guaiacwood oil 은 주로 Bulnesia sarmienti의 정유가 대부분 이용된다.
- 주성분 : Guaiol, Bulnesol
- 성   상 : 점성있는 황갈색 물질
- 용   도 : 조합향료의 보류제, Resin은 Tincture로 해서 약용으로 사용한다.

47) Hop oil

Humulus luplus라는 일년생 덩굴식물의 꽃을 수증기 증류(수유율 0.2~0.8%) 또는 용제 추출해서 얻어지는데 유럽국가 및 북미, 브라질, 오스트랄리아에서 널리 경작된다.
- 주성분 : β-Myrcene, Dipentene, α,β-Caryophyllene, Humulone, Linalool, Lupulone 등
- 성   상 : 황색~적갈색 액체
- 용   도 : Hop는 맥주제조에 사용되지만 정유는 스파이스 및 과실,

식향, 양주, 담배의 향료로 이용된다.

48) Hyacinth oil

Hyacinthus orientalis의 꽃을 용매 추출해서 Concrete를 0.17~0.2% 얻고 이것으로부터 10~14%의 Absolute를 얻는다. 소아시아 및 발칸반도가 원산지이나 프랑스, 네덜란드에서 채유한다.
- 주성분 : Phenyl ethyl alcohol 등의 알코올류 및 에스터류
- 성　상 : 점성있는 적갈색 액체
- 용　도 : 고급조합 향료

49) Hyssop oil

Hyssop officinalis의 잎과 꽃을 수증기 증류해서 정유가 얻어진다.(0.15~0.3%) 남유럽의 록키 지역과 서아시아에서 재배되거나 야생한다.
- 주성분 : α, β-Pinene, Camphene, Hyssopin, 다른 Terpene 등
- 성　상 : 연황색~연녹색 액체
- 용　도 : 소스, Liqueur 등 식향에 이용된다.

50) Jasmine absolute

Jasmine official의 꽃에서 얻어지는 향인데 3가지 처리방법이 있다.
① Jasmine absolute from concrete

꽃의 향기성분이 우수한 아침에 꽃을 채취해서 석유 Ether 또는 프로판으로 추출하면 수유율 0.28~0.33%의 Concrete를 얻는데 이를 고순도 알코올로 처리해서 50~54%의 Absolute를 얻는다. 이것을 Jasmine absolute from concrete라 한다.

② Jasmine absolute from pomade

Jasmine absolute from Enfleurage라고도 하며 Enfleurage법에 의해 Pomade가 만들어지고 이것을 알코올로 처리해서 Absolute를 얻는

데 이것을 Jasmine absolute from pomade라고 하며 이 방법은 그라스 지방에서만 보이는 방법이다.

③ Jasmine absolute from châssis

이것은 Châssis 법에 의해 얻어진 Concrete를 알코올 처리해서 얻어진 Absolute로 생산량은 적다

- 주성분 : Nerol, Terpineol, Benzyl acetate, Benzaldehyde, Linalyl acetate, p-Cresol, Eugenol, Jasmone 등
- 성　상 : 황갈색 액체
- 용　도 : 고급 조합향료 및 식품향료로 이용. Concrete는 비누향으로도 사용한다. 인도 히말라야가 원산으로 프랑스, 그라스 지방, 모로코, 이탈리아, 중국에서도 재배되고 있다.

51) Jonquil absolute

Narcissus jonquilla의 꽃을 용매 추출하면 수유율 0.25~0.51%의 Concrete를 얻게 되고 40~55%의 Absolute를 얻는다. 프랑스의 그라스, 모로코에서 재배되고 Tuberose와 유사한 향기를 가지고 있다.

- 주성분 : Methyl benzoate, Benzyl benzoate, Methyl anthranilate, Linalool, Jasmone, Indole 등
- 성　상 : 암갈색~짙은 오렌지색
- 용　도 : 고급 조합향료에 사용된다.

52) Juniperberry oil

Juniperus communis의 열매(솔방울과 비슷한 열매)를 Juniper berry라고 한다. 이것이 완숙한 것을 수증기 증류하여 30~38%의 Juniper berry oil을 얻는다. 또 열매를 수중에 침적시켜 발효하고 알코올 음료를 증류할 때 분리되는 부산물유를 채취하는 경우도 있지만 그 채유율은 0.5~0.6%정도이고 품질도 낮다. 북미, 북부아시아, 유럽에서

자라고 있다.
- 주성분 : β-Pinene, Myrcene, d-Limonene, Cymene, Camphene, α-Terpineol, Borneol, α,γ-Cadinene
- 성   상 : 무색~황색
- 용   도 : 진 등의 양주에 사용하는 식향 및 이뇨제로 이용되는 경우도 있다.

53) Labdanum

Labdanum은 Cistus Ladaniferus로 부터 나오는 수지상의 분비물로서 중동이나 지중해 지방의 동부 산악해안에 야생한다. 주로 잎이나 작은 가지로부터 정유를 얻지만 채집법에 따라 각종 제품이 얻어진다.

① Labdanum Gum

스페인을 주로 해서 채집되고 생잎이나 마른 잎 또는 작은 가지를 물과 함께 가열해서 부상하는 부드러운 Gum을 얻는다. 상온에서는 어두운 색의 딱딱한 덩어리고 Ambergris와 유사한 Balsam향을 가지고 있다. 알코올에 용해해서 Tincture제조로 사용한다.

② Labdanum Resinoid

천연 Labdanum gum 에 고농도 알코올을 넣어 가용물을 용해시키고 냉각 후 여과하고 감압하에 알코올을 회수해서 Resinoid를 얻는다. 품질이 좋은 Gum으로부터는 70~80%의 수유율을 나타낸다. 점성이 짙은 오일이다.

③ Labdanum oil

Labdanum gum을 수증기 증류하면 1~2%의 Labdanum oil이 얻어진다.

④ Labdanum concrete 및 absolute

스페인, 모로코, 콜시카섬 등과 주로 프랑스 남부 그라스지방에서 채유된다. 생잎, 마른 잎, 또는 작은 가지를 휘발성 용매를 사용하여 3~7

%의 Concrete를 얻고 이것을 알코올 처리하면 45~88%의 가용성 Absolute가 얻어진다. 이 Absolute를 수증기 증류해도 Labdanum oil을 얻을 수 있다.

- 주성분 : α-Pinene, Cineol, Furfural, Benzaldehyde, Acetophenone Borneol, Labdaniol($C_{17}H_{30}O$), Labdanoic acid, Methyl abietate
- 용　도 : 모든 제품에서 Concrete와 Absolute 둘 다 중요하고 Absolute는 화장품, 비누용 향료에 사용되고 Gum resin은 훈향으로해서 이용되는 경우가 있다.

54) Laurel leaf oil

Laurus nobilis의 잎이나 작은 가지를 수증기 증류해서 0.5~0.8%의 정유를 얻는다. 주로 중국, 중근동, 유럽에서 자라고 오일은 알제리아, 모로코, 키프러스 등이 중심이 되어 생산된다.

- 주성분 : Cineol, Eugenol, Linalool, Geraniol
- 성　상 : 황색 액체
- 용　도 : 육류, 수프, 과자, 빵 및 요리용 식용향으로서 이용된다.

55) Lavandin oil

Lavandula hybrida의 식물을 처리하면 여러 종류의 오일이 얻어지는데 이 식물은 Lavender와 Spike lavender를 교배한 것으로 양종의 특성을 가지고 있으나 순종보다 내한성도 강하고 수명도 길고 채유율도 높은 것이 특징이다. 프랑스 남쪽에서 널리 재배되고 꽃이 만개한 직후 잘라 수증기 증류해서 0.5~1%의 Lavandin oil을 얻는다. 또 용매 추출을 통해서 Lavandin Concrete를 만들고 알코올 처리에 의해 Absolute를 만든다. Absolute는 증류법에 의해 얻는 오일보다 천연적인 향기가 강하고 보류성도 좋다.

―주성분 : Pinene, Camphene, Limonene, Dipentene, Ocmene, Camphor, Borneol, Terpineol, Lavandulol, Linalool(43~45%), Linalyl acetate(20~22%), Linalool oxide, Cineol 등
―성   상 : 정유는 무색~황색 Absolute는 암녹색
―용   도 : 비누향 및 각종 조합향

56) Lavender oil

Lavandula officinalis로 부터 여러가지 오일이 얻어지는데 지중해 연안지방에 자생하고 프랑스 남쪽을 주로 이탈리아, 헝가리, 러시아 남쪽, 영국, 오스트랄리아 등에서 재배된다. 다수의 변종이 있고 산지에 따라 정유의 상태가 약간은 차이가 있다.

프랑스산 정유 : 야생품종은 프랑스 남쪽 산악지대에 야생 또는 재배되고 있고 개화시의 전초를 잘라 수증기 증류에 의해 0.7~0.85%의 Lavender oil을 얻는다. 또 용매 추출에 의해 1.5~2.2%의 Concrete를 얻고 알코올 처리해서 50~60%의 Lavender absolute를 얻는다. Ester함량에 의해 품질의 차등을 둔다.

―주성분 : Linalyl acetate(35~55%), Linalool(15~20%), 3―Octanone, Lavandulol, Lavandulyl acetate, α, β―Pinene, Limonene, 1,8―Cineol, Ocimene, Camphor, Borneol 등
―성   상 : 정유는 황색~호박색 액체, Absolute는 암녹색 액체
―용   도 : 향수, 화장수, 오데코롱, 비누 등의 여러 방면에 사용한다.

57) Lemon oil

Citrus limonum으로 부터 얻어지는 정유로 중국동남부가 원산이라고 하지만 현재는 지중해 연안 특히, 시실리, 카라프리아와 북미 캘리포니아를 중심으로해서 스페인, 브라질 등에서 재배되고 있다. 주요제품은 다음과 같다.

제3장 천연향료

① 캘리포니아산 레몬 오일

Eureka종과 Lisbon종의 두종류가 있고 기계 압착에 의해서는 0.2~0.3%의 Lemon oil을 얻지만 수증기 증류로는 0.5~0.6%의 Lemon oil이 얻어진다. 그러나 수증기 증류유는 Cold press유 보다 품질이 떨어진다.

- 주성분 : α-Pinene, β-Pinene, d-Limonene, γ-Terpinene, Citral, Octyl aldehyde, Linalool, Geraniol, Citroptene 등

② 이탈리아산 Lemon oil

수확기 차이에 의해 Summer lemon 과 Winter lemon의 두종류로 나눈다.

이탈리아산의 90%는 시실리에서 생산되고 그 외는 주로 캘리포니아산이다. 예로부터 Sponge법이 가내 공업적 규모로 채택되었지만 오늘날에는 차츰 기계적 압착방법이 사용된다. 따라서 Sponge법에 의한 우수한 품질은 조금씩 저하되고 있다. 시실리에서는 잎 및 작은 가지를 수증기 증류해서 0.18~0.2%의 Lemon petitgrain oil(Lemon leaf oil)을 얻는다.

③ 스페인산 Lemon oil

Sponge법에 의해 0.25~0.4%의 레몬유가 얻어진다.

④ 브라질산 Lemon oil

상파울로 근처를 중심으로 기계적 압착법이 행해지고 0.15~0.3%의 레몬유가 얻어진다.

- 주성분 : α-Pinene, β-Pinene, Camphene, β-Phellandrene, d-Limonene, Citral, Citronellal, Geraniol, Geranyl acetate, Limettin, Bergamottin, δ-Geranoxy psolarene 등
- 성　상 : 연황색~황록색 액체
- 용　도 : 식품향료 및 모든 조합향료에 사용한다. 이탈리아에서 생산하는 Ecuelle법에 의한 것이 최고품이고 Terpeneless유

의 제조에 적합하다. Leaf oil은 오데코롱, 향수, 비누용 향료로 이용된다.

58) Lemongrass oil

동인도형 Cymbopogon flexuosus와 서인도형 Cymbopogon citratus를 수증기 증류해서 정유를 얻는데, 서인도형은 말린 풀을 동인도형은 생잎을 이용한다. 동인도형은 Travancore 등의 지방이 주산지고 서인도형은 아시아, 아프리카, 아메리카의 아열대 지방에서 널리 재배되고 있는데 케냐, 과테말라, 하이티, 인도네시아 등을 들 수 있다.

- 주성분 : 동인도형은 Citral(75~85%), Geraniol, Methyl heptenone 서인도형은 Citral(65~85%), Myrcene(12.2%)
- 성　상 : 황색~호박색 점성액체
- 용　도 : Citral 원료로 중요하다. 이 Citral은 Ionone, Methyl Ionone, Vitamin A. E의 원료로도 사용된다. 서인도형은 Myrcene이 많아 용해성이 좋지 않다.

59) Lime oil

Citrus aurantifolia의 과피를 압착법에 의해 수유율 0.1%의 Lime Oil을 얻는다. 그리고 과즙제조 부산물의 과피 및 과즙의 수증기 증류에 의해 증류 오일을 얻는다.

멕시코, 서인도 제도, 동아프리카, 아랍, 이란, 플로리다 등에서 재배되고 있다.

- 주성분 : 압착유는 Citral, Methyl anthranilate, Bisabolene, Limettin(Citroptene), Iso-Pimpinellin, Bergaptol, 7-Methoxy-5-geranoxy-coumarine 증류유는 α,β-Pinene, d-Limonene, Dipentene, Furfural, Citral, Lauraldehyde, Linalool, Geraniol, α-Terpineol,

제3장 천연향료

　　　　　Borneol, Bisabolene, Azulene 등
－성　상 : 압착유는 황록색~농황색 유동성 액체 증류유는 무색~담
　　　　　황색 유동성 액체
－용　도 : 과즙과 함께 각종 식품 특히 콜라형 음료 및 과자류에 이
　　　　　용되며 화장수, 비누용 향료에도 사용된다.
※ 압착법에 의해 얻은 향은 피부에 대해 광독성을 나타내기 때문에
　 일광에 노출되는 피부에 사용하는 경우 조합향료 중 3.5%이하로
　 제한한다.

60) Linaloe oil

Bursera delpechiana, Bursera aloexylon 등의 나무로부터 나무를 잘게 부수어서 수증기 증류하거나 열매나 씨를 수증기 증류해서 정유를 얻으며 멕시코산과 인도산이 있다. 인도산은 멕시코로부터 이식 재배되고 있는데 주산지는 멕시코이다. 과실을 증류한 것을 Linaloe seed유라 하며 이는 Linalyl acetate함량이 많기 때문에 인도에서는 인도 라벤더라고 칭하기도 하는데 Ocotea Caudata로부터 얻어지는 Cayenne linaloe oil과 혼동해서는 안된다.

－주성분 : Linalool(60~75%), Linalyl acetate, Geraniol, Terpineol,
　　　　　Nerol
－성　상 : 무색~담황색 액체
－용　도 : 조합향료에 사용한다.

61) Litsea Cubeba

Litsea cubeba의 과실, 수피, 잎을 수증기 증류해서 정유를 얻고 수유율은 0.25~0.35%이다. 중국이 주산지이고 대만, 북부인도에서도 생산된다. 중국명은 May chang이다.

－주성분 : Citral(74%이상)

-성　상 : 담황색 액체
-용　도 : Citral의 공급원

62) Lovage oil

Levisticum officinale의 전초, 뿌리로부터 수증기 증류 또는 용제 추출에 의해 향을 얻는다. 프랑스 남부 산악지대에서 자생하고 독일, 헝가리, 체코 및 미국에서도 재배된다.

-주성분 : n-Butyl phthalide, n-Butylidene phthalide, Maraniol 등
-성　상 : 호박색~갈색 액체
-용　도 : 뿌리는 구풍, 발한, 통경제로 사용되고 잎은 셀러리 대용으로 사용한다. 정유는 담배, 사탕과자, Liquer 및 강장 음료에 식향으로 사용한다.

63) Mandarin oil

Citrus reticulata Blanco var, Mandarin의 과피나 잎으로부터 향이 얻어지는데 중국남부가 원산이고 남부 이탈리아(시실리, 칼라브리아), 스페인, 아프리카의 지중해 연안 지방 및 남미(브라질)에 이식 재배되고 있다. Tangerine과 매우 비슷하다.

Sponge 또는 기계 압착법에 의해 과피로부터 Mandarin oil이 채유하며 시실리는 전과(全果)의 0.75~0.85%, 브라질은 0.2%의 수유율을 얻는다. 또 잎으로부터 수증기 증류해서 0.3%의 Mandarin petitgrain oil(Mandarin leaf oil)이 얻어지고 스페인, 시실리, 알제리아, 기니아에서 생산되고 있다.

-주성분 : 과피유는 d-Limonene, Methyl-n-Methyl anthranilate, Linalyl acetate, Cadinene, Tangeretin 엽유는 α-Pinene, Camphene, Limonene, Dipentene, p-C-

ymene, Linalool, Geraniol, Methyl anthranilate, Methyl
-n-Methyl anthranilate
- 성   상 : 과피유는 오렌지색~암갈색 액체 엽유는 녹황색 액체
- 용   도 : 음료, Liquer 및 Candy 등의 식향, 조합향료에 사용한다. Tangerine과는 향조가 다르기 때문에 조심해야 한다.

64) Mentha Arvensis

Corn mint, Wild penyroyal mint oil이라고도 하며 Menth arvensis의 마른 전초에서 수증기 증류에 의해 정유가 얻어진다. 브라질, 일본, 인도, 중국에서 생산되고 이 오일들은 Menthol 추출용으로 사용되어진다. 따라서 이 오일의 Menthol함량은 40~50%까지 감소한다. 증류의 생산량은 0.5~1.0%이다.

- 주성분 : α, β-Pinene, Limonene, Cineol, Ethyl amyl carbinol, M-enthone, Iso-menthone, l-Menthol, Menthyl acetate, Piperitone, Iso-menthol
- 성   상 : 담황색 액체
- 용   도 : Menthol 추출용, 탈뇌유는 여러가지 식품에 사용한다. Peppermint의 섞음질을 할 때 사용하기도 한다.

65) Mimosa absolute

Acacia decurrens var, dealbata의 꽃을 용매 추출해서 0.7~1.1%의 Concrete를 얻고 이것으로부터 20~25%의 Absolute를 얻는다. 프랑스 남쪽, 이탈리아 Riviera에서 생산된다.

- 주성분 : Anis aldehyde 등
- 성   상 : 호박색~황색의 시럽상 점액 액체
- 용   도 : 보류성이 있는 조합향료

66) Mustard oil

상품적으로는 2가지 종류가 있다.

① Black mustard

Brassica Nigra의 씨를 압착하여 지방유를 제외시키고 수증기 증류하여 정유를 얻는다. 수유율은 0.5~1%이고, 남유럽, 서아시아가 원산지로 온대지방 특히, 네델란드, 이탈리아에서 많이 재배된다. Brown mustard는 북인도, 러시아남부, 중국 등에서 재배되고 종자가 같기 때문에 모두 Black mustard라고 부른다.

　-주성분 : Allyl isothiocyanate, Dimethyl sulfi0de, Allyl cyanide, Ally rhodanate

　-성　상 : 담황색 액체

　-용　도 : 종자는 식용, 약용으로 사용되고, 정유는 향신료로 사용된다.

② White mustard

Brassica alba 또는 Brassica hirta의 종자를 압착하고 탈지한 후 분쇄해서 열탕에 침적하고 수증기 증류해서 정유를 얻는다. 남유럽, 서부아시아, 인도, 일본 등에서 재배된다. 보통은 채유를 행하지 않고 백겨자를 그대로 향신료로 사용한다.

67) Myrrh oil

Commiphora abyssinica의 나무줄기로부터 나오는 수지를 알코올 추출 또는 수증기 증류해서 정유 및 Absolute(Tincture)를 얻는다. 수지를 수증기 증류하면 3~8%의 수유율의 정유를 얻는다. Tincture는 60~65% 알코올 함량의 Resinoid용액을 말한다. Absolute는 Resinoid로부터 얻어지지 않고 수지를 알코올로 직접처리해서 얻어진다.

예로부터 아라비아, 에티오피아, 소말리아에서 생육하는 관목이다.

　-주성분 : Terpene류, Sesquiterpene류, Cumin aldehyde, Cinnamic

aldehyde, Cresol 등
- 성   상 : 정유는 연갈색 또는 녹색 액체 Tincture는 오렌지색~갈색 점성 물질
- 용   도 : 보류제 및 구중제제 식향으로 사용한다.

68) Myrtle oil

Myrtus communis의 잎(꽃, 뿌리를 포함할 때도 있다)을 수증기 증류해서 0.2~0.5%의 정유를 얻는다. 스페인, 프랑스, 모로코, 이탈리아, 유고에서 생육한다. 콜시카산이 최고 우량품이다.
- 주성분 : Pinene, Camphene, Cineol, Dipentene, d, l-Myrthenol, Geraniol 등
- 성   상 : 연황색 액체
- 용   도 : 요리용 식향, 화장수, 오데코롱 등에 사용한다.

69) Narcissus oil

Narcissus poeticus, Narcissus tazetta, Narcissus jonquilla의 3종류가 있다. 위 3종류의 꽃을 용매 추출에 의해 Concrete를 얻고 그것으로부터 Absolute를 얻는다. 프랑스 남부, 그라스지방, 네델란드에서 재배된다.
- 주성분 : Eugenol, Benzyl alcohol, Cinnamic aldehyde, Benzaldehyde
- 성   상 : 암녹색, 짙은 Olive색 액체
- 용   도 : 고급 조합향료

70) Neroli oil, Orange flower absolute

Citrus aurantium subsp amara의 꽃을 수증기 증류해서 0.1% 수유율의 Neroli oil을 얻고 용매 추출해서 0.2%의 Concrete를 얻은 후 이

것을 알코올 처리하면 Orange flower absolute를 얻는다. 원산지는 프랑스, 이탈리아, 모로코, 스페인, 튜니지아, 하이티, 알제리아 등
한편, 수증기 증류한 후 물에 녹아있는 향을 용매 추출한 것을 Orange flower water absolute라고 한다.

- 주성분 : Neroli oil은 α-Pinene, Dipentene, l-Camphene, l-Linalool, l-Linalyl acetate, Geraniol, Terpineol, Geranyl acetate, Nerol, Neryl acetate, Methyl anthranilate, Indole, Farnesol 등
  Orange flower absolute는 Jasmon, Benzaldehyde 등
- 성   상 : Neroli oil은 연황색 액체 Orange flower absolute는 암갈색~짙은 오렌지색 액체
- 용   도 : 조합향료, 오데코롱, 화장수 등

71) Nutmeg oil

Myristica fragrans의 씨를 수증기 증류해서 수율 6~16%의 정유를 얻는데 Mace 오일 경우는 약 10% 정도 나온다. 중요한 향신료로서 인도의 그라나다섬(세계의 40%)이 주산지고 Molucca섬, 인도네시아 등에서 재배된다. Nutmeg의 과일은 종자와 과육 사이에 Mace라고 부르는 과피가 있는데 향료는 종자와 Mace에 함유되어 있다.

Nutmeg는 년산 1만톤 Mace는 800ton으로 양쪽 향성분 및 용도는 같으나 Mace쪽이 비싸다. 벌레 먹은 Nutmeg로부터 양질의 오일을 얻고 가격도 높다. 따라서 미국에서는 벌레 먹은 것을 수입해서 증류한다.

- 주성분 : Pinene, Camphene, Dipentene, Linalool, Borneol, Terpineol, Safrole, Sabinene(약 25%)
- 성   상 : 무색~담황색
- 용   도 : 식품, 과자 향신료, 치약, 화장수 등의 Spicy 종류에 사용된다.

72) Oakmoss absolute(Mousse de chêne)

떡갈나무에 기생하는 이끼인 Euernia prunastri, 소나무과 식물에 기생하는 이끼인 Euernia furfuraceae로부터 용매 추출에 의해 1.5~5%로 Resinoid 또는 Concrete를 얻는다.

이탈리아, 프랑스, 유고산이 좋으며 모로코산도 있다. 벤젠 또는 석유 Ether로 추출 정제된 Absolute는 암녹색을 띄는데 이를 해결하기 위해 Ethylene glycol 또는 Iso propyl myristate로 추출하고 분자 증류로 정제하여 무색 Oakmoss oil(상품명:Anhydrol)을 얻는다. Oakmoss oil를 따뜻한 알코올로 추출한 Resinoid도 향료로 이용된다.

- 주성분 : α, β-Thujone, Camphor, Borneol, Cineol, Naphthalene, Ketone, Terpene alcohol, Vanillin, Geraniol, Citronellol
- 성   상 : 녹색 액체
- 용   도 : 여러가지 조합향료, 보류제

73) Olibanum oil

Boswellia carterii의 수지를 수증기 증류해서 정유를 얻고 용매 추출에 의해 Resinoid를 얻고 이것으로부터 Absolute를 얻는다. 아프리카와 아라비아에서 생산된다.

Olibanum 수지를 乳香 또는 Frankincense라고 한다.

- 주성분 : Terpene, Borneol, Verbenone, Verbenol, Cymene, Olibanol 등
- 성   상 : 무색~연황색 액체
- 용   도 : 조합향료

74) Onion oil

Allium cepa를 수증기 증류해서 수유율 0.015%의 정유를 얻는다. 중동이 원산지이며 전세계적으로 퍼져 있다.

-주성분 : Methyl-n-propyl disulfide 등 유황 화합물
-성   상 : 황색 액체
-용   도 : 축육, 쏘세지, 수프, 소스 등에 이용되고 살균작용이 있다.

75) Opopanax oil

Opopanax chironium 또는 Commiphora erythraea var. glabrescens의 나무껍질의 홈으로부터 나오는 수지를 수증기 증류해서 수유율 5~10%의 oil을 얻는다. 소말리섬, 에티오피아 등에서 나온다. 수지는 피부에 대해 감작성이 있어 수지를 용매추출 하지 않고 수증기 증류해서 얻는 오일을 사용하는 것이 바람직하다.
-주성분 : Bisabolene
-성   상 : 붉은 색 액체
-용   도 : 보류제, 식향(알코올 음료), 기타 조합향료

76) Orange oil(Bitter)

Citrus aurantium의 잎이나 줄기, 꽃, 과피로부터 향을 얻는데 잎이나 가지를 수증기 증류해서 얻어지는 향료를 Petitgrain bigarade라하고 꽃을 수증기 증류해서 얻어지는 향료를 Neroli 또는 Neroli bigarade라고 한다. 또 증류된 농축수에 녹아있는 향을 용매로 추출하면 Orange flower petitgrain water absolute가 얻어진다. 과피는 압착법에 의해 생산하는데, 이것을 Bitter orange oil이라고 한다. 극동지방이 원산이고 지중해, 기니아, 서부 인도, 브라질 등에서 재배된다.

Cold expressed oil은 광독성이 있기 때문에 조합 향료 중 7% 이하로 사용하도록 권장한다.
-주성분 : Auraptene, d-Limonene(92%), Linalyl acetate, Neryl acetate, Geranyl acetate, Citronellyl acetate, Auraptene, Linalool, Terpineol, Nonyl aldehyde, Decyl aldehyde

－성　상 : 진황색～황갈색 또는 황록색 액체
　－용　도 : 과자류, 음료, 약용 등에 이용되고 향수, 화장품에 사용된다.

77) Orange oil(Sweet)

　Citrus sinensis의 과일을 그대로 압착해서 나온 과즙과 오일을 분리하여 오렌지유를 얻는다. 과피를 압착해서도 얻는다. 수유율은 0.2～0.25% 이다. 과일은 전세계에서 재배된다. 캘리포니아, 플로리다가 최고이며 스페인, 일본, 브라질, 이탈리아, 아르헨티나 등이 상위를 점한다.
　－주성분 : d-Limonene, Decyl aldehyde, Octyl aldehyde, Linalool, Citral 등
　－성　상 : 황색～오렌지색 액체
　－용　도 : 과자, 음료, 약용에 이용하고 화장품, 비누, 향수 등에 사용한다.

78) Orris oil(Iris oil)

　Iris germanica 또는 Iris pallida의 뿌리, 줄기를 말려 분쇄한 분말을 수증기 증류해서 Orris Concrete를 얻는다. 이것을 Orris oil이라고 하며 진정한 Concrete는 아니지만 Orris butter 또는 Beurre d'Iris라는 이름으로 팔린다. 이것을 알코올로 추출하면 Orris absolute를 얻는다. 이탈리아, 프랑스 남부, 모로코가 주산지이고 새로운 뿌리는 냄새가 없는데 저장 중에 냄새가 나온다고 한다. Iris absolute는 고가이다.
　－주성분 : Irone
　－성　상 : 크림, Wax상의 물질 크림색
　－용　도 : 고급 조합향료

79) Palmarosa oil

Cymbopogon martin var. motia의 전초로부터 수증기 증류에 의해 0.13~0.21%의 정유를, 또 꽃으로부터는 0.7~0.98%, 잎으로부터는 0.2%의 오일을 얻는다. Gingergrass와 근록식물로 인도, 쟈바, 스리랑카가 주산지이다.

- 주성분 : Geraniol(80~90%), Citral, Geranyl acetate, Farnisol 등
- 성   상 : 연황색~연황녹색 액체
- 용   도 : 화장품 및 비누용 향료

80) Parsly oil

Petroselium sativum의 열매나 잎을 수증기 증류해서 정유가 얻어지는데 열매로부터 Parsly seed oil, 잎으로부터 Parsly leaf oil을 얻는다. 전초로부터는 Herb oil을 얻는다. 남아메리카, 프랑스, 헝가리에서 채유되며 용제 추출하여 Oleoresin도 만든다.

- α-Pinene, Myristicin, Coumarin계, Ketone, Aldehyde 등
- 성   상 : Seed oil은 황색~호박색 점성 액체 Herb oil은 황색~황록색 액체
- 용   도 : 요리, 식품용 식향으로 사용된다.

81) Patchouli oil

Pogostemon Cablin(P. Patchouli)의 잎을 수증기 증류해서 정유를 얻고 말린 잎을 용매 추출해서 Patchouli Resinoid를 얻는다. Oriental 조의 대표적인 향으로 알려져 있고 수마트라, 보르네오, 말레이, 쟈바, 남아메리카, 아프리카, 중국 등에서 재배되고 예로부터 페낭, 싱가폴이 증류의 중심이었으나 최근 건조된 잎을 수입해서 구미 향료회사에서도 증류하고 있다. Resinoid를 분자 증류하면 무색 Patchouli oil이 얻어진다.

제3장 천연향료

　－주성분 : Patchouli alcohol, Patchoulione, Patchoulenone, Eugenol, Cinnamic aldehyde, Benzaldehyde
　－성　상 : 갈색 점성액체
　－용　도 : 화장품, 비누향으로 중요하고 구치제거제로도 이용된다.

82) Pennyroyal oil(Polei oil)
　Mentha pulegium(유럽, 북미산) Hedeoma pulegioides(북미산)의 전초에서 수증기 증류로 수유율 1~2%의 정유를 얻는다.
　유럽품종의 산지는 스페인, 모로코, 유고, 이태리이고 북미산은 식물품종이 달라서 Pulegone함량이 유럽산보다 적다.
　－주성분 : d-Pulegone(85~96%), Menthone, Piperitenone, Pinene, Limonene
　－성　상 : 무색~연황색 액체
　－용　도 : 비누향료, Menthol제조용으로 사용된 때도 있었다.

83) Peppermint oil
　세계인이 모두 친숙해 있는 냄새로 Mentha piperita var.vulgaris의 전초를 수증기 증류해서 정유를 0.7%정도 얻는다. Mitcham은 3개 종류의 박하원종을 교배한 것으로 Mitcham black 과 Mitcham white가 있으나 요즈음은 Mitcham black종이 Peppermint의 주류를 이루고 있다.
　북미가 세계 제일의 생산지이고 프랑스, 이태리, 러시아, 동유럽, 모로코, 남미에서도 재배되고 있다.
　－주성분 : l-Menthol(45~60%), Menthyl ester(3~10%), Menthone(15~25), Menthfura, Jasmone 등
　－성　상 : 연황색~연황녹색 액체
　－용　도 : 각종 식향 및 오데코롱, 면도용 크림, 구강제 등

84) Pepper oil

Piper nigrum의 씨앗을 수증기 증류에 의해 1~2.6%의 정유를 얻는데 매운 맛을 얻기 위해서는 용매 추출해서 Oleoresin으로 한다.

인도 서남부의 말라발, 수마트라, 쟈바, 보르네오, 브라질에서 재배되고 있다. 덜 익은 씨앗을 건조해서 증류한 것이 Black pepper이고 완숙한 씨앗의 껍질을 벗긴 것이 White pepper라고 하는데 모두 생약 및 향료로 사용한다. 수증기 증류하면 매운 맛이 없으나 알코올 또는 아세톤 추출한 oleoresin에는 매운 맛 성분인 Piperine chavicine이 5~13% 함유되어 있다.

- 주성분 : 과실유는 α,β-Pinene, Dipentene, Piperonal, Dihydrecarveol, β-Caryophyllene, Caryophyllene oxide Oleoresin 유는 Piperine, Chavicine, Piperttine, Piperidine 수지
- 성   상 : 과실유는 무색~연녹색 액체 오레오레진유는 짙은 녹색~갈색 액체
- 용   도 : 향미제로 널리 이용된다.

85) Peru balsam

Myroxylon Pereirae의 나무줄기를 상처내어 나오는 액이 고형화 한 것을 말하며, 이것을 수증기 증류하면 Balsam유가 얻어지고 용매 추출하면 Oleoresin이 얻어진다.

중앙 아메리카가 주산지이며, Ester 함량이 50% 이하면 불량이다.
- 주성분 : Benzyl cinnamate, Benzyl benzoate, Nerolidol 등
- 성   상 : 암갈색 점성액체, 오일은 연황색~연호박색 액체
- 용   도 : 비누, 화장품, 약용, 피부에 감작성이 있어 증류 등에 의해 감작원을 제거한 후 사용하도록 권장한다.

86) Petitgrain oil

Citrus aurantium subsp.amara의 잎이나 작은 가지를 수증기 증류해서 수유율 0.15~0.3%의 Petitgrain bigarade oil을 얻는다. (Bitter orange oil 참조)
　　─주성분 : Linalool, Nerolidol, Terpene
　　─성　상 : 연황색~호박색 액체
　　─용　도 : 화장품 및 비누향에 이용

87) Piment berry(Allspice) oil
Piment officinalis의 덜 익은 과일을 말려 잘 분쇄시켜 수증기 증류해서 정유를 얻고 용매 추출을 해서 Pimenta berry oleoresin을 얻고 잎으로 Pimenta leaf oil을 수증기 증류에 의해 얻는다.
　　─주성분 : 과실유는 Eugenol, 1-a-Phellandrene, Cineol, Caryophyllene, Terpene alcohol 등 엽유는 Eugenol(95~96%), Caryophyllene, 불포화산 등
　　─성　상 : 과실유는 연황색 액체 엽유는 갈색~황갈색 액체
　　─용　도 : 향신료로 사용한다.

88) Pine oil
Pinus palustris 및 소나무과 식물의 목재칩으로부터 수증기 증류의 분별증류 또는 수증기 증류 후의 폐칩을 용매 추출해서 얻는다. 이것을 Turpentine유와 혼동해서는 안된다. Pine유는 소나무과의 식물을 제재할 때 생기는 톱밥을 수증기 증류해서 나오는 오일을 분별증류하여 비점이 높은 부분을 모으거나 폐톱밥을 용매추출해서 얻는다. 비점 200℃ 이상의 α-Terpineol을 주성분으로 하고 있다. 한편, Turpentine유는 저비점의 Pinene을 주성분으로 하고 있다.
　　─주성분 : Terpineol(50~60%), Fenchyl alcohol, Borneol 등
　　─성　상 : 담황색~연호박색 액체

－용　도 : 선광용 기포제, 제지공업, 소독 방충제 등에 사용한다.

89) Rose oil

장미의 종류는 대단히 많으나 향료에서는 다음과 같은 2종류가 대표적이다. Rosa damascena(불가리아, 터키, 러시아산으로 별명은 Rose Damask)와 Rosa centifolia(프랑스, 모로코산으로 별명은 Rose de mai)라고 하며 수증기 증류 또는 Water distillation에 의해 화정유를 얻는다. 이때 유출수에 향성분이 남아 있는데 이것을 Rose water라고 한다. 수유율은 0.03%정도이다. 또 용매추출로 Concrete를 얻고, 이것을 알코올로 추출해서 Absolute를 얻는다. Concrete의 수유율은 0.22～0.25%이고 Concrete로 부터 Absolute의 수유율은 55～60%이다. Rose oil에는 Stearoptene의 고형성분이 포함되어 있는 것이 특징이다.

－주성분 : Rose oil은 Rhodinol(27.4～56.9%), Geraniol, Nerol(5～10%), Linalool, Phenyl ethyl alcohol, Farnesol, Rose oxide, Stearoptene 등
－성　상 : Rose oil은 연황색～무색 액체 Absolute는 오렌지색～황갈색 액체
－용　도 : 고급 조합향료, 담배, 음료, 인쇄잉크용 향료 등

90) Rosemary oil

Rosemarinus officinalis의 꽃 및 잎을 수증기 증류해서 정유를 얻는다. 지중해 연안국이 원산지로 이 지역에 널리 퍼져 있지만 대부분 변종이고 순종은 잘 보이지 않는다. 스페인, 유고, 튜니지아가 주생산지이고 프랑스, 모로코에서도 소량 생산된다. 그 외에 이태리, 동아프리카 등에서도 야생한다. 순종 정유는 보기 힘들고 변종품과의 혼합물이 많다.

－주성분 : Borneol, Cineol, Terpene류

－성　상 : 연황색~무색 액체
　－용　도 : 비누향, 향수, 화장품 등에 사용한다.

91) Sage(clary) oil (Clary sage oil)

Salvia sclarea의 전초를 수증기 증류해서 수유율 0.2~1%의 정유를 얻는다. 주산지는 러시아, 남프랑스, 이탈리아, 모로코, 북아메리카, 발칸 제국에서 생산된다.

　－주성분 : Linalyl acetate(60~80%), Linalool, Nerolidol, Sclareol
　　　　　등
　－성　상 : 오일은 연황색~올리브색 액체 Absolute는 녹색 고체 또
　　　　　는 Paste상 물질
　－용　도 : 조합향료 및 스파이스에 사용

92) Sage oil

Salvia officinalis의 잎을 건조한 후 수증기 증류에 의해 수유율 0.7~2.5%의 정유를 얻는다.

유고, 불가리아, 프랑스, 독일, 터키, 북미 등에서 생산된다.

　－주성분 : Thujone, α-Pinene, Cineol, Bornyl acetate, Camphor,
　　　　　Linalyl acetate
　－성　상 : 미황색~무색 점성액체
　－용　도 : 식품, 양주의 Flavor, 조합향료

93) Sandalwood oil

Santalum album의 나무줄기, 뿌리를 수증기 증류해서 수유율 4.5~6.3%의 정유를 얻는다. 이 나무는 예로부터 알려진 고귀한 향나무이다. 동인도산 白檀은 인도 서남부 마이솔주가 주산지이고 그 외 티몰, 세레베스, 말레이 군도 등에서 생육한다. 마이솔에는 국유로 년간

2000ton을 산출하고 10%는 목재로 이용되고 나머지는 대부분 白檀油의 제조 원료로 사용된다. 증류는 현지에서도 행하여지지만 구미에서도 목재를 수입해서 채유한다. 이것의 보류성이 강한 특수한 향기는 Sandalol에 의한 것이지만 근년에는 Santalex, Sandela 등의 합성품이 나오고 있다. 이 이외에도 오스트랄리아산, 서인도산, 아프리카산이 있다. 서인도산은 식물 분류상 완전히 별종이고 값도 싸다.
 －주성분 : α, β－Sandalol(90%이상)
 －성　상 : 연황색～황색
 －용　도 : 비누향료, 화장품 향료, 훈향, 의약

94) Spearmint oil
 Mentha spicata의 전초를 수증기 증류해서 0.15～0.7%의 정유를 얻는다. 주산지는 북미이고 세계 생산량의 80%를 점유하고 있다. 그 외 유럽, 러시아 등에서 재배되고 분류학상으로 변종이 많다. 미국 재래종과 Scotch형이 있는데 수유율은 후자가 많다. 생산고의 85%가 후자가 차지한다.
 －주성분 : l－Carvone, Limonene, Phellandrene, Dihydrecarveol, Cineol, Pinene 등
 －성　상 : 연황색～연올리브색 액체
 －용　도 : 껌, 치약, 기타 약용

95) Spike lavender oil(Spike oil)
 Lavandula latifolia의 꽃이 핀 윗부분을 수증기 증류해서 1% 전후의 정유를 얻는다. Aspic oil이라고 하며 스페인을 중심으로 해서 프랑스 남부, 이탈리아에서 재배되지만 순 라벤더보다 대형으로 향기가 약하다.
 －주성분 : Linalool, Linalyl acetate, α－Pinene, Cineol, Borneol, d

제3장 천연향료

　　　　　－Camphene 등
　－성　상 : 연황색~무색 액체
　－용　도 : 비누향료, Bath salt, 실내소독제 등

96) Star anise oil

Illicium verum의 과일을 약간 말리거나 생과일 그대로 또는 부수어서 수증기 증류로 정유를 얻는다. 수유율은 2.5~3%이며 중국 남부 및 베트남의 Tonkin지방에서 생산되고 가끔 Anise oil과 혼동한다. 주성분은 Anethol로 85~90%를 함유한다. 오일의 융융점이 높을수록 Anethol이 많고 18℃에서 융해하는 것이 최고품이다. 15℃ 이하의 것을 규격외품으로 한다. Star anise의 잎으로부터 얻은 오일은 융점 13℃ 이하로 Anethol 함량이 적다.

　－주성분 : Anethol(85~90%), Anise aldehyde 등
　－성　상 : 연황색~무색 액체
　－용　도 : 주성분 Anethol의 급원, 약용(건위제, 풍아약), 동물사료용
　　　　　의 기호제로 용도가 개발되고 있다.

97) Styrax

① Asian styrax

소아시아의 서남부에 자생하고 수간(樹幹)을 상처내어 나오는 Balsam을 Styrax 또는 Storax라고 부르고 생약으로도 쓰인다. 또 수피 또는 목재 부스러기를 물과 같이 끓여 Balsam을 용출시켜 회수하기도 한다. 불어로 Liquid ambre로부터 온 Liqudeambar orientalis라는 나무로부터 얻는다.

Crude styrax를 열탕해서 씻어내고 여과해서 정제한다. 이것을 Alcohol추출하면 Styrax의 Resin absolute를 얻지만 용매로 추출하면 Styrax resinoid를 얻고 이것을 알코올 처리해서 Styrax absolute를 얻

을 수 있다. 또 Balsam을 Diethyl phthalate로 추출해서 50% Styrax resinoid를 얻기도 하고 수증기 증류해서 0.5% Styrax oil(Levant styrax oil)도 얻는다.

② American styrax

Liqudeambar styraciflua의 수간으로부터 상처를 내어 병적 침출물을 채취한다. Styrax absolute, resinoid는 Levant styrax와 같이 채취한다. 중앙아메리카에서 남부아메리카에 이르는 지대에 자라고 있다.
　-주성분: Storesin이라고 하는 수지 계피산 Cinnamyl cinnamate 등
　-성　상: 점성있는 투명 액체 또는 갈색 점성 액체
　-용　도: 현재는 America산이 이용되고 있고 Oriental조 조합향료 보류제로 사용한다. Gum 또는 Resinoid는 피부에 대해 감작성을 가지고 있어 알카리 중화 후 용제 추출 등으로 감작물질을 제거하고 사용한다.

98) Tangerine oil

기니아에서는 Citrus reticulata의 과일을 Ecuelle법 또는 Spoon scraping method에 의해, 플로리다에서는 기계적 압착법에 의해 과즙 제조 부산물로 0.1% 또는 0.2~0.25%의 Tangerine oil을 얻는다. 중국이 원산이고 Mandarine은 구주에서 널리 재배되고 있지만 Tangerine은 지중해를 거쳐 북미로 이식되어 플로리다 및 동아프리카(기니아)에서 널리 재배된다. Mandarine은 과실이 작고 둥글 납작하고 Tangerine은 크고 구형으로 과피는 등적~적색이다. 최근에는 중국, 대만, 일본에서도 재배된다.
　-주성분: d-Limonene(95%), Citral, Linalool, Citronellol, Cadinene, Tangeretin 등
　-성　상: 오렌지색 액체

－용　도 : 조합향료로 사용되나 Mandarine유와 다르게 사용된다. 주로 Top note에 많이 사용된다.

99) Tolu balsam

Myroxylon balsamum의 나무줄기에 상처를 내어 나오는 액을 Tolu balsam이라 하고 이것을 수증기 증류해서 1.5~7%의 정유(Tolu balsam oil)를 얻고 Balsam을 고급 알코올로 추출한 후 용매를 제거하면 60~66%의 Resinoid of balsam tolu를 얻는다.
산지는 콜롬비아, 베네주엘라, 쿠바 등이다.
　－주성분 : Balsam은 정유, 수지(Tolu resinotanol 및 그의 Cinnamate, benzoate 등)(80%) Resinoid는 정유(2.5~12%), 수지 정유는 l-Cadinol, d-Cadinene, Farnesol, Nerolidol
　－성　상 : Peru balsam과 유사함
　－용　도 : 비누향, 화장품향 등

100) Thyme oil

Thymus vulgaris의 개화중의 초본을 잘라 수증기 증류하면 1.58~1.9% 정유를 얻고 건초로부터는 2.6%의 정유를 얻는다. 용매 추출해서 Absolute를 만드는 경우도 있다. 지중해 연안지방이 원산으로 프랑스 남부, 이스라엘, 터키, 이탈리아, 헝가리 등에 분포하고 주로 스페인, 모로코, 이스라엘에서 채유된다.
　－주성분 : Thymol(40~60%), p-Cymene(15%), Carvacrol, α-Thufene, Linalool 등
　－성　상 : 적갈색~황적색 액체(Red) 재증류하면 흰색이 된다.
　－용　도 : 살균작용이 있어 구중(口中)제, 소독제, 비누향, 치약향 등에 이용된다.

101) Tonka beans

Dipteryx odorata의 종자를 Tonco beans 또는 Tonka beans이라고 부른다. 남미의 베네주엘라, 기아나, 브라질에서 생육하는 거목이다. 과실로부터 종자를 얻어 건조시켜 알코올 또는 럼주에 침적해서 종자가 부풀어오르는데 이것을 건조하면 종자표면에 Coumarine결정체가 나온다.

Tonka beans를 아세톤, 석유에테르, 벤젠 등으로 추출하면 Concrete가 얻어지고 담배향료에 이용된다. Concrete를 알코올 추출하면 반고체상의 Absolute가 얻어진다. 단 향기를 가진 Coumarine(20~45%)를 포함 이것을 보류제로해서 향을 조합할 때 사용한다. America에서 1953년부터 Flavor로 사용이 금지되고 있다.
  - 주성분 : Coumarine
  - 성　상 : 반고상 연갈색 물질
  - 용　도 : 담배향, 조합향

102) Tuberose absolute

Polyanthes tuberosa의 꽃을 용매 추출해서 0.08~0.14%의 Concrete를 얻고, 이것으로부터 18~23%으로 Absolute를 얻는다.
프랑스 남부, 모로코, 이집트, 중국에서 생산된다.
  - 주성분 : Geraniol, Nerol, Neryl acetate, Benzyl alcohol, Farnesol, Eugenol 등
  - 성　상 : 짙은 오렌지색~갈색 점성액체
  - 용　도 : 여러가지 조합향

103) Turpentine oil

Pinus palustris 등 소나무과의 식물의 나무줄기에 상처를 내어 얻는 생송지(生松脂)는 일종의 Oleo resin으로 Turpentine이라고 부른다. 조

성은 85%의 송지(Rosin)와 15%의 Turpentine유로 되어있고 이것을 수증기 증류하면 Turpentine유가 얻어진다.

주산지는 북미이고 프랑스, 기리시아, 러시아, 스페인, 포르투갈, 인도, 뉴질랜드 등에서도 나오는데 세계 년생산량은 송지 100~150만ton, Turpentine유 20만ton으로 세계 정유 가운데 최대 생산량을 나타낸다.

조성은 소나무의 종류에 따라 차이가 있지만 America산은 α-Pinene 50~65%, β-Pinene 25~35%로 알려지고 있다. 생송지로부터 얻은 Turpentine유는 Gum Turpentine oil이라고 부르고 그 외 다음과 같은 오일 등이 생산된다.

① Sulphate turpentine oil

제지공업에서 Graft pulp를 제조할 때 부산물로 얻어지고 Gum turpentine oil과 유사하다. 유황 화합물에 의해 특이한 향기를 가지고 있지만 정제법이 확립되어 현재는 Turpentine유의 대부분을 차지한다.

② Wood turpentine oil

목재나 뿌리를 건류해서 얻어지는 오일을 증류한 것이다.

③ Steam distilled wood turpentine oil

목재를 수증기 증류 또는 용제 추출해서 얻은 오일로 Pine유와 같은 것이다. 용도로는 직접 향료로 사용되지 않으나 여러가지 합성향료의 원료로 중요하게 사용된다.

104) Vanilla

Vanilla planifolia를 자연적 또는 인공적으로 수정시키면 8~9개월에 과실이 완숙되는데 그 직전에 채집한다. 녹색 무취의 약간 쓴맛의 꼬투리를 3~4개월 보존해서 발효 분해시키면 암갈색으로 변하고 특유의 향을 낸다. 이것을 Vanilla beans, Vanilla pods라 하고 귀중한 향료로 사용된다.

중앙아메리카, 동멕시코가 원산이고 Reunion, 마다카스카르, 하이티,

멕시코, 쟈바, 세이론 등에서 재배되고 있다.

바닐라를 건조하면 Vanilin의 백색 침상 결정이 표면에 석출되는 경우가 있다. 마다카스카르, Reunion산을 Bourbon vanilla 또는 Reunion vanilla라고 부르며 고급품이다.

① Vanilla absolute

Vanilla beans를 알코올 추출해서 얻는다. Oleo resin으로부터 얻는 것은 미량의 용매가 있기 때문에 식용으로는 부적합하다.

② Vanilla resinoid

벤젠, 석유에테르, Arichloro ethylene 등의 탄화수소 용매를 이용해서 Vanilla beans를 추출하면 Vanilla oleoresin 또는 Vanilla concrete를 얻는다. 휘발성 정유가 함유되지 않기 때문에 진정한 Oleoresin은 아니다. 로숀, 코롱수 등의 조향에 사용된다.

③ Vanilla extract

Vanilla을 석유에테르로 추출 분액하고 희석 알코올로 회수한 후 물로 침출한 액을 모아서 감압하에 농축시키고 추출물의 농도를 맞추기 위해 Propylene glycol을 가해 일정 규격의 Vanilla extract를 얻는다. 아이스크림, 초콜릿, 캔디, 빵류 등에 또 술, 의약용 및 담배 향료로도 사용한다.

④ Vanilla tincture

향수용은 95%이상의 알코올을, 식용으로는 40% 정도의 알코올을 이용해서 Vanilla를 침적시키고 2주후 여과해서 제품으로 한다. 향수, 식용으로 널리 사용된다.

105) Verbena oil

Lippia citriodora의 생잎을 수증기 증류해서 0.072~0.195%의 정유를 얻는다. 칠레, 아르헨티나가 원산이고 중미, 프랑스 남부, 스페인, 알제리, 튜니지아 등에서 재배되고 있으며 잎이 레몬같은 향을 가지고 있어 Lemon scented vervena 또는 Sweet scented vervena라고 부른다. 작은 가지 및 꽃에서도 채유 가능하고 전초를 용매 추출하면 0.25~0.3%의 Concrete를 얻고 알코올로 처리해서 50~60%의 Verbena absolute를 얻기도 한다. Absolute를 수증기 증류하면 30~36%의 정유를 얻는다.

　－주성분 : Limonene, Cineol, Citral, Carvone, Furfural, Linalool, Terpineol, Borneol, Nerol, Geraniol, Cedrol, Caryophyllene, Myrcene, Vervenone 등
　－성　상 : 연황색~황색~올리브색 액체
　－용　도 : Absolute나 Concrete는 고급향료로 화장수, 오데코롱에 이용되고 있으나 고가이기 때문에 생산되지 않는다. Liqueur 또는 생약은 칠레 또는 아르헨티나에서 건위제의 원료로 사용된다.

106) Vetiver oil(Vetivert oil)

Vetiveria zizanioides의 말린 뿌리로부터 수증기 증류해서 1.5~2% 어떤 때는 3%의 Vetiver oil을 얻는다. 인도가 원산지이고 Reunion섬, 하이티섬, 인도가 주산지이고 스리랑카, 말레이, 아프리카, 중남미, 쟈바에서도 재배되고 있다. 수증기 증류시 고비점으로 점도가 높아 가압증류를 할 필요가 있다. Renuion, 콩고산과 하이티산이 시장의 75%이상 점유한다.

　－주성분 : Vetiverol(60% 이상), Vetiverone(15~27%), Vetivene 등
　－성　상 : 호박색~갈색 점성액체
　－용　도 : 조합향료, 보류제, 비누향료 등에 사용된다.

107) Violet absolute

Viola odorata의 꽃이나 잎을 용매 추출에 의해 Absolute를 얻는다. 프랑스 남부, 이탈리아에서 재배되었으나 최근엔 합성품이 이용되고 있다.

꽃으로부터 용매 추출하면 0.09~0.13%의 Concrete를 얻고 이것으로부터 35~55%의 Absolute를 얻는다.
- 주성분 : Nonadienol, Nonadienal
- 성 상 : 녹색~올리브색(Flower abs), 짙은 녹색(Leaf abs)
- 용 도 : 고급향료 및 향수에 사용된다.

108) Wintergreen

Gaultheria procumbens의 잎을 온침 후 수증기 증류해서 수유율 0.6~1%의 향을 얻는다. 북미, 캐나다에서 자생하고 Betula lenta(Sweet birch oil)로부터 얻는 오일이나 합성 Methyl salicylate와 혼동하는 경우가 있는데 기타 미량 성분에 의해 판별할 수 있다.
- 주성분 : Methyl salicylate(96~99%)
- 성 상 : 연황색~황색 액체
- 용 도 : 사탕, 껌, 음료수 등의 식향 및 치약, 및 구강제품에 사용

109) Wormwood oil(Abcinth oil)

Artemisia absinthium이 꽃이 피었을 때 전초를 잘라 건조 후, 수증기 증류로 수유율 0.27~0.4%의 정유를 얻는다. 브라질, 북미, 한국 등에서 야생 또는 재배된다.
- 주성분 : β-Thujone, Thujone alcohol, Azulene류 등
- 성 상 : 청색 액체~짙은 녹청색 액체
- 용 도 : 양주 Flavor, 조합향료에 사용된다.

110) Ylang Ylang oil

제3장 천연향료

　Cananga odorata forma genuina의 꽃을 수증기 증류 또는 용매 추출해서 향료를 얻는데 마다카스카르 Nossibé, 코모로제도에서 많이 재배된다. 수증기 증류해서 꽃으로부터 2~2.5%의 Ylang-Ylang oil을 얻고 Cananga odorata forma macrophylla의 꽃을 부수어 수증기 증류해서 꽃으로부터 0.5~1%의 Cananga oil을 얻는데 향기는 Ylang-Ylang쪽이 우수하다.

　Ylang-Ylang의 꽃을 석유에테르로 추출하면 0.7~1%의 Concrete를 얻고 이것을 알코올 처리해서 75~80%의 Absolute를 얻는다.

　－주성분 : Linalool, Geraniol, Farnesol, Benzyl alcohol, Methyl anthranilate 등, Ester 50~60%, Sesquiterpene류 35~48%
　－성　상 : 연황색 액체
　－용　도 : 고급품은 고급 조합향료 저급품은 비누향

제4장 합성향료

제1절 탄화수소류

 탄화수소류는 식물정유 중에 폭넓게 많이 함유되어 있지만 향기가 약하고 쉽게 공기 중에서 산화되어 변질되기 때문에 그것들 그 대로는 향료로 중요하지 않으나 각종 합성향료의 제조원료로서 중요한 역할을 하고 있다.

1) α-Pinene($C_{10}H_{16}$)
-소재 : 여러가지 식물에 존재하고 특히, 각 종 소나무과에 속하는 식물에 많이 포함되어 있다. 최대 공급원은 러시아 Turpentine(Pinus sylvestis) oil 이다.

-성상 : 무색 점성액체
  비 중 : 0.8584~0.8598
  굴절율 : 1.4658~1.4670
  비 점 : 155 ~ 157℃
-용도 : 도료 및 수지에 사용되고 장뇌, Terpineol등의 합성원료 및 천연향료의 모방에 사용한다.
-제법 : 실험실적으로 합성이 가능하나 대부분 천연으로부터 정유의 분류에 의해 얻어진다.

2) β-Pinene(Nopinene)($C_{10}H_{16}$)
-소재 : 각종 Turpentine oil 특히 프랑스산 Turpentine oil에 다량 존재하고 Lemon, Nutmeg, Coriander 등에 존재한다.
-성상 : 무색 점성액체

비　중 : 0.8746
굴절율 : 1.4872
비　점 : 164℃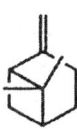
- 용도 : α-Pinene과 같다
- 제법 : α-Pinene의 접촉이성화에 의해 쉽게 얻어질 수 있다.

3) Camphene($C_{10}H_{36}$)
- 소재 : 지금까지 정유 중에서 발견된 탄화수소 가운데 상온에서 유일하게 결정상을 나타내고 있다. d-Camphene은 시베리아 Pine needle 오일이나 Cypress, Lemon, Camphor, orange, Nutmeg, 생강 등에 존재하고 l-Camphene은 시베리아 Pine needle oil, Abies concolor, 미국이나 러시아산 Turpentine oil, Ceylon Citronella oil등에 존재한다.
- 성상 : 무색 결정 약한 장뇌와 유사한 냄새

　　l-형　　　　　　　　d-형
　비　중 : 0.8422　　　비　중 : 0.8422
　굴절율 : 1.4551　　　굴절율 : 1.4607
　비　점 : 159~160℃　비　점 : 160℃

- 용도 : 합성장뇌 제조 중간체, 합성 Sandal(Sandela, Santalex)제조용원료로해서 중요하다.
- 제법 : ① Pinene에 염화수소를 반응시켜 Bornyl chloride로 하고 아니린, 유기, 무기염류를 가열해서 만든다.
② Borneol을 $KHSO_4$와 가열해서 탈수하거나 Iso borneol을 희석산 또는 $ZnCl_2$와 가열 탈수해서 만든다.

③ 촉매 존재 하에 Pinene을 가열해서 Camphene을 이성화 한다.

4) Limonene(Dipentene, 1, 8(9)-P-Menthadiene)($C_{10}H_{16}$)

－소재 : 많은 정유 특히 감귤류유에 주성분으로 존재한다.

d－형 : Orange oil, Lemon, Mandarine, Lime, Petitgrain, Bergarmot, Dill, Fennel, Celery, Caraway 등에 존재한다.

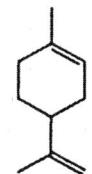

l－형 : Pine needle oil, Abies alba 의 열매, 러시아 Turpentine oil, Star anise, American wormseed, Peppermint oil, Cajaput oil

－성상 : d, l－형 오렌지와 유사한 냄새

비 중 : 0.849

굴절율 : 1.4719

비 점 : 64.4℃

－용도 : 화장품, 비누, 욕용제용 향료, 각종 감귤류의 모방에 이용되며 식품향료, Carvone의 합성원료로 사용한다 피부염의 원인이 있기 때문에 조심을 요함.

－제법 : ① $α, β$-Pinene을 유산으로 처리하고 가수반응을 가하면 Terpine 생성의 부산물로 d, l－형을 얻을 수 있다.

② $α$-Terpineol을 $KHSO_4$로 탈수하면 d, l－형을 얻을 수 있다.

③ $α$-Pinene을 동(銅)크로마이드 촉매 상에 370～440℃로 통과하던가 물과 180～227℃로 가열하던가, 또는 1% NaOH와 250℃로 가열해도 d, l－형이 얻어진다.

④ d−α−Pinene을 포름알데히드와 $C_6H_5COCOOH$의 혼합물 또는 살리실산과 아세트 아마이드 혼합물과 가열하면 d−형이 얻어진다.

5) Terpinolene(p−Mentha−1,4(8)−diene)($C_{10}H_{16}$)
- 소재 : Vanilla, Elemi oil, Coriander oil, Orange oil, Cypress oil에서 발견되었다.
- 성상 : 비 중 : 0.86
  굴절율 : 1.4806
  비 점 : 184℃
- 용도 : 혼합물 그대로 방부제, 싼 비누향료 등에 사용한다.
- 제법 : α−Terpineol에 수산을 반응시킨 후 정제한다. 또 Sweet orange oil를 분류(분별증류)정제해서 얻는다.

6) β−Myrcene(2−Methyl−6−Methylene−2−7−Octadiene)
- 소재 : Bay oil 또는 Verbena, Hop oil Galbanum oil, 서부인도 Lemon Grass oil에서 발견된다.
- 성상 : Balsam 향기와 같은 향기를 가지고 있고
  무색~담황색 액체
  비 중 : 0.79
  굴절율 : 1.4650   비 점 : 167℃
- 용도 : Terpene계 합성향료의 원료, 코롱 및 소취제에 사용한다
- 제법 : β−Pinene의 염분해로 제조한다. α−형도 성립할 수 있으나 천연에는 β형이 존재한다.

7) Allo ocimene($C_{10}H_{16}$)

－성상 : 무색 유동성 액체, 풀냄새를 가지고 있다.
비 중 : 0.82
굴절율 : 1.5296
비 점 : 81℃

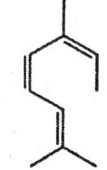

－용도 : Menthol, Linalool 등의 Terpene화합물 합성원료로 해서 주목받고 있다.
－제법 : α－Pinene을 열분해해서 얻는다.

8) Ocimene(3, 7－Dimethyl－1, 3, 6－Octatriene)($C_{10}H_{16}$)
－소재 : Ocimum basilicum 및 Ogratissumum, Estragon oil, 프랑스 Lavender oil 등에 존재한다.
－성상 : 무색 또는 연황색 유동성 액체, 풀냄새를 가지고 있다.
비 중 : 0.80
굴절율 : 1.4961   비 점 : 177℃

－용도 : Terpene합성의 중간원료로 사용한다.
－제법 : Basil oil에서 Eugenol을 제거하고 나머지를 分留한다.
α－Pinene을 열분해해서도 얻는다.

9) p－Cymene(p－Methyl isopropyl benzene)($C_{10}H_{14}$) "Cymol"
－소재 : 러시아 Turpentine oil, Lemon, Sage, Thyme, Origanum, Coriander, Angelica, Cumin, Olibanum, Nutmeg, Star anise 등에 존재한다.
－성상 : 무색액체, Limonen 같은 냄새를 가지고 있다.
비 중 : 0.845

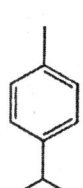

굴절율 : 1.4917
비 점 : 175~176℃
- 용도 : 세제용 향료 및 Bergamot의 조합 및 비누향으로 사용, Carvacrol, Thymol 및 박하뇌의 합성원료로 사용한다.
- 제법 : Terpene류의 탈수소화에 의해 얻어지고 특히 Terpnene, Dipentene, Pinene등을 짙은 황산과 같이 처리하면 쉽게 얻어진다.

10) β-Caryophyllene(β-Caryophyllene)($C_{15}H_{24}$)
- 소재 : Clove bud, Clove stem, Copaiba balsam, Ceylon cinnamon, Cinnamon leaf, 서인도 Sandalwood oil 등에 존재한다.

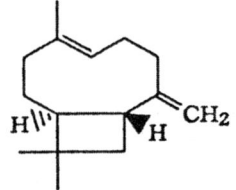

- 성상 : 무색액체, 나무 또는 스파이스 모양의 냄새
  비 중 : 0.90
  굴절율 : 1.4999~1.5001
  비 점 : 256℃
- 용도 : 스파이스, 향장품 향료에 소량, 껌, Caryopyllene alcohol의 합성에 사용한다.
- 제법 : Clove, Peppermint, Lavender oil 등을 분별증류해서 얻는다.

제2절 알코올류

향료로 이용되고 있는 알코올을 분류하면 지방족 알코올, 쇄상 Terpene계 알코올, 방향족 알코올로 대별한다. 지방족 알코올은 공업제품으로서 대규모로 생산되고 있으나 향료로 이용되고 있는 것은 몇 가지 되지 않는다. 반면 저급 알코올은 향료의 용제 및 Ester의 제조원료로 중요하고 대량 이용되고 있다. 향료로 대량 이용되고 있는 것은 Terpene계 알코올과 방향족 알코올이 있고 합성향료의 주류를 이루고 있다.

1. 지방족 알코올

1) Cis-3-Henxenol(Leaf alcohol)($C_6H_{12}O$)

-소재 : Peppermint oil, 녹차잎, Violet
 잎 Thyme oil 등 많은 녹색잎,
 풀 등에 존재한다.

$$CH_3CH_2\overset{H}{C}=\overset{H}{C}CH_2CH_2OH$$

-성상 : 무색액체로 푸른 잎 냄새를 가
 지고 있다.
 비 중 : 0.848
 굴절율 : 1.4376
 비 점 : 157℃

-용도 : 냄새가 강해 사용상 한도가 있으나 인조화정유, 각종 꽃향의 조합에 사용한다 식향 및 유인제에도 사용한다.

-제법 : ① 아세칠렌으로부터 합성하기도 한다.
 ② 테트라 하이드로 푸란으로부터도 합성한다.
 그 외 여러가지 합성법이 있다.

제4장 합성향료

2) 2, 6-Nonadien-1-ol(Violet leaf alcohol)($C_9H_{16}O$)

$CH_3CH_2CH=CHCH_2CH_2CH_2CH=CHCH_2OH$

−소재 : 일본산 민트, Violet 잎이나 꽃, 오이에 존재한다.
−성상 : 무색투명액체로 오이나 Violet잎과 같은 냄새를 가지로 있다.
−용도 : Violet 냄새가 나고 Green note를 내는데 사용한다
−제법 : ① Sorbic acid의 Ester로 부터
　　　　② Acrolein 과 C_2H_5MgBr로 부터
　　　　③ Allyl bromide 부터 Dipropargyl를 경유해서

3) 9-Decenol-1(Rosalva, Trepanol)($C_{10}H_{20}O$) Rosal

$CH_2=CH(CH_2)_7CH_2OH$

−소재 : 합성제품
−성상 : 무색액체, 생지방 같은 냄새를 가지고 있다.
　　　　비　중 : 0.84
　　　　굴절율 : 1.446～1.451
−용도 : 비누향 및 조합향료에 사용한다.
−제법 : Decamethylene glycol를 탈수해서 얻는다.

2. 쇄상 Terpene alcohol(Aliphatic Terpene alcohol)

1) Linalool $\begin{bmatrix} 3,7\text{-Dimethyl-7-octadien-3-ol} \\ 3,7\text{-Dimethyl-6-octadien-3-ol} \end{bmatrix}$($C_{10}H_{18}O$)

−소재 : d−형 : Mexican linaloe seed oil 및
　　　　　　　Bois de Rose(80～85%), Nutmeg,
　　　　　　　Sweet orange
　　　　l−형 : 일본　Ho　oil(80～90%)

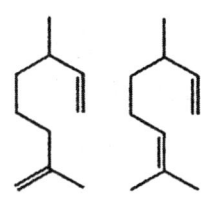

Mexican linaloe wood oil(60~80%), Lavender 등
- 성상 : 무색액체로 은방울 꽃냄새를 가지고 있다.
  비 중 : 0.86
  굴절율 : 1.4611~1.4673
  비 점 : 199~200℃
- 용도 : 향료계에 없어서는 안될 귀중한 향료중의 하나이다.
  각종 꽃향, 식품향, 조합향료에 사용한다
- 제법 : ① Bois de Rose, Linaloe oil등을 증류해서 얻는다. 이것들은 그 나름대로의 독특한 냄새를 가지고 있다.
  ② β-Pinene으로부터 합성하여 얻는데 미국 SCM-Glidden, 영국의 BBA에서 주로 행해지고 양적으로 50%이상을 점유하고 있다.
  또 Glidden에서는 α-Pinene으로부터 합성하는 새로운 방법을 1982년 완성하였다
  ③ 아세톤과 아세칠렌을 Na를 촉매로 해서 Ethynyl화하여 Methyl butynol을 합성하고 Methyl heptenone, Dihydro linalool를 거쳐 합성한다
  ④ Isoprene을 이용해서 합성되었는데 최근에 시장에 나올 수 있었다. 앞으로 기대되는 방법이다

2) Geraniol(2-trans-3, 7-dimethyl-2, 6-octadien-1-ol)($C_{10}H_{18}O$)
- 소재 : Palmarosa oil(95% 이상), Rose geranium(40~50%), Citronella(30~40%), Lemongrass, Eucalyptus, Lavender, Linaloe 등에 널리 존재한다

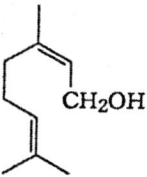

- 성상 : 무색액체로 Linalool의 이성체이다.
  장미꽃 냄새를 연상하는 냄새, 공기중의 산

소에 의해 담황색으로 변한다.
　　　비　중 : 0.89
　　　굴절율 : 1.476~1.479
　　　비　점 : 230℃
－용도 : 각종 조합향료, 특히 장미향을 나타내는 조합향료의 주성분 산화시켜 Citral의 원료로, Ionone의 제조원료로 사용한다.
－제법 : ① Palmarosa, Geranium, Citronella oil로 부터 분별증류한다.
　　　② Citral을 접촉환원에 의해 합성한다
　　　③ β－Pinene으로부터 Myrcene, Geranyl chloride를 경유해서 Linalool과 같은 방법으로 Geraniol을 얻는다

3) Nerol(2-cis-3, 7-dimethyl-2, 6-octadien-1-ol)($C_{10}H_{18}O$)
－소재 : Helichrysum oil(30~50%) Neroli bigarade, Petitgrain, Rose, Linaloe, Lavender, Bergamot, Ceylon citronella 등의 정유에 존재한다.

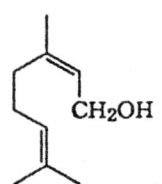

－성상 : 무색의 액체이고 Geraniol의 이성체로 신선한 장미 향기를 가지고 있다.
　　　비　중 : 0.88
　　　굴절율 : 1.462
　　　비　점 : 227℃
　　　일반적으로 시중에 판매되는 제품은 Nerol 80%, Geraniol 15%, Isogeraniol/Isonerol 5%로 구성된 것이다.
－용도 : Magnolia계 향료의 조합등 여러가지 꽃향 조합 및 조합향료

에 사용한다.
- 제법:① Citral로 부터 환원에 의해 Nerol과 Geraniol 혼합물(Nerol 함유 60~70%)을 얻고 이것을 분별증류한다.

② β-Pinene으로부터 Myrcene을 거쳐 Geraniol과 Nerol 혼합물을 합성하고 이것에 $CaCl_2$를 첨가하여 Geraniol부가물을 만든 후 이를 증류하여 Geraniol을 제거한다.

4) Citronellol(2, 6-Dimethyl-1-octen-8-ol)($C_{10}H_{20}O$)
  = α-형 또는 Limonene형
- 소재 : d-형 : Java citronella oil, Geranium oil, 스페인 Verbena, Eucalyptus oil에 존재한다.

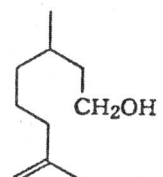

- 성상 : 무색액체로 Geraniol보다 Sweet한 장미 향기를 가지고 있다. 이것은 d-형으로 l
  -형인 Rodinol과 광학 이성체이
  다. Limonene형은 d-형 또는 dl
  -형의 대부분이고 β-형인 Terpinolene형은 l-형이 대부분 이기 때문에 l-형은 Rhodinol이라고 하는데 정확히 l-β-형이다.
  비 중 : 0.86
  굴절율 : 1.4565
  비 점 : 225℃
- 용도 : Geraniol, Phenylethyl alcohol과 어울려 여러가지 장미향을 조합하거나 비누, 실내방향제등에 사용한다.
- 제법 :① Geranium oil, Citronella oil를 증류정제해서 얻는다.

② Citronellal, Geraniol의 접촉수 첨가에 의해 얻거나 Pinene으로부터 합성한다

5) Rhodinol(2, 6-Dimethyl-2-octene-8-ol)($C_{10}H_{20}O$)

    = β형 또는 Terpinolene형

-소재 : Reunion geranium(35~40% 약간의 d-형과 함께), Bulgarian Rose oil (10~35%), Eucalyptus 등에 존재한다.

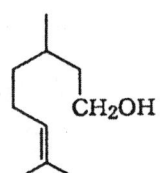

-성상 : 무색 액체 Citronellol보다 Sweet 한 장미꽃 냄새를 가지고 있다.
    흔히 l-형이라고 하는데 β형중 l, d,dl형이 있는데 l-형이 대부분이기 때문에 l-형을 Rhodinol이라고 한다 대신 α형은 대부분 d, dl형이다
    비 중 : 0.855~0.880
    굴절율 : 1.476~1.479
    비 점 : 108~109℃

-용도 : Citronellol과 같이 사용한다.

-제법 : ① Bulgaria산 Rose oil로부터 분리한다.
    ② Petitgrain oil로부터 얻은 l-Citronellol을 환원한다.
    ③ Methyl heptenol로부터 합성한다.

6) Dihydro-citronellol(3, 7-Dimethyl-1-octanol)($C_{10}H_{22}O$)

           = Tetrahydro geraniol

-성상 : 무색액체로 waxy한 냄새를 가진 장미 향기

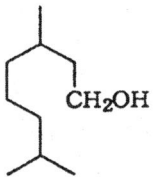

    비 중 : 0.83
    굴절율 : 1.4433
    비 점 : 118℃

-용도 : 장미계통의 조합향료로 사용한

다.
―제법 : Geraniol, Citronellol, Citronellal을 니켈 촉매 하에 물을 첨가시켜 합성한다.

7) Hydroxycitronellol(3, 7-Dimethyloctan-1, 7-diol)($C_{10}H_{22}O_2$)
    =Hydroxy dihydrocitronellol
―성상 : 무색액체 은방울꽃 향기
    비 중 : 0.93
    굴절율 : 1.4814
    비 점 : 263℃
―용도 : Muquet, Rose향 조합, Hydroxy citronellal의 안정 화제로 사용하기도 하며, Lemon, Lime 등의 식향에도 소량 사용한다.
―제법 : Hydroxy citronellal을 니켈촉매로 접촉 환원시켜 합성한다.

8) Tetrahydro Linalool(3, 7-Dimethyl-octanol-3)($C_{10}H_{22}O$)
―소재 : 합성
―성상 : 무색액체 Linalool과 같은 냄새
    비 중 : 0.83
    굴절율 : 1.4335
    비 점 : 197℃
―용도 : 여러가지 꽃향의 조합에 사용한다.
―제법 : Linalool의 접촉수 첨가에 의해 얻어진다.

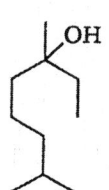

9) Lavandulol(2-Iso-propenyl-5-Methylhexen-4-ol-1)($C_{10}H_{18}O$)

= 2, 6-Dimethyl-5-hydroxy methyl heptadien-2, 6)
- 소재 : Geraniol의 이성체로 Lavender oil 및 Lavandin oil에 존재하고 Givaudan-Roure사가 상품화하고 있다.
- 성상 : 무색액체 Geraniol과 유사하나 스파이시한 냄새가 더 있다.

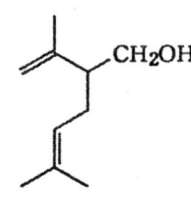

비 중 : 0.88
굴절율 : 1.4683
비 점 : 203℃
- 용도 : 용도는 많지 않지만 인조 화정유 등의 조합에 사용한다.
- 제법 : Methylheptenone과 Formaldehyde로 부터 Prins반응에 의해 합성한다.

10) Alloocimenol(2, 6-Dimethyl-3, 5-octadien-2-ol)($C_{10}H_{18}O$)
= 2, 6-Dimethyl-2, 4-octadien-6-ol) = Muguol
- 소재 : 합성
- 성상 : 무색액체 Sweet한 Muquet냄새

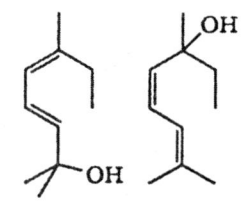

비 중 : 0.877
굴절율 : 1.4913
비 점 : 70℃
- 용도 : 비누향 및 화장품향료, Linalool대용품으로 사용한다
- 제법 : α-Pinene을 열분해해서 얻는다 Alloocimene으로 가수분해해서 얻지만 이성체의 혼합물이다

11) Myrcenol(2-Methyl-6-methylene-7-octen-2-ol)($C_{10}H_{18}O$)
- 소재 : 합성

―성상 : 무색액체로 Lime같은 냄새
　　　비　중 : 0.89
　　　굴절율 : 1.4490
　　　비　점 : 213℃
　　　쉽게 중합해서 점도를 올린다.
―용도 : 비누향료, Citrus계, Floral향
　　　의 조합에 이용 Dihydromyce-
　　　nol 및 Lyral의 합성원료로
　　　사용한다.
―제법 : Myrcene을 염소화한 후 가수분해해서 합성한다.

3. Cyclic Terpene alcohol

1) α-Terpineol(1-Methyl-4-Isopropyl-1-cyclohexe-8-ol)
 　($C_{10}H_{18}O$)
―소재 : d―형 : 러시아 Turpentine, Ca-
　　　　　　 damom, Sweet orange, Petitg-
　　　　　　 rain, Neroli등
　　　　l―형 : Pine oil, Camphor oil,
　　　　　　 Oregon balsam, Cinnamon le-
　　　　　　 aves, Lemon, Lime 등
　　　　dl형 : Geranium, Cajuput등
―성상 : 무색액체 Lilac같은 냄새
　　　비　중 : 0.94
　　　굴절율 : 1.4825～1.4832
　　　비　점 : 214～224℃
―용도 : Lilac, Pine계 조합향료, 비누, 실내방향제등 여러가지 향료

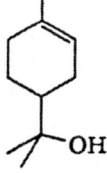

제4장 합성향료

에 사용한다. 선광제, 방취제 등으로 사용한다.
−제법 : ① Pine oil로부터 분리해서 얻는다.
　　　② Isoprene과 Methyl vinyl ketone을 축합하고 여기에 CH_3 MgI 시약을 사용해서 얻는다
　　　③ Pinene, Terpine oil를 원료로 황산을 이용해서 가수반응을 행하고 생성한 함수 Terpine을 탈수제로 처리해서 합성한다

2) l−Menthol(3−p−Menthanol, 5−methyl−2−Isopropyl cyclohexanol)($C_{10}H_{20}O$)
−소재 : Mentha arvensis(70~90%), Mentha piperita(50~65%) Reunion산 Geranium 등에 존재한다
−성상 : 무색의 승화성 침상결정, 박하냄새
　　비　중 : 0.90(액상)
　　굴절율 : 1.4609
　　비　점 : 216℃
　　융　점 : 43℃
　　선광도 : −45~−51℃

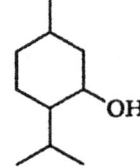

−용도 : 치약향, 화장품, 담배, 껌, 과자류, 음료 등에 사용하고 진정제, 마취제 등의 의약품에 사용한다.
−제법 : ① Mentha arvensis로부터 냉각방식에 의해 Menthol을 석출시키고 재결정해서 얻는다.
　　　② Citronella oil로부터 유리시킨 d−Citronellal을 원료로 이것을 환원해서 Isopulegol을 얻고 다시 H_2O를 첨가해서 Menthol을 얻는다.
　　　③ Thymol, Menthone, Pulegone, Piperitone의 환원에 의해서 합성 현재는 Thymol로부터 합성하는 방법이 주류로

되어있다.

3) Bornel(Bornyl alcohol; 1,7,7-Trimethyl bicyclo-1,2,2-heptanol-2) Borneo camphor($C_{10}H_{18}O$)(용뇌)
   - 소재 : d-형 : Camphor oil, Nutmeg, Olibanum, Rosemary, Lavender 등
     l-형 : Blumea balsamifera, Lemongrass등

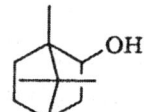

   - 성상 : 6방정형의 판상 또는 편상 백색결정, 승화성이 있고 Camphor와 유사한 냄새를 가지고 있다.
     비 중 : 1.01
     융 점 : 204℃
     비 점 : 214℃
   - 용도 : 향장품, 욕제, 실내방향제, 구강제, 묵향, 훈향, 소독살균제로 사용한다.
   - 제법 : Camphor(장뇌)를 알코올 존재 하에 금속 나트륨으로 환원해서 얻는다.

4) Isopulegol(8(9)-p-Menthen-3-ol ; 1-Methyl-4-isopropenylcyclohexan-3-ol)($C_{10}H_{18}O$)
   - 소재 : 아프리카산 Lemongrass oil
   - 성상 : 무색액체로 약초적 민트 같은 냄새
     비 중 : 0.92
     굴절율 : 1.4723
     비 점 : 201℃

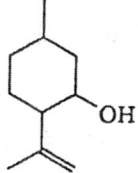

   - 용도 : 비누향, 식향에 소량사용하고 l-Menthol 합성의 중간체로

중요하다
- 제법 : Citronellal과 무수초산을 사용해서 Isopulegol acetate를 만든 후 이것을 가수분해해서 얻는다.

5) Nopol(6, 6-Dimethylbicyclo-3, 1, 1-2-heptene-2-ethanol) ($C_{11}H_{18}O$)
- 소재 : 합성
- 성상 : 무색의 약간 점성액체
    Linalool에 가까운 향기
    비　중 : 0.97
    굴절율 : 1.4920
    비　점 : 220℃
- 용도 : 화장품, 비누향료
- 제법 : β-Pinene과 포름알데히드 또는 p-포름알데히드를 가압하에 축합해서 얻는다.

6) Bornyl Methoxy cyclohexanol(Sandela, Santalex indisan, Sandeol) ($C_{16}H_{30}O_2$)
- 소재 : 합성
- 성상 : 무색 점성액체 Sandalwood냄새
    비　중 : 0.97
    굴절율 : 1.494

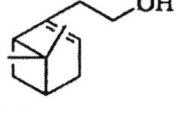

- 용도 : Sandalwood의 대용으로 해서 조합향료
- 제법 : Camphene과 Guaiacol를 반응해서 얻는다.

4. Sesquiterpene계 Alcohol

1) Farnesol(2, 6, 10-Trimethyl-2, 6, 10-dodecatrien-12-ol) ($C_{15}H_{26}O$)

－소재 : Ambrette seed, Neroli, Rose, Cananga, Citronella, Lemongrass등

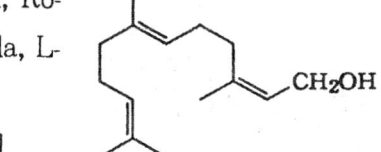

－성상 : 무색액체 은방울꽃 냄새
　　　　비　중 : 0.89
　　　　굴절율 : 1.4877
　　　　비　점 : 263℃
－용도 : 고급향료로 꽃향조합에 이용한다.
　　　　Vitamin합성의 출발원료로 사용한다.
－제법 : 아세칠렌으로부터 Nerolidol을 거쳐 Farnesol을 합성한다.

2) Nerolidol(3,7,11-Trimethyl-1,6,10-dodecatrien-3-ol)($C_{15}H_{26}O$)

－소재 : Cabreuva oil, Neroli, Peru balsam, Ylang Ylang 등에 존재한다.

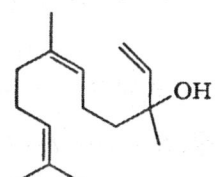

－성상 : 무색 또는 담황색 액체 나무 냄새
　　　　비　중 : 0.88
　　　　굴절율 : 1.4795
　　　　비　점 : 276℃
－용도 : Floral계통 조합향료 보류제로 해서 유용
－제법 : ① Terpene계 알코올의 Linalool에 대응하는 Sesqui Terpene계 알코올이다.

② 로슈법으로 아세칠렌으로부터 Linalool를 거쳐 합성한다.

3) Santalol($C_{15}H_{24}O$)

        α-Santalol β-Santalol

- 소재 : 동인도 Sandalwood oil, 서부오스트랄리아 Sandalwood oil
  에 존재한다.
- 성상 : 무색 또는 미황색 점성액체 Sandalwood 냄새
  - 비 중 : 0.98
  - 굴절율 : α형 : 1.5017
  -          β형 : 1.5100
  - 비 점 : α형 : 302℃
  -         β형 : 309℃
- 용도 : 보류제 및 각종조합향료에 사용한다.
- 제법 : Sandalwood로부터 분류해서 생산하지만 원목이 감소되어
  합성의 공업화가 기대된다

4) Iso E Super(2-Acetyl-1,2,3,4,6,7,8-octahydro-2,3,8,8-tetramethyl naphthalene)($C_{16}H_{26}O$)
- 소재 : 합성
- 성상 : 담황색 액체 Woody-amber냄새
  - 비 중 : 0.960~0.968

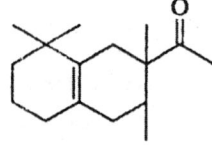

굴절율 : 1.497~1.502
- 용도 : 각종 조합향료에 사용한다.
- 제법 : Myrcene으로부터 합성

5) Sandalore(Methyl-3-(trimethyl-2,2,3-cyclopenten-3-yl-1)
   -5-pentanol-2)($C_{14}H_{26}O$)
- 소재 : 합성
- 성상 : 담황색 액체 Sandalwood냄새
   비 중 : 0.9
   굴절율 : 1.472
- 용도 : 각종 조합향료에 사용한다.
- 제법 : Pinene oxide로 부터 합성한다.

6) Cedrol(Cedarwood camphor)($C_{15}H_{26}O$)
- 소재 : Cypress oil, Juniper oil, Oliganum 등에 존재
- 성상 : 백색결정, Cedarwood와 같은 냄새
   비중 : 0.98
   비점 : 290~292℃
   융점 : 86℃
- 용도 : 각종 조합향료, 비누향, 실내방향제, 보류제
- 제법 : Cedarwood를 분별증류하고 재결정해서 얻는다.

7) Vetiverol(Vetivenol, Vetivol)($C_{15}H_{26}O$)
- 소재 : Vetiver oil 중에 존재한다.
   시판중인 것은 1급 알코올과
   3급 알코올로 혼합된 것이다.
- 성상 : 담황색 또는 황록색 액체 Vetiver 냄새

제4장 합성향료

　비　중 : 1.0
　굴절율 : 1.5277
　비　점 : 264℃
－용도 : Oriental계 조합향료, Chypre계
　　조합향료에 사용한다.
－제법 : Vetiver oil을 감압증류해서 분리한다.

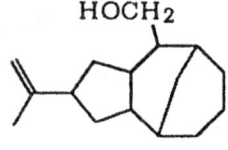

8) Patchouli alcohol(Patchouly alcohol, Patchouly camphor)
－소재 : Patchouly oil 중에 존재한다
－성상 : 냄새 없는 결정
　　비　중 : 1.0284
　　굴절율 : 1.5029
　　비　점 : 140℃
－용도 : 흔히 사용하지 않는다.
－제법 : Patchouli oil을 분별증류시 고비점 부분에서 얻어진다.

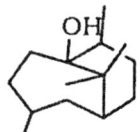

5. 방향족 Alcohol

1) Benzyl alcohol
－소재 : Ylang Ylang oil, Acacia, Tuberose
　　등에 존재한다.
－성상 : 무색액체 약한 향기를 가지고 있다.
　　비　중 : 1.05
　　굴절율 : 1.5402
　　비　점 : 204～205℃
－용도 : 각종 조합향료, 도료, 용제, 의약, 사진용 등에 널리 사용한다.

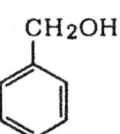

―제법 : 년간 500톤에 이르는 생산량을 가지고 있는 향료로 Toluene에 염소를 부착시켜 염화 벤질을 얻고 이것을 가수분해한 후 감압증류에 의해 정제한다.

2) Phenyl ethyl alcohol(Benzyl carbinol, 2―Phenylethanol β ―Phenyl ethyl alcohol)($C_8H_{10}O$)

―소재 : Geranium bourbon, Pine oil, Rose absolute, Neroli oil 등에 존재한다.

―성상 : 무색액체 약한 Rose향

비 중 : 1.03

굴절율 : 1.531

비 점 : 220℃

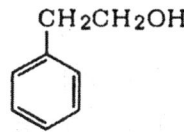

―용도 : 장미향 조합, 기타 모든 조합향에 빼놓을 수 없는 향 중의 하나이다.

―제법 : ① 벤젠과 Ethylene oxide로 부터 $AlCl_3$촉매로 해서 Friedel―Crafts반응에 의해

　　　　② Stylene oxide의 H_2O 첨가에 의해 합성한다.

3) γ―Phenyl propyl alcohol(Hydro cinnamic alcohol, Benzyl ethyl alcohol)($C_9H_{12}O$)

―소재 : 여러 Resin, Gum, Balsam 등에 존재한다.

―성상 : 무색액체로 발삼취를 가지고 있다.

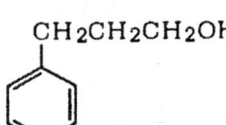

비 중 : 1.01

굴절율 : 1.5356

비 점 : 236℃

―용도 : Lilac이나 Hyacinth계통을 조합하는데 사용하며 기타 조합향

제4장 합성향료

료에 사용한다.
－제법：Cinnamic aldehyde의 접촉환원에 의해 제조한다.

4) Cinnamic alcohol(3－Phenyl－2－propen－1－ol)($C_9H_{10}O$)
   ＝Cinnamyl alcohol
－소재：Styrax, Balsam peru 등의 중
  요성분이다.
－성상：백색침상결정(시판중인 것은 담
  황색 액체도 있다.) Hyacinth 냄새
  를 가지고 있다.
   비 중：1.04
   굴절율：1.5819
   비 점：257.5℃
－용 도：보류제, 변조제로해서 널리 사용한다.
   주로 저렴한 제품, 비누, 식품향에서는 Plum, Apricot, Raspberry, Strawberry의 조합에 사용한다.
－안정성：이 자체는 감작성이 없으나 불순물 혼입시 5% 알카리 수
  용액으로 처리한 것을 사용하는 것이 안전하다.

5) Anisic alcohol(Anisyl alcohol, p－Methoxybenzalcohol)
   ($C_8H_{10}O_2$)
－소재：하이티산 Vanilla bean
－성상：무색액체 또는 불투명한 결
  정성 물질로 Lilac 또는
  Vanilla 냄새
   비 중：1.11～1.12
   융 점：24～25℃

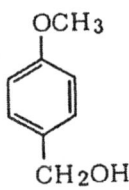

비 점 : 259℃
- 용도 : Lilac, Jasmin계 향료에 사용한다.
- 제법 : Anis aldehyde의 접촉 환원

6) Dimethyl benzyl carbinol(Dimethyl phenyl ethyl alcohol)
   ($C_{10}H_{14}O$)
- 소재 : 합성
- 성상 : 백색 또는 반투명 결정으로
        녹으면 무색의 점성 액체가
        된다.
        Lilac 및 목재 냄새
        비 중 : 0.98
        굴절율 : 1.5201
        융 점 : 24℃
- 용도 : Lilac 및 여러가지 꽃향에 사용한다.
- 제법 : Acetone과 Benzyl chloride의 Grignard 반응에 의해 합성한다.

7) Methyl phenyl carbinol(α-phenyl ethyl alcohol)($C_8H_{10}O$)
   =Styrallyl alcohol=Styroyl alcohol
- 소재 : 합성
- 성상 : 무색액체, Lilac, Jasmin계열 향취
        비 중 : 1.01
        융 점 : 204℃
        굴절율 : 1.5271
        비 점 : 204℃

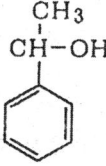

- 용도 : Lilac 및 여러가지 꽃향에 사용한다.

―제법 : ① Acetophenone의 환원에 의해 합성한다.
　　　② Benzaldehyde에 염화메틸 마그네슘을 작용시켜 Grignard
　　　반응에 의해 합성한다

8) Dimethyl phenyl carbinol(Phenyl isopropyl alcohol)($C_9H_{12}O$)
―소재 : 합성
―성상 : 무색결정 장미와 같은 냄새
　　　비　중 : 0.97(액상)
　　　융　점 : 37℃
　　　비　점 : 199℃

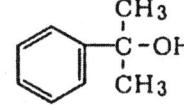

―용도 : Rose, Lilac, Muguet향 조합에 사용한다.
―제법 : Acetone에 C_6H_5MgBr을 작용시켜 Grignard반응에 의해 합
　　　성한다.

9) β―Phenyl ethyl dimethyl carbinol(Dimethyl phenyl
　　ethyl carbinol)=Centifol ($C_{11}H_{16}O$)
―소재 : 합성
―성상 : 무색 점성액체 Terpineol과
　　　　같은 냄새
　　　비　중 : 0.97
　　　굴절율 : 1.5130
　　　비　점 : 238℃

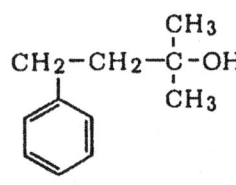

―용도 : 보류제로 Floral조 조합향료에 사용한다.
―제법 : Grignard반응에 의해 Acetone에 Phenylethyl. MgBr(or
　　　Cl)을 작용시켜 합성한다.
10) β-Phenylethyl methylethyl carbinol(1-Phenyl-3-methyl-3
　　-pentanol)($C_{12}H_{18}O$)

－소재：합성
－성상：무색액체 Muguet와 같은 냄새
　　　비　중：0.97
　　　굴절율：1.5101~1.5120
　　　비　점：254℃ 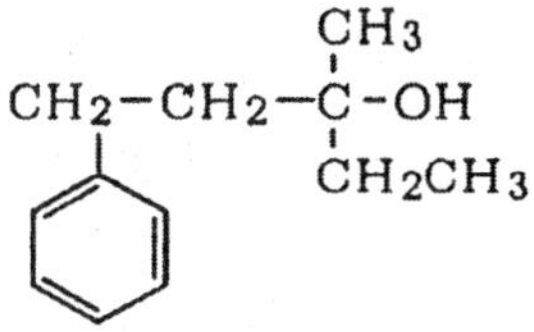
－용도：Rose, Lilac, Carnation 등의 조합향료
－제법：Methylethyl ketone에 C₆H₅MgBr을 작용시켜 Grignard반응에 의해 합성한다.

11) Phenoxy ethyl alcohol(Ethylene glycol monophenyl ether)
　　　＝Larosol＝Arosol
－소재：합성
－성상：무색액체 무취에 가깝다.
　　　비　중：1.11
　　　굴절율：1.534
　　　융　점：13℃
　　　비　점：245℃ 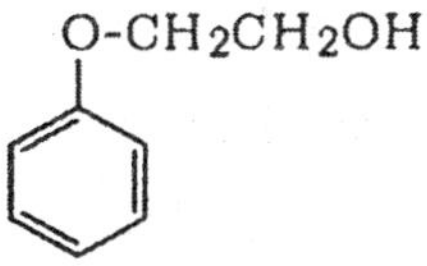
－용도：보류제로 사용, 산화방지력이 있고 화장품에 사용한다.
－제법：알카리 존재 하에 Phenol과 Ethyleneoxide를 반응시켜 합성한다.

12) Phenyl Glycol(Phenylethylene glycol)(C₈H₁₀O₂)
　　　＝Styrolyl alcohol
－소재：합성
－성상：백색결정 은은한 꽃냄새
　　　융　점：68℃
　　　비　점：273℃

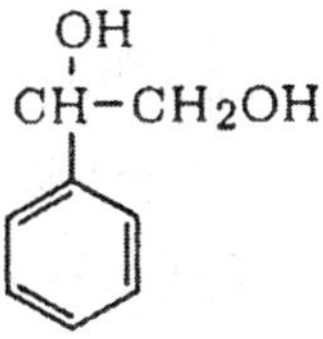

―용도 : Floral계 조합향료
―제법 : ① Styrene oxide의 가수분해로 합성
　　　　② Styrene chlorohydrin의 가수분해로 합성

13) tert-Butyl-cyclohexanol(padoryl, patchone, velvetol)($C_{10}H_{20}O$)
―소재 : 합성
―성상 : 흰색결정분말
　　　　Cedarwood와 같은 냄새
　　　　융　점 : 60~65℃
　　　　비　점 : 110~115℃ / 15mmHg

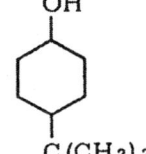

―용도 : 비누향료로 많이 사용한다
―제법 : 통상 Cis형과 Trans형의 혼합물로 30%, 70% 비율이다.
　　　　p-제 3급 Butylphenyl의 접촉수 첨가에 의해 얻는다.

제3절 Phenol 및 유도체

1) Anisole(Methoxybenzene, Methylphenyl ether)(C_7H_8O)
―소재 : 합성
―성상 : 무색액체 Anise와 같은 냄새
　　　　비　중 : 0.996
　　　　굴절율 : 1.5179
　　　　비　점 : 154℃
　　　　Anethole과 혼동하기 쉽다

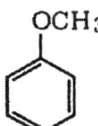

―용도 : 비누 및 공업용 향료에 사용한다.
―제법 : Phenol에 Dimethylsulfate를 알카리 존재 하에 작용시켜 합성한다.

제3절 Phenol 및 유도체

2) p-Acetylanisole(Acetanisole, p-Methoxyacetophenone) ($C_9H_{10}O_2$)
   =Heliopon=Aubepinol=Aubepinone=Helional=Melitone
   =Epenone=Estenone=Estenone=Crataegon=Novatone
   =Fernan=Melilot=Ketobepin=Nyobepine
   -소재 : 합성
   -성상 : 백색결정 Heliotrope의 냄새

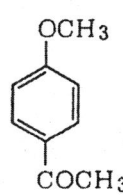

     비 중 : 1.0997
     융 점 : 36~38℃
     비 점 : 258℃
   -용도 : 비누, 화장품, 식품향에 사용한다.
   -제법 : Anisole에 Acetylchloride을 Friedel-Crafts 반응에 의해 축합해서 만든다.

3) Diphenyl oxide(Diphenyl ether, "Geranium crystals")($C_{12}H_{10}O$)
   -소재 : 합성
   -성상 : 무색액체로 낮은 온도에서는 고체화된다.
   Rose, Geranium leaf 냄새

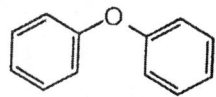

     비 중 : 1.07(액체)
     융 점 : 28℃
     비 점 : 252℃
   -용도 : 비누향료 및 화정유 조합, 특히 Geranium의 조합에 사용한다.
   -제법 : Phenol의 알카리 염을 염화 벤졸과 함께 적당한 촉매 하에 반응시켜 얻는다.

4) Dimethyl hydroquinone(Hydroquinone dimethyl ether)($C_8H_{10}O_2$)

제4장 합성향료

　　　　=p-Dimethoxybenzene
-소재 : 합성
-성상 : 백색결정 Coumarine내지
　　　마른풀 냄새
　　　비　중 : 1.04(액상)
　　　융　점 : 56℃
　　　비　점 : 205℃

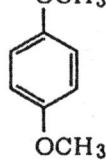

-용도 : 안정해서 비누향료로 이용한다 조합향료로도 널리 사용한다.
-제법 : Hydroquinone을 Methyl화한다.

5) p-Cresol methylether(Methyl-p-cresol, Methyl-p-tolylether, p-Methylanisole, p-Methoxytoluene)($C_8H_{10}O$)
-소재 : 합성
-성상 : 무색액체, Ylang Ylang 같은 냄새
　　　비　중 : 0.97
　　　비　점 : 176℃
-용도 : Jasmin, Lilac 등의 조합에 사용한다.
-제법 : p-Cresol을 Dimethy황산으로 메틸화한다.

6) Anethole(Iso-estragole, p-Propenyl-phenyl methylether) ($C_{10}H_{12}O$)
-소재 : Anise나 Fennel의 속에 속하는
　　　여러가지 종류의 씨에서 발견
　　　되고 특히 Star anise의 주성분
　　　이다.
-성상 : 무색액체, Anise와 같은 냄새
　　　비　중 : 0.94

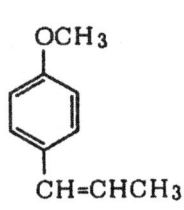

제3절 Phenol 및 유도체

　　　　굴절율 : 1.559~1.561
　　　　비　점 : 232~234℃
－용도 : Liquer, 구강제, 비누 등의 향료에 사용된다.
　　　　Anise aldehyde의 제조 원료로해서 사용되고 있다.
－제법 : Star anise oil를 냉각해서 결정으로 하고 분리하고 분별증류
　　　　에 의해 정제한다.

7) Dihydroanethole(p-n-Propyl　anisole,　p-Propyl　methoxy
　　benzene) ($C_{10}H_{14}O$)
－소재 : 합성
－성상 : 무색~담황색 액체 Anise 냄새
　　　　비　중 : 0.94
　　　　비　점 : 225℃
－용도 : 비누향료, 공업용향료, 식품향료에 사용한다.
－제법 : ① Anethole에 접촉수를 붙여 만든다.
　　　　② p-Propylphenol의 Methyl화에 의해 만든다.

8) Thymol(p-Isopropyl-m-cresol, 1-Methyl-3-hydroxy-4-isopr-
　　opyl benzene)($C_{10}H_{14}O$)
－소재 : Thyme 또는 Ajowan oil에
　　　　존재한다.
－성상 : 백색결정 Phenol취를 가지
　　　　고 있는 약냄새
　　　　비　중 : 0.95(액상)
　　　　굴절율 : 1.5226
　　　　비　점 : 233℃
　　　　융　점 : 51.5℃

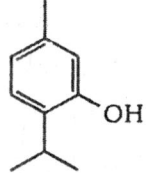

제4장 합성향료

- 용도 : 향료보다 방부, 살균력이 강하기 때문에 이런 목적으로 사용하고 최근에는 Menthol의 합성원료로도 사용한다.
- 제법 : m-Cresol에 Isopropylalcohol 또는 Propylene을 반응해서 얻는다.

9) Carvacrol(2-p-Cymenol, 2-Methyl-5-isopropylphenol, Isothymol) ($C_{10}H_{14}O$)
  - 소재 : Origanum oil, Marjoram oil Thyme oil 등에 존재한다.
  - 성상 : 무색~담황색 액체, 스파이시한 Thymol 냄새
    비 중 : 0.98
    굴절율 : 1.5233
    비 점 : 237.5℃
  - 용도 : 방부제, 구강제, 식품향료
  - 제법 : Origanum oil, Thyme oil등으로부터 알카리 추출

10) Eugenol(2-Methoxy-4-allylphenol)($C_{10}H_{12}O_2$)
  - 소재 : 'Clove 잎 및 줄기, Pimenta berry oil, Cinnamon leaf oil등 여러 oil에 존재한다.
  - 성상 : 담황색 액체, 강한 스파이시한 냄새
    비 중 : 1.07
    굴절율 : 1.5410
    비 점 : 253℃
  - 용도 : Carnation, 각종 스파이시한 향의 조합, 식품향료, 고순도

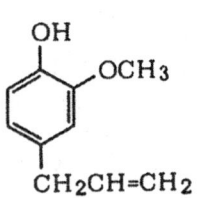

제3절 Phenol 및 유도체

　　　Vanillin의 제조에 사용한다.
-제법 : Clove oil, Cinnamon leaf oil를 알카리용액으로 추출 숙성한다.

11) Iso-Eugenol(2-Methoxy-4-propenylphenol)($C_{10}H_{12}O_2$)
-소재 : Ylang Ylang, Nutmeg, Champaca 등의 오일에 존재한다.
-성상 : 담황색 액체, Clove와 같은 스파이시한 냄새 Isoeugenol에는 Trans형과 Cis형의 이성체가 있다. 보통 시판하는 것은 Trans형 82~88% Cis형 12~18%의 혼합체가 많다.
　① 시판품
　비 중 : 1.09
　굴절율 : 1.570~1.576
　비 점 : 267.5℃
　② Trans형(결정체)
　비 중 : 1.087
　굴절율 : 1.5786
　비 점(bp12) : 140℃
　융 점 : 33℃
　③ Cis형(액체)
　비 중 : 1.088
　굴절율 : 1.5786
　비 점(bp11) : 133℃
-용도 : Floral 및 Floral bouquet의 조합에 사용한다. 특히 Carnnation 타입 향료 조합에 많이 이용한다. 또 사과, 바나나, 포도 등의 식향 조합에 많이 사용한다 Vanillin합성원료로 중요하다.
-제법 : Eugenol을 메탄올 또는 물 존재 하에 알카리와 함께 가열해서 이성화해서 얻는다.

- 안정성 : 피부에 대해 감작성을 나타내기 때문에 조합향료 중 1% 이하로 사용하도록 추천하고 있다.

12) Methyleugenol(Eugenol methylether, 1,2-Dimethoxy-4-allyl benzene) ($C_{11}H_{14}O_2$)
- 소재 : Citronella, 캘리포니아 Laurel, Bay, Pimenta oil 등에 존재한다.
- 성상 : 무색~담황색 액체 약한 Clove 같은 냄새
  비 중 : 1.04
  굴절율 : 1.5383
  비 점 : 248~249℃

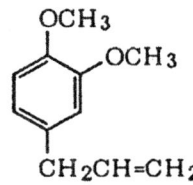

- 용도 : 곤충 유인제, Floral타입 조합향료, 식품향료에 사용한다.
- 제법 : Eugenol 또는 Chavibetol을 Dimethyl황산으로 Methyl화한다.

13) Methyl isoeugenol(Isoeugenol methylether, 1,2-Dimethoxy-4-isopropenyl benzene)
- 소재 : Cymbopogon javanensis, Asarum Arifolium의 정유, Bay, Calamus 등의 정유에 존재한다.
- 성상 : 무색~담황색 액체 Carnation과 같은 냄새
  비 중 : 1.05
  굴절율 : 1.5616~1.5692
  비 점 : 270℃
- 용도 : Floral이나 Oriental조의 조합향료, 식품향료에 이용된다.
- 제법 : Methyl eugenol을 알카리의 알코올 용액으로 이성화한다.

제3절 Phenol 및 유도체

14) Benzyl isoeugenol(Isoeugenol benzylether)($C_{17}H_{18}O_2$)
  - 소재 : 합성
  - 성상 : 백색결정, 약한 장미 내지 카네이션 같은 냄새, 시판품은 Cis형과 Trans형의 혼합물이다
    융 점 : 57℃(Trans형), 34℃(Cis형)
  - 용도 : Floral타입 조합향료에 널리 이용되고 또 보류제로 이용되고 있다.
  - 제법 : Benzyl eugenol을 알카리 알코올 용액으로 이성화한다.

15) Safrole(3,4-Methylenedioxy allyl benzene)($C_{10}H_{10}O_2$)
  - 소재 : Sassafras oil, Staranise oil, Camphor oil등에 존재한다.
  - 성상 : 무색~담황색 액체 Sassafras와 같은 냄새
    비 중 : 1.10
    굴절율 : 1.536~1.540
    비 점 : 234.5℃
    융 점 : 11℃
  - 용도 : 비누향료, Heliotropine의 제조원료
  - 제법 : Sassafras oil, Camphor oil로 부터 분리 정제한다.

16) Isosafrole(1,2-Methylenedioxy-4-propenylbenzene, propenylpyrocatecholmethylene)($C_{10}H_{10}O_2$)
  - 소재 : 합성, Ylang Ylang에 약간 존재할는지 모른다
  - 성상 : 담황색 액체, Safrole과 같은 냄새 보통 Cis형 과 Trans형의 혼합물이지만 Trans형이 주성분이다.

비　중 : 1.12
굴절율 : 1.5782
비　점 : 247～248℃(trans형),
　　　　242～243℃(cis형)
─용도 : 비누향료, Heliotropine의 제조 원료
─제법 : Safrole을 알카리 알코올 용액으로
　　　　이성화한다.

17) β-Naphthol methyl ether(2-Methoxynaphthalene, "Yara-Yara", Neroline Ⅰ, Nerolin yara-yara)($C_{11}H_{10}O$)
─소재 : 합성
　─성상 : 백색 판상결정, Acacia 또는
　　　　Neroli꽃 향기와 같은 냄새, 딸
　　　　기와 같은 향미를 가지고 있다.
　　　　융　점 : 73℃
　　　　비　점 : 274℃
─용도 : 딸기류의 식향에 이용하고 또
　　　　싼 비누향에 이용한다.
─제법 : β-Naphthol을 NaOH존재 하에 Dimethyl황산으로 Methyl
　　　　화하지만 농황산 메탄올로 Methyl화해도 얻어진다.

18) β-Naphthol ethyl ether("Bromelia", Neroline Ⅱ, Neroline bromelia) ($C_{12}H_{12}O$)
─소재 : 합성
─성상 : 백색결정, Neroli와 같은 냄새
　　　　비　중 : 1.06(액상)
　　　　융　점 : 37℃

비 점 : 282℃
- 용도 : Neroli계의 조합향료, 비누, 화장품 등에 이용
- 제법 : β-Naphthol, 에틸알코올 및 황산을 혼합해서 140℃로 가열한다. 또는 황산 대신에 농염산을 이용하여 가압하에 가열한다.

19) Vanitrope(Propenyl guaethol, Methyl isochavibetol)
　　($C_{11}H_{14}O_2$) = Isosafro - eugenol
- 소재 : 합성 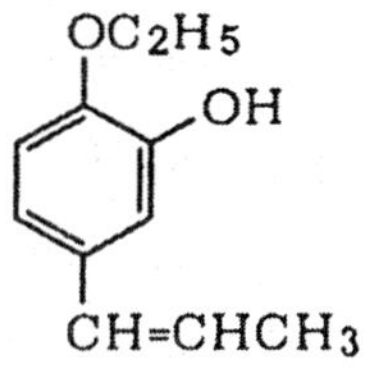
- 성상 : 무색결정, 바닐라, 스파이스와 같은 냄새
　　융 점 : 86℃
- 용도 : Vanillin, Ethyl Vanillin보다 강하고 이와 같은 보조제로 식품향에 이용된다.
- 제법 : Ethyl eugenol을 알코올성 알카리 용액에 가열하면 얻어진다.

제4절 Aldehyde류 및 Acetal류

알데히드류의 향료는 Ester계의 향료와 함께 합성향료로 해서 매우 중요하며 Aldehyde기를 가지고 있는 화학구조상도 있지만 Aldehyde C14, C16, C18…등과 같이 상품명으로 해서 쓰이는 것도 있다. 이것은 Aldehyde기를 가지고 있지 않고 탄소수로 표시한 숫자와 달리 별도의 구조의 화합물이다.

1. 지방족 Aldehyde

제4장 합성향료

1) n-Heptyl aldehyde(n-Heptanal, Enanthaldehyde, "Oenanthol" Aldehyde(C7)($C_7H_{14}O$) $CH_3(CH_2)_5CHO$
－소재 : 합성
－성상 : 무색, 담황색 액체, 무거운 과일냄새
　　　비　중 : 0.8495
　　　굴절율 : 1.426
　　　비　점 : 155～156℃
－용도 : Almond향으로 소량사용하고 합성 Cognac oil의 원료로 하고, 방취제용 향료로 해서 사용된다. α-Amyl cinnamic aldehyde의 합성원료이다.
－제법 : 피마자유를 메틸에스테르로 변화시키고 열분해하면 Undecylenic산 메틸과 함께 얻어진다.

2) n-Octhylaldehyde(n-Octanal, Caprylic aldehyde, Aldehyde C8)　($C_8H_{16}O$)　$CH_3(CH_2)_6CHO$
－소재 : Lemongrass oil, Lemon oil Citronella oil 등에 사용한다.
－성상 : 무색액체, 강한 오렌지와 같은 냄새
　　　비　중 : 0.80
　　　굴절율 : 1.4216
　　　비　점 : 171～173℃
－용도 : Apricot, Cherry 등의 Flavor 및 Lemon, Jasmin, Rose 등의 조합향료에 이용된다.
－제법 : n-Octyl alcohol을 산화한다.

3) n-Nonyl aldehyde(n-Nonanal, Aldehyde C9, Pelargonic aldehyde) ($C_9H_{18}O$)　$CH_3(CH_2)_7CHO$
－소재 : Rose, Lemongrass, Cinnamon,

Iris뿌리, Mandarine, Lemon 등의 정유
- 성상 : 무색액체, 지방냄새가 있는 Rose나 Citronella 냄새
  - 비 중 : 0.83
  - 굴절율 : 1.4245
  - 비 점 : 185℃
- 용도 : Rose, Orange oil, 및 조합향료
- 제법 : n-Nonyl alcohol의 접촉 탈수소 또는 Olein산의 Ozone산화 분해에 의해 얻어진다.

4) n-Decylaldehyde(n-Decanal, Aldehyde C10, Capric aldehyde, Caprin aldehyde)($C_{10}H_{20}O$)
- 소재 : Mandarine, Orange, Lemongrass, Iris뿌리, Rose, Coriander oil Acacia oil

$CH_3(CH_2)_8CHO$

- 성상 : 무색액체, 오렌지 냄새가 강한 지방냄새
  - 비 중 : 0.85
  - 굴절율 : 1.4287
  - 비 점 : 208~209℃
- 용도 : Orange나 다른 감귤류향 조합에 사용하거나 Jasmin, Rose, 기타 조합향에 이용한다.
- 제법 : n-Decyl alcohol의 산화 또는 접촉탈수소에 의해 얻는다.

5) n-Undecylaldehyde(Undecanal, Hendecanal, Aldehyde C11) ($C_{11}H_{22}O$) $CH_3(CH_2)_9CHO$
- 소재 : 합성
- 성상 : 무색~담황색 액체 Rose와 유사하고 벌꿀과 같은 냄새
  - 비 중 : 0.83

굴절율 : 1.440

비 점 : 116∼117℃

−용도 : 장미향, 비누향, 화장품 향료에 사용한다.

산화하기 쉽기 때문에 10%알코올 또는 벤질 알코올용액으로 해서 사용한다.

−제법 : ① Undecyl alcohol을 산화해서 얻는다.

② 야자유로부터 얻은 α−Hydroxy Lauric acid의 PbO_2에 의한 산화에 의해 얻는다.

6) Undecylenic aldehyde(10-Undecen-1-al) ($C_{11}H_{20}O$)

$CH_2=CH(CH_2)_8CHO$

−소재 : 합성
−성상 : 무색액체 낮은 온도에서 응고한다.

강한 장미냄새, 감귤 같은 냄새

비 중 : 0.84

굴절율 : 1.4491

비 점 : 235℃

융 점 : 7℃

−용도 : 감귤류, 장미 등의 조합향 및 각종 조합향료에 이용함
−제법 : Undecylen alcohol의 접촉산화

7) Dodecylic aldehyde(Dodecanal, Lauric aldehyde, Lauryl aldehyde, Aldehyde C12 Lauric)($C_{12}H_{24}O$) $CH_3(CH_2)_{10}CHO$

−소재 : Abies alba, Sweet orange, Rue oil 등에 존재한다.
−성상 : 무색액체로 저온에서는 고형화함.

고농도에서는 지방냄새지만 희석하면 Violet와 같은 냄새가 남.

비 중 : 0.8319

제4절 Aldehyde류 및 Acetal류

　　　　굴절율 : 1.4374
　　　　비　점 : 227~235℃
　　　　융　점 : 11℃
－용도 : Violet, Pine, Orange계 등의 조합향료 그외 화장품, 비누 등
　　　　에 사용되고 있다.
－제　법 : Dodecanol의 접촉탈수소

8) Methyl nonyl acetaldehyde(2－Methyl undecanal, Aldehyde C_{12} MNA) ($C_{12}H_{24}O$)
－소재 : 합성
－성상 : 무색액체, Amber와 같은 냄새

$$CH_3(CH_2)_8\overset{|}{C}HCHO$$
$$CH_3$$

　　　　비　중 : 0.823~0.831
　　　　굴절율 : 1.432~1.4450
　　　　비　점 : 232℃
－용도 : 고급향료, 기타 여러가지 조합향에 소량 사용한다.
－제법 : Methyl nonyl ketone에 크롤초산에스테르를 $NaOC_2H_5$존재
　　　　하에 Darzens반응시키고 증류해서 얻는다.

9) n－Tridecylaldehyde(Aldehyde C_{13})($C_{13}H_{26}O$)
－소재 : 합성
　　　　　　　　　　　　　　　$CH_3(CH_2)_{11}CHO$
－성상 : 무색액체, 저온에서 응고한다.
　　　　감귤류 냄새
　　　　융　점 : 14℃
　　　　비　점 : 251℃
－용도 : Mimosa, Jasmin, Violet 등의 조합향료 및 Amber계통의
　　　　조합향에 이용
－제법 : ① Tridecyl alcohol의 산화에 의해 얻는다.

② n-Dodecene으로부터 oxo합성에 의해 얻는다.

10) Tetradecyl aldehyde(Myristic aldehyde, Aldehyde C14)
    ($C_{14}H_{28}O$) $CH_3(CH_2)_{12}CHO$
－소재 : Ocotea usambarensis의 수피유에 있다고 알려져 있음.
－성상 : 무색액체, 약한 Citrus와 같은 향기
    낮은 온도에서 응고
    비 중 : 0.84
    비 점 : 260℃
    융 점 : 23℃
－용도 : Iris의 조합이나 기타 꽃향조합에 이용
    식품에는 꿀향조합에 이용
－제법 : Methyl myristate의 환원으로 Myristic alcohol을 얻고 이것을 접촉 산화해서 얻는다.

11) n-Hexadecyl aldehyde(Palmitic aldehyde, Aldehyde C16)
    ($C_{16}H_{32}O$) $CH_3(CH_2)_{14}CHO$
－소재 : 아카시아의 정유에 존재
－성상 : 백색고체 또는 무색 밀납상 고체
    융 점 : 34℃
    비 점 : 310℃
－용도 : 조합향료에 소량 사용한다.
－제법 : Cethyl alcohol의 접촉 산화에 의해 얻는다.

12) 2,6-Nonadienal(Violet leaf aldehyde, Cucumber aldehyde)
    ($C_9H_{14}O$) $CH_3CH_2CH=CHCH_2CH_2CH=CHCHO$
－소재 : 제비꽃(Violet), 오이에 존재함

―성상 : 무색~담황색, 오이나 제비꽃 냄새
  비 중 : 0.8678
  굴절율 : 1.4660
  비 점 : 187℃
―용도 : 신선한 냄새를 주는 조합향료
―제법 : ① 공업적으로 제조되고 있지 않으나 3-Hexenol을 출발물로 해서 합성할 수 있다
② Violet leaf나 생오이로부터 여러 단계로 해서 분리 정제한다.

2. Terpene계 Aldehyde

1) Citral(3,7-Dimethyl-2,6-octadienal)($C_{10}H_{16}O$)
   Citral a : Geranial(Trans형)
   Citral b : Neral(Cis형)
―소재 : 최대 공급원은 Lemonegrass oil 및 Ocimum pilosum이고 Vervena, Eucalyptus, Lemon, Lime등 여러 천연오일에 존재하는 것으로 알려져 있다. 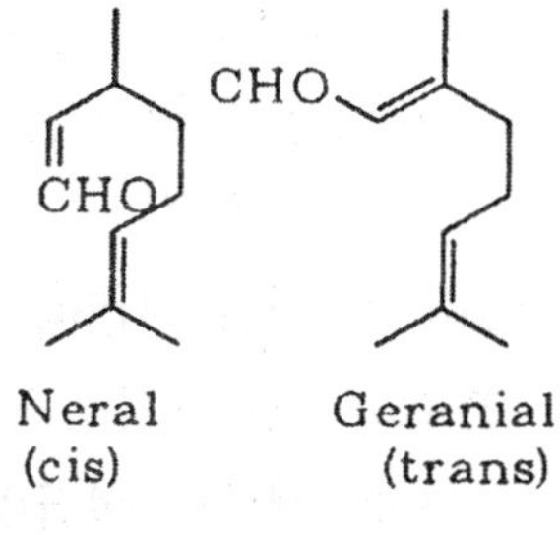
  Geraniol의 입체 이성체가 Nerol인 것과 같이 Citral에도 2가지 입체 이성체 Geranial(Trans형)과 Neral(Cis형)이 있다. 천연산 Citral은 통상적으로 Trans형(80~90%)과 Cis형(10~20%)의 혼합물로 되어있다.
  합성 Citral은 Trans형(60~80%)과 Cis형(20~40%)의 혼

합물로 되어 있지만 원료 Geraniol중의 Nerol의 함유율에 의해서 다르다. 이 이외에도 2중 결합의 위치가 다른 Isocitral도 시장에 있다.

이와 같이 이성체의 혼합물로된 Citral을 향료업계에서는 이 성체의 구별을 하지 않고 그대로 사용하며 불순물에 의해 등급을 구분한다.

-성상 : 담황색의 액체, Lemon냄새
  비 중 : 0.89
  굴절율 : 1.4885
  비 점 : 228℃

-용도 : 식품향료, 비누향료, 향수 및 화장품 향료에 널리 이용된다. 또 Ionone, Methyl ionone, Vitamin A, E의 합성 원료로해서 중요하다.

공기, 알카리, 일광에 비교적 불안정해 변색되는 경우가 있고 피부에 감작성을 나타내기 때문에 d-Limonene이나, Mixed citrus terpene, α-Pinene의 물질을 병용해서 쓴다.

-제법 : 공업적으로는 Geraniol 또는 Nerol의 접촉 공기 산화에 의해 제조한다.

2) Citronellal(3,7-Dimethyl-6-octen-1-al, Rhodinal) ($C_{10}H_{18}O$)

-소재 : 최대의 공급원은 Citronella oil인데 30~40%가 함유되어 있다.

그런데 Citronellal에는 한 개의 비대칭탄소(Asymmetric carbon)원자가 있어 d형, l형 및 불활성(Racemi형 : dl)의 광학이성체가 있다.

Citronella oil는 80%가 d형이고 20%는 dl형이다.

제4절 Aldehyde류 및 Acetal류

－성상 : 무색~담황색 액체, Citronella oil과 같은 냄새
　　　　알카리에 의해 수지화되기 쉽고 산에 의해 환원해서 Isopule-
　　　　gol로 되기 쉽다.
　　　　비　중 : 0.85
　　　　비　점 : 206℃
－용도 : 비누향에 사용하고 Citronellol, Hydroxycitronellol, Menthol
　　　　의 합성원료로 해서 중요하다.
－제법 : ① Citronella oil를 수증기 증류하고 아황산수소나트륨 부가
　　　　물을 경유시켜 정제한다.
　　　　② Pinene을 출발물질로 해서 합성한다

3) Hydroxycitronellal(7－Hydroxy－3,7－Dimethyloctan－1al, "L-aurinal" "Laurine", "Hycelea")

－소재 : 합성
－성상 : 무색점성액체, Lime이나

$$CH_3-\underset{OH}{\underset{|}{C}}-CH_2CH_2CH_2\overset{CH_3}{\overset{|}{C}}HCH_2CHO$$

　　　　은방울 꽃냄새 산, 알카
　　　　리 및 공기 중에 불안정
　　　　하며 중합체를 생성하기
　　　　쉽다.
　　　　비　중 : 0.93
　　　　굴절율 : 1.4494
　　　　비　점 : 241℃
－용도 : 은방울꽃 계통 및 여러가지 꽃향에 많이 이용하며 조합향료
　　　　의 보류제, 보조제로 많이 사용한다. 피부자극을 나타내는 것
　　　　이 결점이다.
－제법 : ① Citronellal을 NaHSO₃ 부가체의 분말을 0℃ 이하로 50~
　　　　60% 황산으로 처리해서 가수반응을 행한다 Na₂CO₃용액으

제4장 합성향료

로 처리한다.
② Citronellol을 황산에 의해 가수시키고 접촉탈수소에 의해 얻어진다.

4) Perillaldehyde(Dihydro cuminyl aldehyde)($C_{10}H_{14}O$)
−소재 : l−Perilladehyde는 Perilla oil의 주성분(약 50%) d−Perilladehyde는 필리핀산 Sulpitia orsuami의 주성분(약 67%)
−성상 : 담황색 액체, Cumin과 같은 약초냄새
  비 중 : 0.96
  굴절율 : 1.50693
  비 점 : 237℃
−용도 : 변조제로 해서 이용, 감미제 Perillartine의 합성원료로 이용한다.
−제법 : 일본 Perilla leaf oil에서 분리한다.

3. 방향족 Aldehyde

1) Benzaldehyde(Amandol, Amandiol)(C_7H_6O)
−소재 : Cinnamon 나무껍질이나 잎, Cassia, Neroli, Patchouli, Acasia oil 등에 존재한다.
또, Bitter almond, Peach, Apricot 과일의 인은 주로 Benzaldehyde로 구성되어 있다.

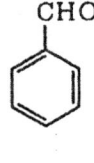

제4절 Aldehyde류 및 Acetal류

-성상 : 무색~담황색 액체, 아몬드와 같은 냄새
　　　　비　중 : 1.05
　　　　굴절율 : 1.544~1.546
　　　　비　점 : 179℃
-용도 : 조합 및 식품향료에는 소량밖에 이용되고 있지 않으나 Amyl cinnamic aldehyde, Cinnamic aldehyde, Benzylidene Acetone 등의 합성향료 및 의약품의 제조원료로 사용된다.
-제법 : ① Toluene의 접촉 공기 산화에 의해 얻어진다.
　　　　② Toluene을 염소화시켜 염화벤질로 만들고 산 또는 알카리로 가수분해한다.

2) Phenylacetaldehyde(α-Toluadehyde, Hyacinthin, Hyacinth aldehyde)
-소재 : 합성
-성상 : 무색~담황색 액체, Hyacinth 냄새
　　　　비　중 : 1.03
　　　　굴절율 : 1.525~1.533
　　　　비　점 : 206℃
　　　　純品은 쉽게 공기 중에서 산화 중합체를 형성하기 때문에 보통 DEP(Diethyl phthalate) 50% 용액으로 저장한다.
-용도 : 조합향에 널리 이용된다.
　　　　감작성이 있기 때문에 다른 억제물질과 병용하는 것이 좋다.
-제법 : ① Phenylethylalcohol의 접촉탈수소에 의해 얻어진다.
　　　　② 계피산 또는 Benzaldehyde로부터 유도된 Phenylglycide 산을 황산과 가열해서 탈탄산하여 얻는다.

제4장 합성향료

3) 3-Phenylpropionic aldehyde(Hydrocinnamic aldehyde, Dihydro cinnamic aldehyde, 3-Phenyl propanal)($C_9H_{10}O$)
   - 소재 : Cinnamon oil, Cassia leaf oil에 존재
   - 성상 : 무색~담황색 액체, Hyacinth냄새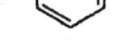
      비 중 : 1.02
      비 점 : 222℃
   - 용도 : 알카리에 안정하기 때문에 비누향료에 이용된다.
   - 제법 : Cinnamic aldehyde의 접촉수 첨가에 의해 얻어진다.

4) Cinnamic aldehyde(Cinnamon aldehyde, Cassia aldehyde) (C_9H_8O) β-Phenyl acrolein
   - 소재 : Cinnamon목피유(65~75%)
      Cassia목피유(75~90%)
      Cassia 잎유 그외 Myrrh,
      Patchouli oil 등에 존재한다.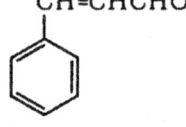
   - 성상 : 황색액체, Cassia 냄새
      비 중 : 1.11
      굴절율 : 1.6194
      비 점 : 252℃
   - 용도 : 비누, 세제용 향료, 식품향료에 사용된다.
      피부에 감작성이 있기 때문에 Eugenol, Limonene 등과 병행하는 경우가 바람직하다.
   - 제법 : Benzaldehyde와 Acetaldehyde를 알카리 존재 하에 축합시켜 만든다.

5) α-n-Amyl cinnamic aldehyde(Jasmin aldehyde, Jasmonal, "Osminal", Flosal, Buxine)($C_{14}H_{18}O$)

제4절 Aldehyde류 및 Acetal류

-소재 : 합성
-성상 : 담황색 액체, Jasmin 냄새
　　　비　중 : 0.96~0.97
　　　굴절율 : 1.4596
　　　비　점 : 285℃

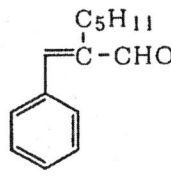

-용도 : Jasmin계 조합향료의 기본으로서 대량 이용되고 있는 중요 합성향료이다. 알카리에 강해 영속성과 불변성이 있기 때문에 비누, 세제용 향료에도 많이 이용된다.
-제법 : Enanthol(Heptyl aldehyde)와 Benzaldehyde를 알카리 존재 하에 축합해서 만든다.

6) α-n-Hexyl cinnamic aldehyde(JasmonalH, Jasminolene) ($C_{15}H_{20}O$)
-소재 : 합성
-성상 : 담황색 액체, Jasmin 같은 냄새
　　　비　중 : 0.95
　　　비　점 : 305℃

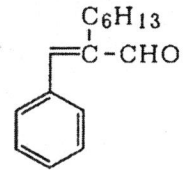

-용도 : Jasmin 계통 조합향료 및 Floral계 조합향료에 많이 이용되고 있다.
-제법 : Benzaldehyde와 n-Octyl aldehyde를 알카리 존재 하에 축합해서 얻는다.

7) Anisaldehyde(Aubepine, p-Methoxy benzaldehyde, Anisal) ($C_8H_8O_2$)
-소재 : Anise oil, Star anise oil, Fennel oil 등에 존재한다.
-성상 : 무색~담황색 액체 Hawthorn 냄새
　　　비　중 : 1.12

굴절율 : 1.5740
비 점 : 248℃
융 점 : 2℃
광 및 공기 중에 쉽게 산화 되어 무향의 Anise산으로 된다.

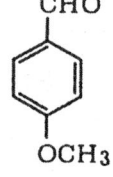

─용도 : 비누향, 각종 조합향, 식품향에 이용된다.
─제법 : Anethol의 Ozone산화 또는 p―Cresol methyl ether의 산화에 의해 얻는다.

8) Cuminaldehyde(p―Isopropyl benzaldehyde, Cuminal)
─소재 : Cumin oil의 주성분
Myrrh, Ceylon Cinnamon, Eucalytus oil, Acacia oil 등에 존재한다.
─성상 : 무색 담황색 액체, Cumin 냄새와 같은 불쾌한 냄새
비 중 : 0.98
굴절율 : 1.5287
비 점 : 236℃

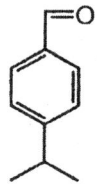

─용도 : 조합향료 및 식품향료에 소량 이용되고 Cyclamen aldehyde의 합성원료로 이용된다.
─제법 : p―Isopropyl sodium benzyl과 Hexamethylene tetramine으로부터 합성한다.

9) Heliotropine, Piperonal(3,4―Methylenedioxy―benzaldehyde) ($C_8H_6O_3$)
─소재 : Spirea ulmaria, Robinia pseudacacia, Clausena anisata 등

제4절 Aldehyde류 및 Acetal류

의 정유에 존재하나 Heliotrope
에는 존재하지 않는다.
- 성상 : 백색결정, Heliotrope와 같은
  냄새
  열과 광에 의해 착색되는 결점
  이 있다.
  융 점 : 37℃
  비 점 : 263℃
- 용도 : Heliotrope계 조합 및 일반 화장품용 향료에 널리 사용된다. 여러가지 식향 및 제약용 향료에도 사용된다. 공업용 광택제, 의약용 l-Dopa의 원료로도 이용한다.
- 제법 : ① Iso safrol의 산화에 의해 제조된다. 근년에는 Ocotea oi, Sassafras oil을 증류해서 분리한 Safrole의 이성화에 의해 I-sosafrole을 얻고 이것을 산화해서 제조한다.
  ② Catechol로 부터 합성해서 얻는다.

10) Helional(α-Methyl-3,4-methylenedioxy hydrocinnamic aldehyde) ($C_{11}H_{12}O_3$)
- 소재 : 합성
- 성상 : 흰색결정 Floral을 느끼는 냄새
  융 점 : 39℃
- 용도 : 조합향료에 자주 이용된다.
- 제법 : Heliotropine과 Propionaldehyde으로
  부터 합성한다

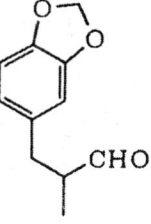

11) Cyclamen aldehyde(p-Isopropyl-α-methyl hydrocinnamic aldehyde, Cyclamal, Cyclosal, Cyclaviol)($C_{13}H_{18}O$)

―소재 : 합성
―성상 : 무색~담황색 액체
　　　　Lilac이나, 은방울꽃을 연상하는 냄새
　　　　비　중 : 0.95
　　　　굴절율 : 1.509
　　　　비　점 : 270℃
―용도 : Floral계 조합향료, 비누향료, 세제향료로 사용
　　　　알카리에 안정하고 피부자극이 없는 특징이 있다.
―제법 : Cumin aldehyde와 Propion aldehyde를 축합한 후 Isopropyl methyl cinnamic aldehyde에 접촉수를 첨가해서 만든다.

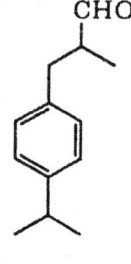

12) Lilial(p―Tert―butyl―α―methylhydro cinnamic aldehyde, B-amca, Lily aldehyde)($C_{14}H_{20}O$)
―소재 : 합성
―성상 : 무색 액체, 은방울꽃 냄새
　　　　비　중 : 0.96
　　　　비　점 : 258℃
―용도 : 은방울꽃, 비누, 세제용 향료에 이용
―제법 : P―제3급 butyl―benzaldehyde와 Propionaldehyde로부터 Cyclamen aldehyde와 똑같이 합성한다.

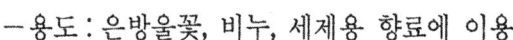

13) Salicylic aldehyde(o―Hydroxy benzaldehyde)($C_7H_6O_2$)
―소재 : Cassia oil, Spiraea속 식물정유
―성상 : 무색~담황색 액체, 약초같은 S-picy―floral과 같은 냄새
　　　　비　중 : 1.17
　　　　굴절율 : 1.5707

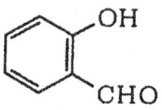

제4절 Aldehyde류 및 Acetal류

　비　점 : 196℃
－용도 : Coumarine 합성원료로서 유명하지만 조합향료에 소량 사용한다.
－제법 : Reimer-Tiemann법으로 합성되었지만 현재는 o-Cresol로 부터 제조되고 있다.

14) Hydratropic aldehyde(Hydratropaldehyde, α-Methyl phenylacetaldehyde)($C_9H_{10}O$)
－소재 : 합성
－성상 : 무색액체
　　　　Hyacinth와 Lilac냄새
　　　　비　중 : 1.01
　　　　굴절율 : 1.5169
　　　　비　점 : 204℃
－용도 : 신선한 Green 계통의 냄새를 주는데 이용
　　　　Lilac, Hyacinth 등의 화정유에 사용
－제법 : Acetophenone과 Monocronic acetate로부터 Darzens법에 의해 합성한다.

15) Vanillin(4-Hydroxy-3-methoxy benzaldehyde, "Lioxin") ($C_8H_8O_3$)
－소재 : 바닐라콩(1.5~3%), Peru balsam
　　　　Tolu balsam등 여러 천연정유에 함유되어 있다.
－성상 : 백색~미황색 결정
　　　　바닐라 특유의 냄새
　　　　비　중 : 1.06

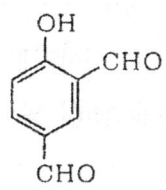

제4장 합성향료

융　점 : 83℃(신판품 81℃이상)
비　점 : 285℃
- 용도 : 광범위한 보류제, 변조제로서 이용되고 있고 Vanilla 식향을 중심으로 한 식품과 공업용이나 의약품 원료로서도 많이 이용되고 있다.
- 제법 : 예로부터 Safrole로부터 오존산화로 제조된 Safrole Vanillin, Isoeugenol의 오존산화에 의해 제조된 Clove Vanillin이 잘 알려져 있으나 현재는 아황산펄프폐액을 가압하에 알카리로 처리해서 제조되는 Lignin Vanillin이 대부분을 점유하고 있다. 최근 침엽수의 자원 및 공해문제로 Lignin Vanillin도 퇴조기미가 있고 Guaiacol로 부터 제조된 바닐린이 주목받고 있다.

16) Ethyl vanillin(3-Ethoxy-4-hydroxybenzaldehyde, Protocatechu aldehyde-3-ethylether, "Bourbonal")($C_9H_{10}O_3$)
- 소재 : 합성
- 성상 : 백색~미황색의 침상결정
　　　 Vanillin과 같은 냄새이나
　　　 강도가 3~4배 강하다.
　　　 융　점 : 78℃

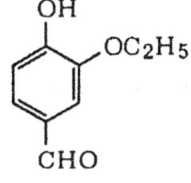

- 용도 : Vanillin과 같은 목적으로 사용한다.
- 제법 : Guacthol로부터 Guaiacol바닐린과 같이 합성한다.

4. So-called Aldehyde

학술상 탄소수에 따른 Aldehyde나 Alcohol을 부르는 것이 옳다. 그러나 향료시장에 있어서 알데히드 C-14, C-16, C-18등의 상품명이 있다. 이런 물질들로 C-14부터 C-33까지 있는데 이들은 알데히드기

제4절 Aldehyde류 및 Acetal류

를 가지고 있지 않고 탄소수도 일치하지 않는다, 또 조합된 Base도 있지만 과일 Flavor에는 빼놓을 수 없는 것이다. 단일 화합물로 중요한 경우만 설명하면.

1) Aldehyde C-14(γ-Undecalactone, Undecyllactone, 1,4-Hendecanolide, "Peach aldehyde")($C_{11}H_{20}O_2$)
   - 소재 : 합성
   - 성상 : 무색~담황색 액체,
     복숭아 냄새
     비 중 : 0.95
     굴절율 : 1.4520
     비 점 : 285~286℃
   - 용도 : 식품 및 기타 조합향료에 많이 사용한다.
   - 제법 : Undecylenic acid를 황산으로 Lactone화한다.

2) Aldehyde C-16(Strawberry aldehyde, Ethyl-β-Methyl phenyl glycidate)($C_{12}H_{14}O_3$)
   - 소재 : 합성
   - 성상 : 무색~담황색의 약간의 점성액체
     딸기냄새
     비 중 : 1.10
     굴절율 : 1.506~1.513
     비 점 : 260℃
   - 용도 : 딸기, Raspberry, 바나나, 체리 등의 식향과 화장품 등의 향료에 이용한다.
   - 제법 : Acetophenone과 Mono-chloric acetic ethyl을 $NaNH_2$존재 하에 축합해서 만든다.

제4장 합성향료

3) Aldehyde C-18 (γ-Nona lacone, Nonaolide-14, γ-Nonyl-lactone, Coconut aldehyde)($C_9H_{16}O_2$)
   - 소재 : 합성
   - 성상 : 무색, 담황색 액체
     Coconut냄새
     비 중 : 0.97
     굴절율 : 1.4462
     비 점 : 243℃

   $$CH_3(CH_2)_4CHCH_2CH_2$$
   $$O\text{---}C=O$$

   - 용도 : 식품향료 및 무거운 Floral계 조합향료에 사용한다.
   - 제법 : Enanthol과 Malonic acid로부터 얻은 Nonylene산을 황산으로 Lactone화한다.

4) Aldehyde C-20 (Ethyl-p-methyl-β-phenylglycidate, "Raspberry aldehyde")($C_{12}H_{14}O_3$)
   - 소재 : 합성
   - 성상 : 무색, 약간점성 액체
     Raspberry 냄새
   - 용도 : 식품향료, 향장향에 사용

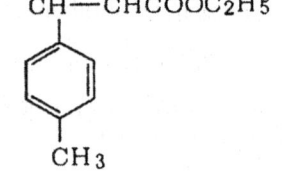

   - 제법 : p-Methyl benzaldehyde와 Ethyl monochloro acetate를 알카리 존재 하에 반응시키면 합성된다.

5. 그 외 Aldehyde류

1) Lyral((4-Hydroxy-4-methyl pentyl)-3-cyclo hexene-1-carboxaldehyde, 4-(4-Mehtyl-4-hydroxy amyl-3-cyclohexene carboxaldehyde,Kovanol)
   - 소재 : 합성

제4절 Aldehyde류 및 Acetal류

－성상 : 무색 점성 액체
　　　 Cyclamen aldehyde와 같은 냄새
　　　 비　중 : 0.99
　　　 굴절율 : 1.4951
　　　 비　점 : 120~122℃/mmHg
－용도 : Cyclamen aldehyde, Hydroxy citronellal 대용으로 사용하기도 하고 각종 조합향에 널리 이용한다.
－제법 : Myrcenol과 Acrolein을 축합해서 얻는다.

2) Myrac aldehyde(4-(4-Methyl-3-penten-1-yl)-3-cyclohexene-1-caboxaldehyde, Iso-hexenyl-tetrahydro benzaldehyde) ($C_{13}H_{20}O$)
－소재 : 합성
－성상 : 연황색~황색액체
　　　 Cyclamen 및 Waxy한 냄새
　　　 비　중 : 0.927~0.935
　　　 굴절율 : 1.488~1.492
－용도 : 조합향료 및 비누향료에 사용한다.
－제법 : Myrcene과 Acrolein에 의해 합성한다.

3) Muguet aldehyde (Citronellyl oxyacetaldehyde, 6,10-Dimethyl-3-oxa-9-undecenal)($C_{12}H_{22}O_2$)
－소재 : 합성
－성상 : 무색점성액체, 장미냄새
　　　 비　중 : 0.895

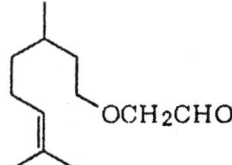

제4장 합성향료

비 점 : 239℃
- 용도 : 조합향에 사용한다.
- 제법 : Citronellol에 Na-methylate를 작용시키고 Chloro dimethyl acetal을 가해 Oxalic acid에 의해 가수분해해서 얻는다.

6. Acetal류

1) Citral dimethyl acetal ($C_{12}H_{22}O_2$)
- 소재 : 합성
- 성상 : 무색액체, Citral과 유사한 냄새
  비 중 : 0.89
  굴절율 : 1.4548
  비 점 : 105~106℃/10mmHg

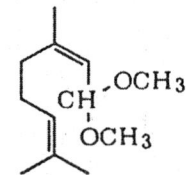

- 용도 : 비누, Citrus계 조합향료에 이용한다.
  또 레몬껍질, 사과껍질 등의 식품향료에도 이용한다.
- 제법 : 염화수소를 촉매로 해서 Citral과 Methanol로부터 제조한다. 통상 Geraniol의 Dimethyl acetal(70%)과 Nerol의 Dimethylacetal(30%)의 혼합물이다.

2) Citral diethyl acetal(3,7-Dimethyl-2,6-Octadienal-diethyl acetal) ($C_{14}H_{26}O_2$)
- 소재 : 합성
- 성상 : 무색액체, 레몬과 같은 냄새
  비 중 : 0.873
  굴절율 : 1.4503
  비 점 : 117~118℃/10mmHg

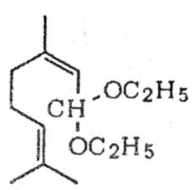

- 용도 : 비누, 화장품, 식품향료에 이용한다.

-제법 : ① Citral을 무수알코올에 용해하고 1% HCl을 가해 방치해서 얻는다.
② 0.6% NH4Cl을 가한 알코올에 Citral을 가해 가열하고 여기에 벤젠을 추가한 뒤 생성된 수분을 유출시켜 얻는다. 보통 시중에 있는 것은 Geranial-diethyl acetal(70%)과 Nerol-diethylacetal(30%)의 혼합물이다.

3) Phenyl acetaldehyde dimethyl acetal (P.A.D.M.A, Viridine, V-ertodor Jacinthal)
-소재 : 합성 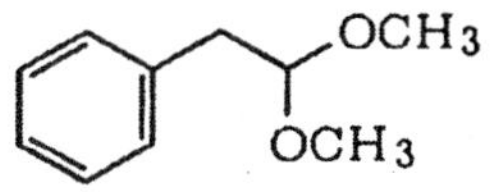
-성상 : 무색액체, Hyacinth냄새

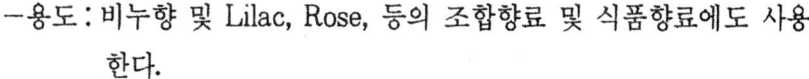

비 중 : 1.01
굴절율 : 1.4947
비 점 : 221℃
-용도 : 비누향 및 Lilac, Rose, 등의 조합향료 및 식품향료에도 사용한다.
-제법 : 염화수소를 촉매로 하고 Phenyl acetaldehyde와 Methanol로 부터 제조한다.

제4장 합성향료

제5절 Ketone류

1. 지방족 Ketone

1) Methyl-n-amyl ketone (Amyl-methyl-ketone, 2-Heptanone) ($C_7H_{14}O$)
- 소재 : Clove oil, Ceylon cinnamon oil에 존재한다.
$$CH_3(CH_2)_4COCH_3$$
- 성상 : 무색액체, Amyl acetate와 유사하게 강한 과일 냄새
  - 비 중 : 0.81
  - 굴절율 : 1.40439
  - 비 점 : 152℃
- 용도 : 변조제로 조합향료에 이용
- 제법 : ① n-Ethyl butyl aceto acetate를 묽은 황산에 의해 Ketone 분해한다.
  ② Heptyne을 황산으로 처리한 후 수화해서 얻는다.

2) Ethyl-n-amyl ketone (3-Octanone E.A.K)($C_8H_{16}O$)
- 소재 : French lavender oil에 존재
- 성상 : 무색~담황색 액체 과실 냄새 $CH_3(CH_2)_4COC_2H_5$
  - 비 중 : 0.82
  - 굴절율 : 1.4153
  - 비 점 : 172℃
- 용도 : Lavender 및 Fougere계 조합향에 이용
- 제법 : ① Propionic acid와 Caproic acid를 400℃로 가열하고 Thorium oxide상을 통과시켜 이용한다.

② 3-Octanol의 산화에 의해 얻는다

3) Methyl-n-hexyl ketone (2-Octanone)($C_8H_{16}O$)
- 소재 : Rue oil, Coconut oil
  Clove oil 등에 존재 $CH_3(CH_2)_5COCH_3$
- 성상 : 무색액체
  Reseda나 Geranium을 연상시키는 냄새
  비 중 : 0.82
  굴절율 : 1.4153
  비 점 : 173℃
- 용도 : Reseda, Tuberose, Lilac, Carnation등의 조합 및 식품향료에 사용
- 제법 : ① Caster oil로 부터 얻는 제 2급 Octanol의 산화에 의해 제조한다.
  ② Caster oil로 부터 얻는 Heptaldehyde로부터 제조한다.

4) Methyl-nonyl-ketone (2-Hendecanone)($C_{11}H_{22}O$)
- 소재 : Rue oil에 존재한다.
- 성상 : 무색~담황색 액체, Citrus냄새
  비 중 : 0.83 $CH_3CO(CH_2)_8CH_3$
  굴절율 : 1.4280
  비 점 : 225℃
- 용도 : 라벤더, 조합향과 식품향료 방취제로 사용
- 제법 : ① 2-Undecanol의 산화에 의해 얻어진다.
  ② Decane산화 Acetic acid의 혼합증기를 450℃로 가열하고 Thorium oxide위를 통과시켜 얻는다.
  ③ Rue oil로 부터 분리한다.

제4장 합성향료

5) Methyl heptenone (2−Methyl−2−hepten−6−one, Methyl hexenyl ketone) ($C_8H_{14}O$)
   − 소재 : Lemon, Lemongrass, Citronella, Palmarosa 등에 존재한다.
   − 성상 : 무색~담황색 액체
   Green fruity한 냄새
   비 중 : 0.86
   굴절율 : 1.4430
   비 점 : 174℃

$$\begin{array}{l} H_3C \\ {\diagdown}C=CHCH_2CH_2COCH_3 \\ H_3C{\diagup} \end{array}$$

$$\begin{array}{l} H_2C \\ {\diagdown}C-CH_2CH_2CH_2COCH_3 \\ H_3C{\diagup} \end{array}$$

   − 용도 : 화장품, 식품 등의 여러 조합향료에 사용
   Masking제 및 Geraniol, Linalool, Citral, Ionone, Vitamin A, B, β−Carotein의 합성원료로서 많이 사용한다.

6) Diacetyl (Dimethyl glyoxal, 2,3−Butanedione)($C_4H_6O_2$)
   − 소재 : Cypress, Savin, Vetiver 뿌리
   Orris 뿌리, Sandalwood 등에 존재
   − 성상 : 황색액체, 희석하면 Butter 냄새
   비 중 : 0.98
   굴절율 : 1.3933
   비 점 : 88℃

   $CH_3COCOCH_3$

   − 용도 : Lavender, Bay, Orris 등의 조합향료, Butter, Milk, 크림 등의 각종 식품향료에 널리 이용된다.
   − 제법 : Methyl ethyl ketone의 산화 또는 Glucose의 선택발효에 의해 얻는다.

2. Terpene계 환상 Ketone

1) l-Carvone (6,8(9)-p-Menthadien-2-one, l-1-Methyl-4-Isopropenyl-6-Cyclohexen-2-one)($C_{10}H_{14}O$)
   - 소재 : Spearmint oil에 존재
   - 성상 : 무색~담황색 액체,
     Spearmint 냄새
     비 중 : 0.96
     굴절율 : 1.4988
     비 점 : 231℃
     선광도 : -57~-62℃

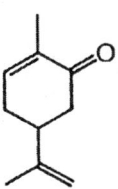

   - 용도 : 치약, 껌, 등의 향료에 스피아민트와 같이 이용한다.
   - 제법 : ① d-Limonene으로부터 Nitrosylchloride를 경유해서 얻는다.
     ② α- Pinene oxide로부터 Sobrerol과 Carvylacetate를 경유해 얻는다.

2) d-Carvone (d-1-Methyl-4-isopropenyl-6-cyclohexen-2-one)($C_{10}H_{14}O$)
   - 소재 : Caraway seed, Dill seed등에 존재
   - 성상 : 무색 또는 담황색액체
     Caraway, Dill의 냄새
     비 중 : 0.97
     굴절율 : 1.4988
     비 점 : 230℃

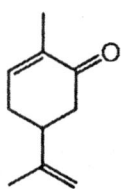

   - 용도 : 식품 및 술에 사용한다.
   - 제법 : 공업적으로는 합성하지 않고 Caraway나 Dill로부터 분리한다.

제4장 합성향료

3) Menthone (p−Menthon−3−one, 4−isopropyl−1−Methyl−Cyclohexane−3−one) ($C_{10}H_{18}O$)

   Menthone은 2개의 비대칭 탄소 원자가 2개 있기때문에 Menthone과 Iso−menthone의 입체 이성체가 존재하고 각각의 광학활성체로 d−형과 l−형, 광학 활성체인 dl−형(racemic form)의 3종류가 있기 때문에 6개의 이성체가 있는 것으로 된다. (Menthol은 12개)

   일반적으로 식물정유에는 l−Menthone과 소량의 Iso−Menthone이 있다.

   일반적으로 Menthone으로해서 합성품은 없고 박하 탈뇌유를 분류해서 제조한다.

  −소재 : d−형 : Nepeta japonica, Barosma pulchella에 l−형 : Peppermint, Pennyroyal oil에 존재한다.

  −성상 : 무색액체, 약한 박하냄새
       비   중 : 0.90
       굴절율 : l−형 : 1.4504
       비   점 : d−형 : 204℃
                l−형 : 207℃

  −용도 : 민트계 조합향료, Geranium의 조합향, 합성 Menthol의 제조원료로 중요하다.

  −제법 : ① Peppermint oil로 부터 분리
         ② p−Menth−3−ene에 개미산을 반응시켜 제조한다.

4) d−Pulegone (d−p−Menth−4(8)−en−3−one)($C_{10}H_{16}O$)

  −소재 : Pennyroyal oil, Mentha arvensis 등에 존재

―성상 : 무색～황색액체, 민트와
　　　같은 냄새 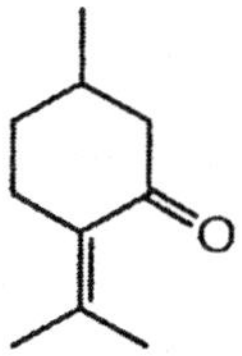
　　　비　중 : 0.94
　　　굴절율 : 1.4864
　　　비　점 : 224℃
―용도 : 구강제품, Menthol의 합성원료 등에 사용
―제법 : Pennyroyal로 부터 분리한다.

5) Piperitone (l-p-Menth-1-en-3-one)($C_{10}H_{16}O$)
Piperitone은 d형,l형,dl형의 광학이성체가 존재한다.
―소재 : d-형 : Mentha arvensis에
　　　l-형 : Eucalyptus dives에 존
　　　재한다. 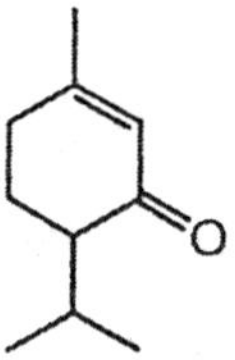
―성상 : 무색～황색 액체 민트와 같은
　　　냄새
　　　광학활성이 있어 상압 하에서
　　　증류해도 Racemic화한다.
　　　비　중 : 0.93
　　　굴절율 : 1.4848
　　　비　점 : 233℃
―용도 : 구강제에 소량 사용하고 Menthol 및 Thymol의 원료로 사용
　　　한다.
―제법 : ① Mentha arvensis oil 및 Eucalyptus oil로 부터 분리한다.
　　　　② Diosphenol을 접촉환원해서
　　　　③ 5-Methyl-2-iso propyl anisole을 액체 암모니아 중
　　　에 금속 Na에 의해

6) Camphor (2-Camphone, 1,7,7-Trimethyl bicyclo(2,2,1)-2
  -heptanone) ($C_{10}H_{16}O$)

-소재 : Camphor oil에 존재

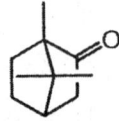

-성상 : 승화성이 있는 반투명의 결정 Camphor oil냄새를 가지고 있으며 d-형, l-형, dl-형의 3종류의 광학 이성체가 존재하고 최근에는 d형의 천연산 Camphor가 감소하고 Pinene으로부터 합성한 dl체가 대부분이다.

비 중 : 0.992

비 점 : 208℃

융 점 : 179~180℃

-용도 : 의약품, 방충제, Boneol의 합성원료등 여러가지 향료에 이용한다.

-제법 : ① 장뇌유의 수증기 증류에 의해 얻어진다.

② Pinene을 산화 Titane 촉매로 이성화해서 Camphene으로 하고 여기에 초산을 반응시켜 Bornyl acetate로 하고 Isoborneol을 경유해서 Camphor를 얻는다.

7) Vertofix, woodyflor (Methyl cedrylone)

-소재 : 합성

-성상 : 주성분은 Acetyl cedrene의 혼합체로 Vertofix로 알려져 있고 Woody한 냄새를 가진 담황색 액체

-용도 : 조합향료에 널리 사용한다.

-제법 : Cedarwood oil을 Acetyl화해서 얻는다.

3. 환상 Ketone

1) Acetophenone (Phenyl methyl ketone, Methyl phenyl ketone, Acetyl benzene, Hypnone)(C_8H_8O)

─소재 : Stirlingia latifolia, Labdanum oil 및 해리향에 존재한다.
─성상 : 무색액체 냉시 고체화된다.

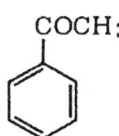

　　　　Hawthorn 이나 거친 Orange
　　　　─blossom의 냄새를 느끼게 함
　　　　비　중 : 1.03
　　　　굴절율 : 1.53418
　　　　비　점 : 202℃
　　　　융　점 : 20.5℃

─용도 : Hawthorn 및 Mimosa등 Floral계의 향료에 많이 사용하고 의약, 도료에도 사용되며, Aldehyde C-16, Phenyl-methyl carbinol의 제조 원료로도 사용된다.
─제법 : Friedel-Crafts 반응에 의해 Benzene과 무수초산을 반응시켜 합성한다.

2) p-Methyl acetophenone (1-Methyl-4-acetyl benzene, Methyl-p-tolyl ketone, "Melilot", "Melilotal")($C_9H_{10}O$)

─소재 : Rosewood, 브라질산 Cabreuve나무의
　　　　목재유, Mimosa oil 등에 있다.

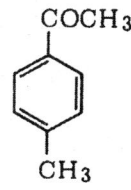

─성상 : 무색~미황색 액체, 냉시 고체화된다.
　　　　Acetophenone보다 꽃향기가 더 난다.
　　　　비　중 : 1.0
　　　　굴절율 : 1.5335
　　　　비　점 : 228℃

융 점 : 28℃
- 용도 : Hawthorn 및 Mimosa 조합향 등 여러 조합향에 이용된다.
- 제법 : Toluene 및 무수초산으로부터 합성한다.

3) p-Methoxy acetophene (Acetylanisole, Heliopon, aubepinol) ($C_9H_{10}O$)
- 소재 : 합성
- 성상 : 백색결정, Mimosa, Heliotrope의 냄새

    비 중 : 1.08
    굴절율 : 1.0997
    비 점 : 258℃
    융 점 : 36~38℃

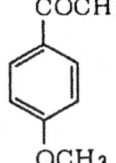

- 용도 : 알카리에 안정하기 때문에 고급비누에 이용하거나 화장품, 식품, 의약품 중간체로 이용된다.
- 제법 : Anisole과 염화 Acetyl로부터 합성한다.

4) Benzophenone(Diphenyl ketone, Benzoyl benzene)($C_{13}H_{10}O$)
- 소재 : 합성
- 성상 : 백색결정, 장미를 연상하는 냄새

    비 점 : 306℃
    융 점 : 48.5℃

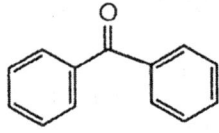

- 용도 : 비누향료
- 제법 : Benzene과 염화 Benzoyl로 부터 Friedel-Crafts반응에 의해 합성한다.

5) Benzylidene acetone (Methyl cinnamyl ketone, Benzyl acetone, Methyl styryl ketone)($C_{10}H_{10}O$)

- 소재 : 합성
- 성상 : 담황색 결정, Sweet pea 냄새

    융 점 : 42℃

    비 점 : 262℃

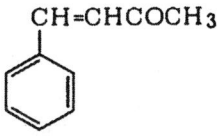

- 용도 : 피부에 감작성이 있기 때문에 화장품용 향료에는 사용하지 않는다. 식품향료에는 소량 사용한다.
- 제법 : Benzaldehyde와 Acetone을 알카리 존재 하에 축합해서 만든다.

6) Methyl—β—naphthyl ketone (2—Acetonaphthone, β—Naphthyl methyl ketone, "Orange crystal")

- 소재 : 합성
- 성상 : 백색결정, Orange꽃 냄새

    융 점 : 55℃

    비 점 : 300℃

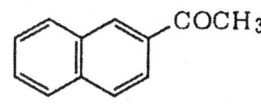

- 용도 : Orange flower계 조합향료 및 보류제
- 제법 : Naphthalene과 Acetyl chloride를 축합해서 만들고 재결정으로 정제한다.

7) Ionone (α—Ionone : 4—(2,2,6—Trimethyl—2—cyclohexen—1—yl)—3—buten—2—one)($C_{13}H_{20}O$)

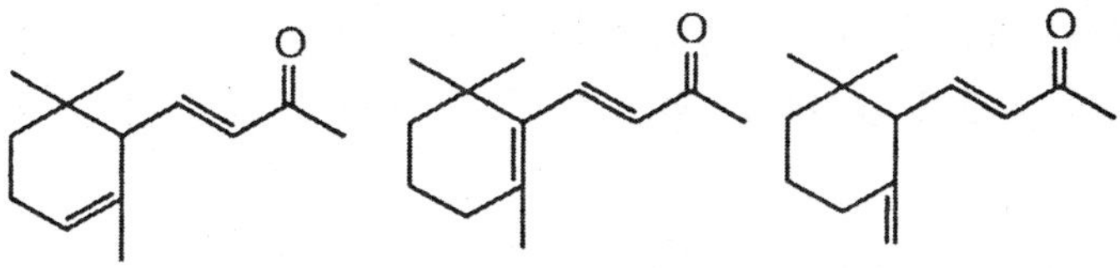

α—form   β—form   γ—form

－소재 : α－form : Boronia megastigma nees의 화정유
　　　　　　　　Saussurea lappa clarke의 뿌리로부터 얻은 정유
　　　　　　　　Scacia farnesiana willd의 정유
　　　　β－form : Boronia megastigma nees의 정유
　　　　　　　　Saussurea lappa clarke의 뿌리로부터 얻은 정유
　　　　γ－form : Saussurea lappa clarke의 뿌리로부터 얻은 정유
　　　　　　　　mbergris등에 존재한다
－성상 : α－Ionone : 무색~담황색 액체 Violet 냄새
　　　　β－Ionone : 무색~담황색 액체 Violet보다 Woody한 냄새
　　비　중 : α－Ionone : 0.93
　　　　　　β－Ionone : 0.95
　　굴절율 : α－Ionone : 1.4980
　　　　　　β－Ionone : 1.577~1.522
　　비　점 : α－Ionone : 237℃
　　　　　　β－Ionone : 239℃

Ionone의 발견은 합성향료의 획기적인 장을 이룰 정도로 중요하였다. 시판 Ionone의 순도 및 조성이 다른 각종 제품이 있는데 합성향료는 더욱 그렇다.

4가지 타입으로 분류하면
ⅰ) 비교적 순수한 α－Ionone
ⅱ) α－Ionone을 주성분으로 하는 혼합 Ionone
ⅲ) 비교적 순수한 β－Ionone
ⅳ) β－Ionone을 주성분으로 하는 혼합 Ionone

순도 및 조성이 유사해도 원료 및 합성 방법에 의해 향기에 차가 난다.

γ－Ionone은 공업적으로 제조되고 있지 않다.

Ionone은 상기 6종류의 이성체가 알려져 있지만 공업적으로 제조되

α-Ionone pure : Ketone : 99%이상, α-form : 90%이상
시판 α-Ionone pure : Ketone : 90%이상, α-form : 60%이상
β-Ionone : Ketone : 98%이상, β-form : 90%이상
시판 β-Ionone : Ketone : 90%이상, β-form : 85%이상
- 용도 : 각종 조합향료에 사용하고 β-Ionone은 Vitamin A의 출발 물질로 사용된다.
- 제법 : ①Lemongrass oil와 합성 Citral을 이용해서 Acetone과 축합하여 Pseudo-Ionone을 만들고 이것을 폐환해서 Ionone을 합성한다.
②Ethyl acetyl acetate와 Dihydrolinalool로 부터 합성한다.

8) Methyl Ionone($C_{14}H_{22}$)

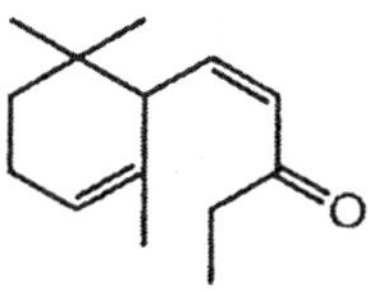

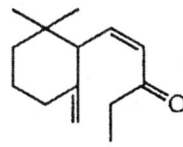

α-n-Methyl ionone
(통칭 α-Methyl ionone)

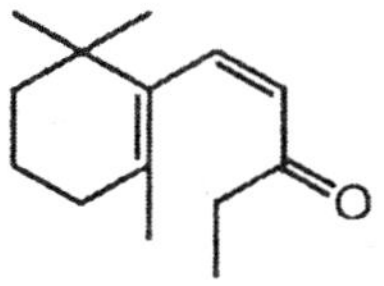

β-n-Methyl ionone
(통칭 β-Methyl ionone)

γ-n-Methyl ionone

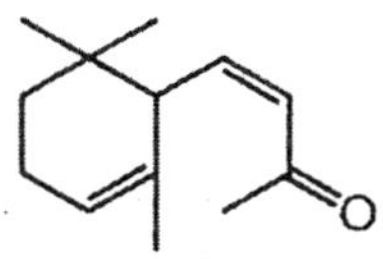

α-iso-Methyl ionone
(통칭 γ-Methyl ionone)

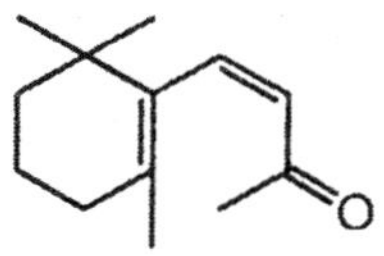

β-iso-Methyl ionone
(통칭 δ-Methyl ionone)

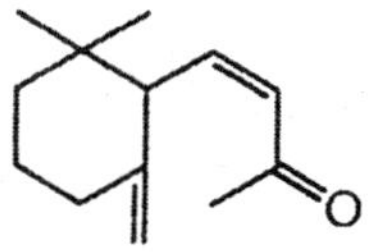

γ-iso-Methyl ionone

Ionone은 상기 6종류의 이성체가 알려져 있지만 공업적으로 제조 가능한 것은 α-n-, β-n-, α-iso-, β-iso-,의 4종으로 최근에는 α-Methyl ionone을 주체로한 것을 좋아한다. α-iso체는 "Radeine" "Iraldeine-γ"의 상품명이 있다.

－성상 : ① α-n-Methyl ionone : 무색, 담황색 액체
　　　　　Fruity woody한 Orris냄새
　　　　　비　중 : 0.93
　　　　　굴절율 : 1.4962
　　　　　비　점 : 238℃
　　　　② β-n-Methyl ionone : 무색, 담황색 액체
　　　　　　　　　　　Leather와 같은 냄새
　　　　　비　중 : 0.9387
　　　　　굴절율 : 1.5153
　　　　　비　점 : 242℃
　　　　③ α-iso-Methyl ionone : 무색, 담황색 액체
　　　　　　　　　　　Violet, Orris냄새
　　　　　비　중 : 0.9345
　　　　　굴절율 : 1.5019
　　　　　비　점 : 230℃
　　　　④ β-iso-Methyl ionone : 무색, 담황색 액체
　　　　　　　　　　　woody한 냄새
　　　　　비　중 : 0.9355
　　　　　굴절율 : 1.5058
　　　　　비　점 : 232℃
－용도 : Violet 및 Orris 향기를 내는 모든 조합향료에 이용한다.
－제법 : Citral과 Methyl ethyl ketone을 축합해서 합성한다.

9) Damascone　　　(2,6,6−Trimethyl−trans−1−crotonyl−cyclo hexene−1(2)) ($C_{13}H_{20}O$)

　　　　α−form　　　　　　β−form　　　　　　γ−form

−소재 : 합성
−성상 : 무색∼연황색 액체 장미, 사과, 민트계의 냄새
　　　비　중 : α−form : 0.9367
　　　　　　β−form : 0.930
　　　　　　γ−form : 0.9335
　　　굴절율 : α−form : 1.4959
　　　　　　β−form : 1.4957
　　　　　　γ−form : 1.4939
−용도 : 장미향에서 중요한 원료이다. 특히 식품향료에 전망이 밝다

10) Damascenone　　　(2,6,6−Trimethyl−trans−1−crotonyl−1,3 −cyclo hexadiene)($C_{13}H_{18}O$)

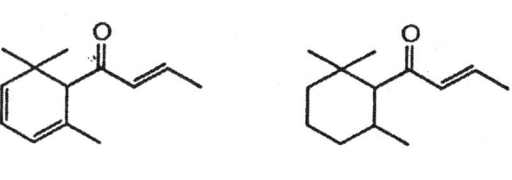

　　　α−form　　　　　　　　　β−form

제4장 합성향료

- 소재 : 불가리아산 장미유에 존재한다.
- 성상 : 연황색~황색 액체, 장미, 포도, 등의 냄새를 연상한다.
  비 중 : 0.942
  굴절율 : 1.508~1 514
- 용도 : 장미 등의 조합향료에 사용한다.

11) Irone (6-Methyl ionone)($C_{14}H_{22}O$)

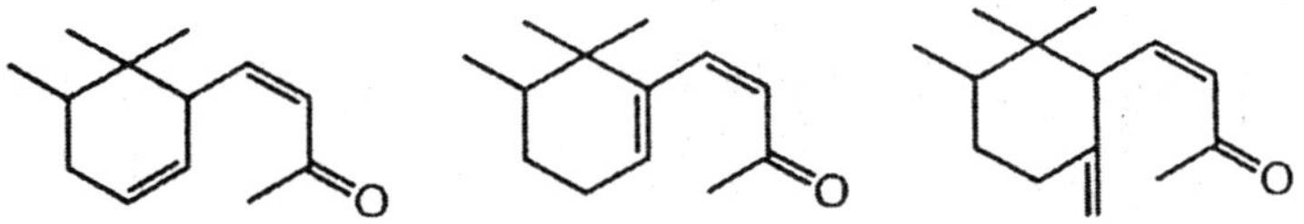

　　　α-Irone　　　　　　β-Irone　　　　　　γ-Irone

- 소재 : Orris root oil에 60~80% 함유되어 있고 그 75%가 γ-Irone, 25%가 α-Irone이다. Irone에는 위 식과 같이 α-, β-, γ- 의 3가지 이성체 및 Cis, Trans의 이성체가 있고, 여기에 광학 이성체를 가하면 30개의 이성체가 생각되어질 수 있으나 Orris root oil에는 6개의 이성체가 발견되어지고 있다.
- 성상 : ① α-Irone : 무색, 담황색 액체, Orris냄새
  비 중 : 0.94
  굴절율 : 1.4970
  비 점 : 251℃
  ② β-Irone : 무색~담황색 액체, Ionone 또는 Methyl

ionone과 유사한 냄새

비　중 : 0.9456

굴절율 : 1.5180

비　점 : 108℃

③ γ-Irone : 무색액체, Woody-violet냄새

비　중 : 0.94

굴절율 : 1.5006

비　점 : 251℃

－용도 : Violet의 향기를 내는 모든 조합향료 및 식품향료에 이용한다.

－제법 : ① Orris root로부터 분리한다.

② α-Irone은 2,3-Dimethyl hepten-2-one-6과 Acetylene으로부터 합성할 수 있으나 공업적으로는 이루어지고 있지 않다.

12) Maltol (3-Hydroxy-2-methyl-4-pyrone, 2-Methyl-pyromeconic acid, "Palatone", "Veltol")($C_6H_6O_3$)

－소재 : Pinus larix의 잎, Abies alba 의 침엽, 맥아 등에 존재한다.

－성상 : 백색결정, 파인애플, 딸기, 캐러멜 등의 냄새

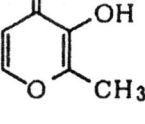

융　점 : 161~162℃

승화점 : 93℃

－용도 : 화장품, 식품향 등에 널리 이용되고 있다.

－제법 : ① Streptomycin을 수산화나트륨 용액으로 가수분해해서 얻는다.

② Pyridine or Piperidine으로부터 Piromeconic acid를 거

제4장 합성향료

쳐 합성한다.

13) Ethyl maltol (2-Ethyl pyromeconic acid)($C_7H_8O_3$)
- 소재 : 합성
- 성상 : Maltol보다 방향효과 6배 강함
  융 점 : 89~91℃
- 용도 : Maltol과 같이 널리 이용된다.
- 제법 : 생략

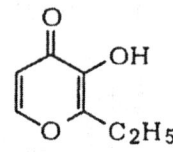

14) Nerone (1-(p-Menthen-6-yl)-1-propanone)($C_{13}H_{22}O$)
- 소재 : 합성
- 성상 : 무색~담갈색 액체
  Petitgrain과 같은 냄새
  비 중 : 0.92
- 용도 : 비누, 세제, 화장품 향료로 이용됨
- 제법 : $ZnCl_2$ 존재 하에 30℃ 에서 1-p-Menthene을 Propionic anhydride와 함께 반응하여 얻는다.

15) p-Hydroxy phenyl butanone (Raspberry ketone, Oxyphenylon, Frambinone, Oxanone)($C_{10}H_{12}O_2$)
- 소재 : 합성
- 성상 : 백색결정, Raspberry 냄새
  융 점 : 81~85℃
- 용도 : Raspberry, Strawberry 및 여러가지 조합향에 이용한다.
- 제법 : p-Hydroxy benzaldehyde 와 Acetone으로 부터 합성한다.

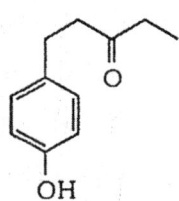

16) Anisyl acetone (p—Methoxy phenyl butanone)($C_{11}H_{14}O_2$)
 -소재 : Agarwood의 주성분
 -성상 : 무색액체, 저온에서 고체
    Floral fruity냄새
    융 점 : 10℃
    비 점 : 277℃
 -용도 : Heliotropine의 변조제 여러가
    지 조합향료 식품에도 이용된
    다.
 -제법 : Anis aldehyde와 Acetone으로부터 합성한다.

17) cis—Jasmone (3—Methyl—2—(cis—2—penten—1—yl)—2
    —cyclo—penten—1—one) ($C_{11}H_{16}O$)
 -소재 : 천연 Jasmin, Neroli 등에 존재
 -성상 : 담황색 액체, Jasmin 냄새
    비 중 : 0.939
    굴절율 : 1.4991
    비 점 : 248℃
 -용도 : 조합향료 대부분에 사용한다.
 -제법 : cis—3—Hexenol로부터 cis—4
    —Heptenone산을 경유해서 합성한다. 이외에도 여러가지 방
    법이 있다.

18) Dihydro jasmone (2—Penthyl—3—methyl—2—cyclopenten
    —1—one) ($C_{11}H_{18}O$)
 -소재 : 합성
 -성상 : 무색액체, Jasmin 냄새

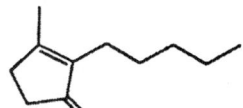

제4장 합성향료

비 중 : 0.92
굴절율 : 1.474～1.479
비 점 : 230℃
- 용도 : Fruity floral계 조합향료에 사용
- 제법 : ① Trans-jasmone에 물을 반응시켜
② Cyclo pentenone으로부터
③ Hexyl bromide와 Levulinic ester로부터 합성한다.

19) Nootkatone (5,6-Dimethyl-8-iso-propenylbicyclo-(4,4,0)-de-1-en-3-one)($C_{15}H_{22}O$)
- 소재 : Grapefruit, 감귤류 오일에 미량 성분
- 성상 : 무색～담황색 액체
  강한 Grapefruit냄새
  순품은 융점이 35～37℃이며
  시판품은 오렌지색의 점성액체

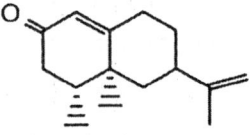

- 용도 : Citrus계 Flavor에 이용한다.
- 제법 : Orange juice oil로부터 Valencene을 분리하고 t-Butyl chromate로 산화시켜 얻는다.

제6절 합성 Musk

사향과 같은 향기를 가지고 있는 합성 Musk는 그 구조에 따라 대환상 Musk, Nitromusk, Tetralin, Indan계 Musk로 대별된다.

1. 대환상 Musk

천연 사향 중에 주성분인 Muscone이 대환상 화합물이기 때문에 많은 합성 연구가 행해졌다.

그 중에서 중요 합성물질을 살펴보면

1) Muscone (3-Methyl cyclo pentadecanone-1, Methyl exaltone) ($C_{16}H_{30}O$)
   - 소재 : 천연 사향에 0.5~2.0% 함유
   - 성상 : 무색 또는 백색 불투명 결정, 과냉각시는 무색의 점성액체로 된다. 강한 사향냄새
     - 비 중 : 0.92
     - 비 점 : 130℃/0.5mmHg
     - 융 점 : 33℃
   - 용도 : 고급향수, 화장품에 사용하는 향의 보류제로 사용
   - 제법 : 아직 공업적으로 생산되고 있지 않는다. 주로 사향노루의 생식 분비선으로부터 분리한다.

2) Civettone (Cycloheptadecen-9-one-1)($C_{17}H_{30}O$)
   - 소재 : Civet의 향료 중에 2~3% 함유되어 있고 천연품은 Cis형이다.

－성상 : 무색결정, Civet 냄새 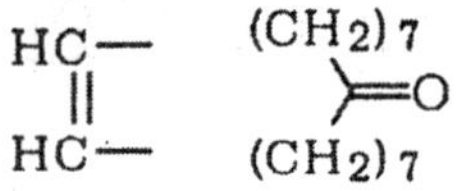
　　　비　중 : 0.92
　　　융　점 : 32℃
　　　비　점 : 344℃
－용도 : 고급 조합향료에 사용된다.
－제법 : 각종 합성법이 있으나 공업적으로 합성되고 있지 않다. 주로 Civet으로 부터 분리한다.

3) Cyclopentadecanone (Exaltone)($C_{15}H_{28}O$)
－소재 : 북미, 캐나다에 서식하는 Musk rat의 생식선에 존재한다. 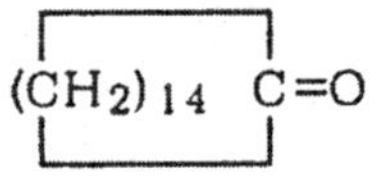
－성상 : 백색 침상 결정, 사향과 구별하기 어려운 냄새
　　　비　중 : 0.92
　　　융　점 : 53℃
　　　비　점 : 306℃
－용도 : 보류성이 강해 Muscone의 대용으로 고급 조합향료에 이용한다.
－제법 : ① Dicarboxylic acid의 금속염을 열분해해서
　　　　② Muskrat로부터 얻은 Normuscol의 산화에 의해 합성한다.

4) Cyclopentadecanolide　(Pentalide,　Muscolacton,　Exaltolide, Thibetolide)
－소재 : Angelica의 根油
－성상 : 백색 침상결정, 사향냄새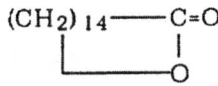
　　　융　점 : 36～37℃
　　　비　점 : 280℃

―용도 : 고급 조합향료에 사용한다.
―제법 : ① Cyclopentadecanone의 산화에 의해 합성
　　　　② Pentadecane산으로부터 합성
　　　　③ Angelica root oil을 알카리 처리를 거쳐 분리 정제한다.

5) Ambrettolide (Cyclohexadecen-7-olide)($C_{16}H_{28}O_2$)
―소재 : Ambrette seed oil
―성상 : 무색 점성 액체, 사향냄새
　　　비　중 : 0.958
　　　굴절율 : 1.4815
　　　비　점 : 300℃

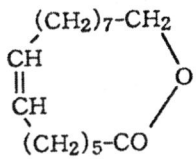

―용도 : 보류제로 유용하며 고급향료에 많이 이용된다.
―제법 : Bromo hexadecenic acid, Dihydro oxy palmitic acid등을 출발 원료로해서 합성되고 있지만 공업적 합성은 이루어 지지 않고 있다.

6) Cyclohexadecanolide (Dihydro ambrettolide)($C_{16}H_{30}O$)
―소재 : 합성
―성상 : 백색결정, 사향냄새
　　　비　중 : 0.94
　　　비　점 : 294℃
　　　융　점 : 34~36℃
―용도 : 조합향료에 이용된다.
―제법 : Cyclohexadecanone, Hexadecane산등으로부터 합성되지만 공업적으로 실시되고 있지 않다.

7) Ethylene Brassylate (Musk T, Astrotone, Ethylene tridecane

dioate)($C_{15}H_{26}O_4$)
- 소재 : 합성
- 성상 : 무색~담황색 점성액체, 사향냄새

  비 중 : 1.05

  응고점 : 0~7℃

  비 점 : 332℃

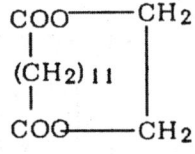

- 용도 : 보류성이 강하고 비누에 안정해서 각종 조합향료에 사용된다.
- 제법 : Ethylene glycol과 Brassylic acid의 중합에 의해 합성하는데 Brassylic acid를 Ozone 산화에 의해 만든다.

8) 12-Oxahexadecanolide (Musk 79-81, Cervolide, Hibiscolide) ($C_{15}H_{28}O_3$) 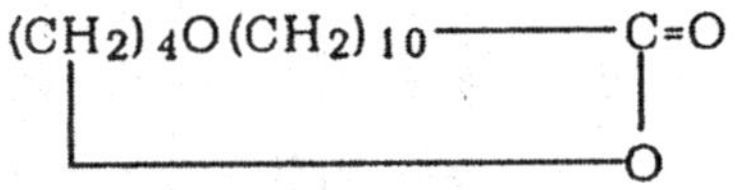
- 소재 : 합성
- 성상 : 무색 점성액체, Musk 냄새

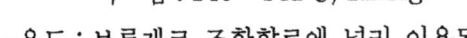

  비 중 : 0.986

  비 점 : 140~142℃/2mmHg
- 용도 : 보류제로 조합향료에 널리 이용된다.
- 제법 : 피마자유를 건류해서 얻는 Undecylenic acid로부터 합성된다.

9) 11-Oxahexadecanolide (Musk R-1)($C_{13}H_{28}O_3$)
- 소재 : 합성 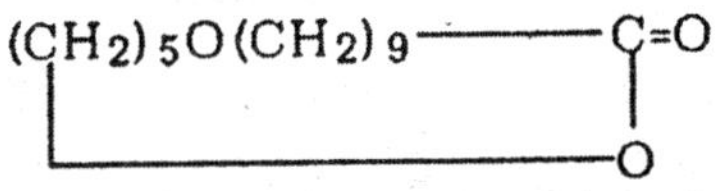
- 성상 : 백색 침상 결정 Cyclopentadecanolide와 유사한 냄새

  비 점 : 135℃/1mmHg

  융 점 : 35℃

−용도 : 조합향료에 널리 이용된다.
−제법 : 피마자유로부터 Oxydecanic ethyl를 거쳐 합성한다.

10) 10−Oxahexadecanolide (Musk 906, Oxalide)($C_{15}H_{28}O_3$)
 −소재 : 합성
 −성상 : 무색 점성 액체
　　　　Musk R−1과 유사한 냄새　　$(CH_2)_6 O (CH_2)_8 \text{—} C=O$
　　　　비　중 : 0.99
　　　　비　점 : 160∼161℃ / 5mmHg
−용도 : Topnote에 조합효과를 나타내는 Musk로서 기대되고 있다.
−제법 : 공업적 제법은 행해지고 있지 않다.

2. Nitro musk

대환상 Musk는 천연 사향의 주성분으로 Muscone, Ambrettolide 등과 같은 구조를 가지고 있는 화합물로 합성 Musk라고 불리고 있다.

Nitro musk 등은 화학적으로는 천연 Musk와 전혀 관련이 없고 향기가 Musk와 유사하고 Nitro musk 외에 Indan Musk계, Tetralin계, Isochroman계가 있다. 이런 Musk는 대환상 Musk에 비해 향기는 약간 떨어지나 싸게 합성할 수 있어 다량으로 사용되고 있다.

향기적인 측면에는 Nitro Musk보다 좋은 합성향료는 없다고 해도 과언이 아닐 정도로 많이 사용하여 왔으나 피부 안전성이나 환경문제 등으로 점점 규제되고 있는 실정이다.

1) Musk Xylene (Musk Xylol, 2,4,6−Trinitro−5−tert−butyl −m−xylene) ($C_{12}H_{15}N_3O_6$)
 −소재 : 합성

제4장 합성향료

   -성상 : 담황색 결정, Musk 냄새
    융 점 : 114℃
    광에 의해 착색되며 Amine
    특히, Indole에 민감해 붉은
    색으로 된다.
-용도 : 비누향에 많이 이용한다.
-제법 : Xylene과 Isobutylene으로부터 제 3급 Butyl xylene을 합성하
   고 Nitro화해서 제조한다.

2) Musk Ketone (2,6-Dinitro-3,5-dimethyl-4-acetyl-tert
  -butylbenzene, 2,6-Dimethyl-3,5-dinitro-4-tert-butyl
  acetophenone) ($C_{14}H_{18}N_2O_5$)
-소재 : 합성
-성상 : 담황색 판상결정
    천연 Musk에 가장 가까운
    향료 중에 하나이다.
    융 점 : 137℃
    광에 의해 색깔이 변하나 비누에 사용시 문제는 없다.
-용도 : 화장품 및 비누향료에 사용한다.
-제법 : 3급 Butyl xylene을 Acetyl화하고 Nitro화해서 합성한다.

3) Musk Ambrette (2,6-Dinitro-3-methoxy-1-methyl-4
  -tert-butyl benzene)($C_{12}H_{16}N_2O_5$)
-소재 : 합성
-성상 : 담황색 결정 Nitro Musk 중
    에서 최고로 우아한 향기를
    가지고 있다.

융 점 : 83℃
- 용도 : 최근 피부에 광독성을 일으키기 때문에 피부에 사용하는 향료에는 사용이 금지되고 있다.
- 제법 : m-Cresol methyl ether와 Iso butyl chloride을 반응하고 이를 Nitro화해서 합성한다.

4) Moskene (1,1,3,3,5-Penta methyl-4,6-dinitro indan)($C_{14}H_{18}N_2O_4$)
- 소재 : 합성
- 성상 : 백색~담황색 결정
  Musk ketone과 Musk ambrette의 중간정도 냄새
  융 점 : 132℃
  광에 대해 안정하다.
- 용도 : 싼 Musk로 해서 조합향료에 이용한다.
- 제법 : p-Cymene을 Butyl화하고 Nitration시켜 합성한다.

3. Indan계 Musk

1) Phantolide (5-Acetyl-1,1,2,3,3,6-hexa methyl indan)($C_{17}H_{24}O$)
- 소재 : 합성(Polak's Frutal사)현재는 H&R사
- 성상 : 백색결정, 동물적인 강한 Musk 냄새
  융 점 : 35~40℃
  비 점 : 102~113℃ / 0.2mmHg
- 용도 : 화장품 및 비누향료에 사용된다.
  그러나 광독성이 있기 때문에 일광에 노출되는 피부에 사용하는 경우 조합향료중 5% 이하로 사용토록 제한하고 있다.

제4장 합성향료

─제법 : p−Cymene으로 부터 합성한다.

2) Celestolide (4−Acetyl−6−tert−butyl−1,1−dimethyl indan, Musk DTI) ($C_{17}H_{24}O$)
─소재 : 합성(IFF사)
─성상 : 백색결정, Phantolide의 이성체
　　　　은은하고 달콤한 Musk냄새
　　　　융　점 : 77~78℃
　　　　비　점 : 112~114℃ / 0.5mmHg
─용도 : 화장품, 비누 향료에 이용한다.
─제법 : p−Cymene으로부터 합성한다.

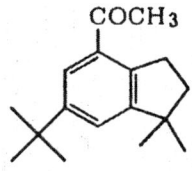

3) Traseolide (5−Acetyl−3−iso propyl−1,1,2,6−Tetra methyl indan) ($C_{18}H_{26}O$)
─소재 : 합성(Naardan사) 현재는 Quest사
─성상 : 무색~황색의 점성액체
　　　　점성액체 Musk냄새
─용도 : 조합향료
─제법 : Toluene으로부터 합성

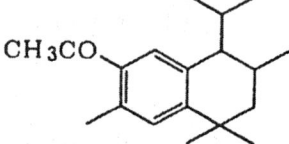

4. Tetralin계 Musk

1) Versalide("Musk 36−A", 1,1,4,4−Tetra methyl−6−ethyl−7−Acetyl−1,2,3,4−tetra hydro naphthalene)($C_{18}H_{26}O$)
─소재 : 합성(Givaudan사)
─성상 : 백색결정 또는 박편상
　　　　Musk냄새

융　점 : 43℃
- 용도 : 신경독성이 있어 사용금지됨.
- 제법 : Ethyl benzene으로부터 합성

2) Tonalide (7-Acetyl-1,1,3,4,4,6-hexamethyl-tetra hydronaphthalene) ($C_{18}H_{26}O$)
- 소재 : 합성 (Pola's Frutal사)
  현재는 H&R사
- 성상 : 무색~백색결정, Musk냄새
  융　점 : 46℃
  비　점 : 248℃
- 용도 : 비누, 화장품용 향료에 사용된다.
- 제법 : p-Cymene과 t-Amyl alcohol로부터 합성한다.

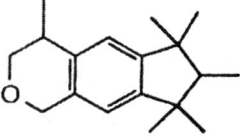

5. Isochroman계 Musk

1) Galaxolide (1,3,4,6,7,8-Hexahydro-4,6,6,7,8,8,-hexa methyl cyclopenta-γ-2-benzopyran)($C_{18}H_{26}O$)
- 소재 : 합성(IFF사)
- 성상 : 무색 점성액체, 용제로 희석
  한 것이 시판되고 있다.
  비　중 : 1.01
  비　점 : 129℃/0.8mmHg
- 용도 : 조합향료에 널리 이용된다.
- 제법 : α-Methyl stylene으로 부터 합성한다.

제4장 합성향료

제7절 Oxide류 및 Ether류

최근 향료업계에서는 천연정유에 포함되어 있는 미량의 유향성분을 분리 그 구조를 확인 합성해서 조합향료에 많이 사용하고 있다. Oxide 류도 이런 미량성분의 일종이다.

1) Rose oxide (2-(2-Methyl-1-propenyl)-4-Methyl tetra hydropyuran)
   - 소재 : 불가리아산 장미유에 존재 Cis, Trans의 이성체가 있다.
     천연품은 80~85%가 Cis형이다.

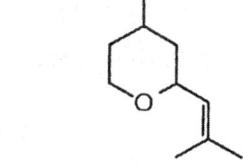

   - 성상 : 무색액체, Floral한 냄새
     비 중 : 0.87
     굴절율 : 1.4543
     비 점 : 182℃
   - 용도 : Green note를 가지고 있기 때문에 Rose나 Geranium 등의 Floral조 조합향료에 소량첨가해서 좋은 효과를 얻을 수 있다.
     또 안정해서 고급비누향료로서도 귀중한 향료이다
   - 제법 : Citronellol로부터 합성하는 많은 방법이 특허화되어 있다.

2) Oxide ketone (2-Acetyl-4-methyl tetra hydro pyran)($C_9H_{16}O_2$)
   - 소재 : Geranium oil로부터 Rose oxide와 같이 발견된 미량 성분
   - 성상 : 무색액체, 캬라멜 같은 냄새
     비 중 : 1.45

제7절 Oxide류 및 Ether류

　　굴절율 : 1.4460
　　비　점 : 87~88℃/14mmHg
－용도 : 공업적으로 제조되고 있지 않지만
　　　　Rose계 조합원료 및 Rose oxide제
　　　　조원료로해서 유망하다
－제법 : Geranium유로부터 분리 정제해서
　　　　얻는다.

3) 3,3,6－Trimethyl－6－vinyl－tetra hydro pyran ($C_{10}H_{18}O$)
－소재 : Lime oil 및 Geranium oil에 존재함
－성상 : 무색액체, 농축상태에서는 장뇌냄새
　　　　희석하면 시원하고 Sweet한 냄새
　　　　비　중 : 0.85
　　　　비　점 : 160℃

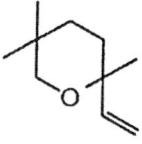

4) Linalool oxide (2－Hydroxy iso propyl－5－methyl－5－vinyl
　－tetra hydrofuran, "Epoxy dihydro linalool")($C_{10}H_{18}O_2$)
－소재 : 천연 Linalool 및 Geranium유로부
　　　　터 분리된 미량성분
－성상 : 무색액체 Cineol, 장뇌와 같은 냄새
　　　　비　중 : 0.97
　　　　굴절율 : 1.4513
　　　　비　점 : 188℃

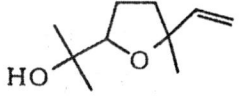

－용도 : Lavandin, Geranium, Lavender등의 합성 정유의 조합, 비
　　　　누향료 및 Natural감을 주는데 사용된다.

5) 1,8－Cineole (Cajeputol, 1,8－Epoxy－p－menthane)($C_{10}H_{18}O$)

-소재 : 천연에 널리 존재하는 Eucalyptus
　　　　oil의 주성분
-성상 : 무색액체 장뇌와 같은 냄새
　　　비　중 : 0.93
　　　굴절율 : 1.4575
　　　비　점 : 175℃
-용도 : 인조 Eucalyptus유, 살균방취제 흡입약
-제법 : 함유하는 정유로부터 분리한다.

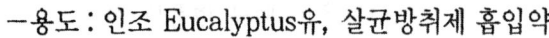

6) Bicyclo dihydrohomo farnesyl oxide (Dodeca hydro−3a,6,6,9a
　 −tetra methyl−(2,1−b)−furan, "Fixateur 404", Ambroxan)
　 ($C_{16}H_{28}O$)
-소재 : 합성
-성상 : 결정으로 시판품은 희석 액체
　　　융　점 : 76℃
-용도 : Amber조의 조합향료 및 Oriental
　　　조의 기조제에 이용된다.
-제법 : Manool 또는 Sclareol로부터 합성

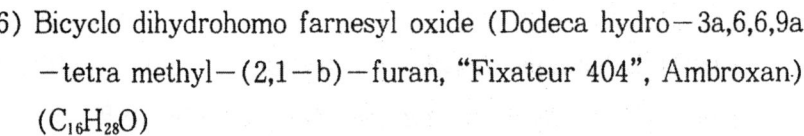

7) Phenyl ethyl isoamyl ether (Amyl phenyl ethyl ether,
　 Treflon) ($C_{13}H_{20}O$)
-소재 : 합성
-성상 : 강한 장미 내지 히아신스모
　　　양 향기 액체
-용도 : 비누향 및 Floral계 향료에
　　　이용된다.
-제법 : Iso amyl alcohol과 β−Phenyl ethyl alcohol로부터 제조한다.

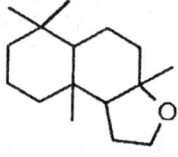
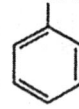

제8절 Ester류

1. 지방족 Ester

가. Formates류

1) Geranyl formate ($C_{11}H_{18}O_2$)
- 소재 : Geranium oil에 존재
- 성상 : 무색액체, 신선한 장미냄새

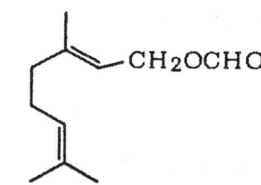

  비　중 : 0.92
  굴절율 : 1.4555
  비　점 : 216℃
- 용도 : 장미, Geranium, Neroli등을 조합시 변조제로 이용한다.
  복숭아, 딸기 등의 식향 조합에 이용한다
- 제법 : Geraniol과 개미산을 저온 반응시켜 그 혼합물에 무수초산을 가해서 합성한다.

2) Benzyl formate ($C_8H_8O_2$)
- 소재 : 합성
- 성상 : 무색액체 쟈스민-계피 같은 냄새

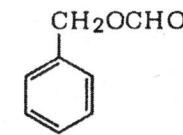

  비　중 : 1.08
  굴절율 : 1.5153
  비　점 : 202℃
- 용도 : 쟈스민, 네롤리, 치자 등의 화정유 조합, 바나나, 파인애플, 복숭아 등의 에센스 등에 이용된다.
- 제법 : Benzyl Alcohol과 포름산으로부터 합성한다.

3) Phenyl ethyl formate (Benzyl carbinyl formate)($C_9H_{10}O_2$)

제4장 합성향료

-소재 : 합성
-성상 : 무색액체, 국화-장미냄새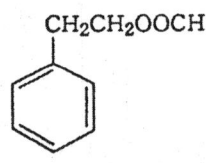
    비　중 : 1.03
    굴절율 : 1.5070
    비　점 : 226℃
-용도 : 뮤게, 라일락, 장미, 히아신스 등의 화정유의 조합에 이용되며 식품향 등에 이용된다.
-제법 : Phenyl ethyl alcohol과 개미산으로부터 합성한다.

나. Acetate류

1) Ethyl acetate (Acetic ether, "Vinegar naphtha") ($C_4H_8O_2$)
-소재 : 딸기, 파인애플, 등의 휘발성분
    완숙기가 지난 과일에 종종 존재　　　$CH_3COOC_2H_5$
-성상 : 무색액체, 과실의 냄새
    비　중 : 0.90
    굴절율 : 1.73229
    비　점 : 77℃
    인화점 : -4℃
-용도 : 각종 과일 에센스, 식품공업용 알코올의 변성제로 사용
-제법 : Acetaldehyde로부터 접촉법에 의해 대규모로 제조된다.

2) Iso amyl acetate ("Pear oil", "Pear ether") ($C_7H_{14}O_2$)
-소재 : 바나나, 딸기에 존재
-성상 : 무색액체, 바나나, 사과
    등의 냄새　　　$CH_3COOCH_2CH_2CH(CH_3)_2$
    비　중 : 0.875
    굴절율 : 1.4000

비　점 : 229℃
- 용도 : 과일 특히 바나나 또는 배의 Flavor에 많이 이용된다.
- 제법 : Amyl alcohol과 초산에 의해 공비상태하에 직접 에스테르화 된다.

3) Citronellyl acetate (3,7-Dimethyl-6-octen-1-yl acetate, "Cephreine")($C_{12}H_{22}O_2$)
- 소재 : Citronella oil, Geranium oil에 존재
- 성상 : 무색액체, 장미, 라벤더를 연상시키는 냄새
　　　비　중 : 0.89
　　　굴절율 : 1.4428~1.4489
　　　비　점 : 229℃
- 용도 : 장미계 화장유 및 기타 조합에 널리 사용된다.
　　　Apricot, 배 등의 Flavor에도 사용된다.

4) Geranyl acetate(2,6-Dimethyl-2,6-octadien-8-yl acetate, "Meraneine")($C_{12}H_{20}O_2$)　　　$CH_3COOC_{10}H_{17}$
- 소재 : Citronella, Palmarosa, Lemongrass Geranium, Petitgrain, Neroli bigarade, Lavender, Coriander등의 정유에 존재한다.
- 성상 : 무색액체, 상쾌한 장미냄새
　　　비　중 : 0.92
　　　굴절율 : 1.4655
　　　비　점 : 245℃

제4장 합성향료

　-용도 : 광범위하게 조합향료에 사용된다.
　-제법 : Geraniol과 초산을 공비상태에서 합성시킨다.

5) Linalyl acetate (3,7-Dimethyl-1,6-octadien-3-yl-acetate) ($C_{12}H_{20}O_2$)
　-소재 : Lavender, Bergamot의 주성분
　　　　그 외 Petitgrain, Clary sage
　　　　Neroli bigarade, Ylang Ylang
　　　　Jasmin화정유 등에 존재한다.

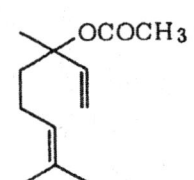

　-성상 : 무색액체, Bergamot같은 냄새
　　　비 중 : 0.91
　　　굴절율 : 1.450
　　　비 점 : 220℃
　-용도 : 각종 화정유 및 조합향료에 널리 이용된다.
　-제법 : Linalool을 Ester화시켜 만든다.

6) l-Menthyl acetate (l-p-Menth-3-yl-acetate)($C_{12}H_{22}O_2$)
　-소재 : 박하유에 존재한다.
　-성상 : 무색액체, 박하냄새
　　　비 중 : 0.92
　　　굴절율 : 1.4472
　　　비 점 : 227℃

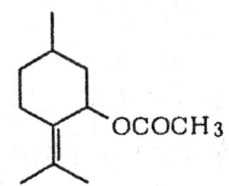

　-용도 : 민트계 Flavor외에 장미, 라벤더에
　　　　도 소량 사용된다.
　-제법 : Linalool을 Ester화 시켜 만든다.

7) l-Bornyl acetate ($C_{12}H_{20}O_2$)

-소재 : Abies alba, Pinus pumilio등 뿐만 아니라 소나무과 식물정
유 Coriander oil에 존재한다.
-성상 : 결정상 물질 솔잎유 냄새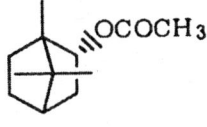
비 중 : 0.98
굴절율 : 1.46635
비 점 : 226℃
융 점 : 29℃
-용도 : 비누, 화장품, 방향제, 욕제 등에 이용된다.
-제법 : l-Borneol을 Ester화 시켜 얻는다.

8) Iso bornyl acetate ($C_{12}H_{20}O_2$)
-소재 : 합성
-성상 : 액체, 장뇌와 같은 냄새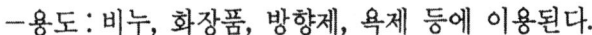
비 중 : 0.98~0.99
굴절율 : 1.4538
비 점 : 227℃
-용도 : 가정용품, 공업용 향료로 이용
-제법 : Camphene에 빙초산을 황산존재 하에 반응시켜 합성한다.

9) Terpinyl acetate(p-Menth-1-en-8-yl-acetate)($C_{12}H_{20}O_2$)
-소재 : Cypres oil, Cardamom oil등에 존재
-성상 : 무색액체, Bergamot 나 Lavender
와 같은 냄새
비 중 : 0.96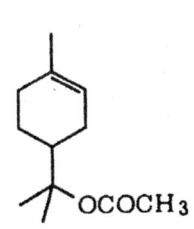
굴절율 : 1.4689
비 점 : 220℃
-용도 : 각종 조합향료에 널리 이용된다.

제4장 합성향료

—제법 : Terpineol을 인산존재하에 무수초산에 의해 아세칠화시킨다.

10) Benzyl acetate ($C_9H_{10}O_2$)
—소재 : 쟈스민의 주성분, Hyacinth, Gardenia, Ylang Ylang oil등에 존재

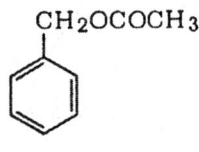

—성상 : 무색액체, 쟈스민과 같은 냄새
　　　　비　중 : 1.06
　　　　굴절율 : 1.5029
　　　　비　점 : 215℃
—용도 : 향료에서 없어서는 안될 향료로 화장품, 식품, 공업용등 모든 향료에 사용된다.
—제법 : 염화벤질과 초산나트리움으로 부터 합성한다.

11) Phenyl ethyl acetate (Benzyl carbinyl acetate)($C_{10}H_{12}O_2$)
—소재 : 합성
—성상 : 무색액체, 복숭아와 장미를 연상시키는 냄새
　　　　비　중 : 1.05
　　　　굴절율 : 1.5108
　　　　비　점 : 232℃
—용도 : 장미계 향료나 여러가지 조합향, Flavor에도 소량 사용한다.
—제법 : Phenyl ethyl alcohol에 초산 또는 무수초산을 반응시켜 얻는다.

12) Phenyl methyl carbinyl acetate (Methyl phenyl carbinyl acetate, α—Methyl benzyl acetate, "Styrallyl acetate",

"Gardenol") ($C_{10}H_{12}O_2$)
- 소재 : 합성
- 성상 : 액체, 치자냄새

　　비　중 : 1.03
　　굴절율 : 1.4943
　　비　점 : 214℃
- 용도 : 치자, 쟈스민, 뮤게등의 조합향료에 이용된다.
- 제법 : Methyl phenyl carbinol과 초산을 공비상태에서 직접 Ester 화한다.

13) Cinnamyl acetate(Trans-γ-Phenyl allyl acetate)($C_{11}H_{12}O_2$)
- 소재 : Cassia oil에 존재
- 성상 : 무색액체, 히아신스와 같은 냄새

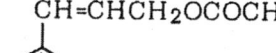

　　비　중 : 1.05
　　굴절율 : 1.5271
　　비　점 : 262℃
- 용도 : 라일락 및 히아신스계 및 향료의 보류제로 이용한다.
- 제법 : Cinnamic alcohol과 초산 또는 무수초산을 직접 Ester화에 의해 제조한다.

14) Anisyl acetate(p-Methoxy benzyl acetate, "Cassie ketone")
　　($C_{10}H_{12}O_3$)
- 소재 : 합성
- 성상 : 무색액체 강한 Cassia 냄새

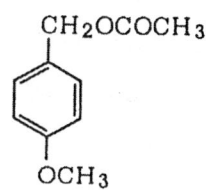

　　비　중 : 1.10~1.11
　　굴절율 : 1.515
　　비　점 : 235℃

제4장 합성향료

－용도 : Cassia 계통의 향을 조합하는데 사용된다.
－제법 : Anisyl alcohol과 초산을 사용해서 직접 Ester화해서 합성한다.

15) p－Cresyl acetate (Acetyl－p－cresol, p－Tolyl acetate, "Narceol")($C_9H_{10}O_2$)
－소재 : 합성
－성상 : 무색액체, 불쾌한 냄새이나 희석한 상
　　　　태에서는 Narcissus와 같은 냄새
　　　비　중 : 1.05
　　　굴절율 : 1.4991
　　　비　점 : 212℃

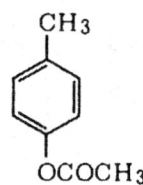

－용도 : 조합향료에 이용되며 조합에 이용될 경우 농도 1%이하에서 효과가 있다.
－제법 : p－Cresol의 아세칠화에 의해 합성한다.

16) Acetyl isoeugenol (Isoeugenol acetate, 2－Methoxy－4－propenyl phenyl acetate)($C_{12}H_{14}O_3$)
－소재 : 합성(cis, trans형이 있다)
－성상 : 백색결정, Clove와 같은 냄새
　　　비　중 : 1.087
　　　융　점 : 80℃
　　　비　점 : 282~283℃

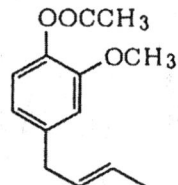

－용도 : 카네이션계통 향에 이용한다.
　　　　Vanillin 제조 중간체로 하고 바닐라계의 식품향료에도 이용된다.

17) Myrcenyl acetate (3－Methylene－7－methyl－1－octen－7

제8절 Ester류

　　　　　—yl acetate) ($C_{12}H_{20}O_2$)
－소재 : 합성
－성상 : 무색액체, Citrus향기
　　　　비　점 : 224℃
－용도 : 비누향료 및 많은 조합향료에 이용
　　　　된다.
－제법 : Myrcenol의 Acetylation에 의해
　　　　합성한다.

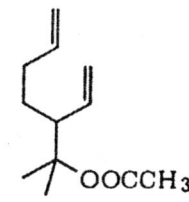

18) Cedryl acetate ($C_{17}H_{28}O_2$)
－소재 : 합성
－성상 : 흰색결정, Cedarwood와 같은 냄새
　　　　비　중 : 1.05
　　　　융　점 : 80℃
－용도 : 쟈스민, 바이오렛등의 화정유의 조
　　　　합에 이용된다.
－제법 : Cedrol을 Acetylation해서 얻는다.

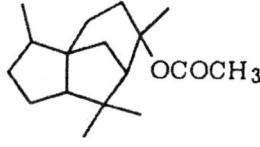

19) p−tert−Butyl cyclohexyl acetate ("Vertenex", "Oryclon",
　　"Phloxyl", "Ylanat", "Verveton")($C_{12}H_{22}O_2$)
－소재 : 합성
－성상 : 무색액체, Orris와 같은 냄새
　　　　비　중 : 0.936
　　　　비　점 : 232℃
　　　　통상 Cis체 70% Trans체
　　　　25~30%의 혼합체
－용도 : 비누 및 화장품 향료에 이용된다.

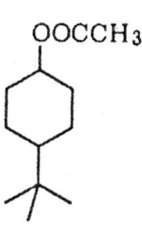

Ionone, Cedarwood와 같이 널리 이용된다.
─제법 : p─tert─Butyl cyclohexanol의 Acetyl화에 의해 합성한다.

20) Dihydro terpinyl acetate (Dihydro─α─terpinyl acetate, p─Methan─8─yl acetate)($C_{12}H_{22}O_2$)
─소재 : 합성
─성상 : 무색액체, Terpinyl acetate보다 Fruity한 냄새
　　　　비　중 : 0.94
　　　　시판품은 Cis, Trans, α─형, β─형 등이 성체들의 혼합품이다.

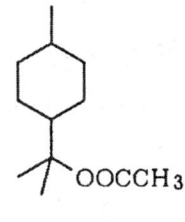

─용도 : 싼 Lavender, Citrus, Fougere계 향료 및 세제 실내 방향제, 코롱 등에 사용되어진다.
─제법 : Dihydro terpineol을 Acetylation시켜 얻는다.

다. Propionate류

1) Ethyl propionate ($C_5H_{10}O_2$)
─소재 : 합성
─성상 : 무색액체, 과일냄새
　　　　비　중 : 0.89
　　　　굴절율 : 1.3844
　　　　비　점 : 99℃

$CH_3CH_2COOC_2H_5$

─용도 : 사과, 바나나등 각종 Flavor의 성분으로해서 이용된다.
─제법 : ① Ethanol 과 Propion산을 공비상태 하에서 직접 Ester화 한다.
　　　　② Ethanol증기와 Propion산 증기를 230℃로 가열하고 촉매 상을 통과해서 합성한다.

제8절 Ester류

2) Iso amyl propionate ($C_8H_{16}O_2$)
   - 소재 : 합성
   - 성상 : 무색액체, 파인애플 냄새 $CH_3CH_2COOCH_2CH_2CH(CH_3)_2$
     비 중 : 0.89
     굴절율 : 1.4065
     비 점 : 160~161℃
   - 용도 : 사과, 파인애플, 포도 등의 Flavor에 널리 이용된다.
   - 제법 : Iso amyl alcohol과 Propion산을 공비상태에 직접 Ester화한다.

3) Citronellyl propionate(3,7 - Dimethyl - 6 - octen - 1-yl-propionate) ($C_{13}H_{24}O_2$)
   - 소재 : 합성
   - 성상 : 무색액체, 과일, 장미 냄새
     비 중 : 0.88
     굴절율 : 1.4450~1.4455
     비 점 : 242℃
   - 용도 : 장미, Neroli등의 조합향료
   - 제법 : Citronellol과 Propion산을 공비상태에서 직접 Ester화하고 합성한다.

4) Linalyl   propionate   (3,7−Dimethyl−1,6−octadien−3−yl propionate) ($C_{13}H_{22}O_2$)
   - 소재 : 합성
   - 성상 : 무색액체, 은방울꽃 냄새
     비 중 : 0.90
     굴절율 : 1.4510~1.4535
     비 점 : 226℃

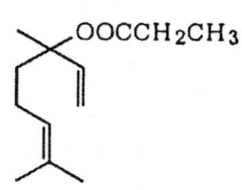

-용도 : 쟈스민, Sage clary 오데코롱용 등 향료 및 식품용 향에 이용된다.

5) Geranyl propionate (trans−3,7−Dimethyl−2,6−octadienyl propionate) ($C_{13}H_{22}O_2$)
　　－소재 : 합성
　　－성상 : 무색 액체, 과일, 장미와 같은 냄새
　　　　비　중 : 0.90
　　　　굴절율 : 1.458
　　　　비　점 : 253℃ 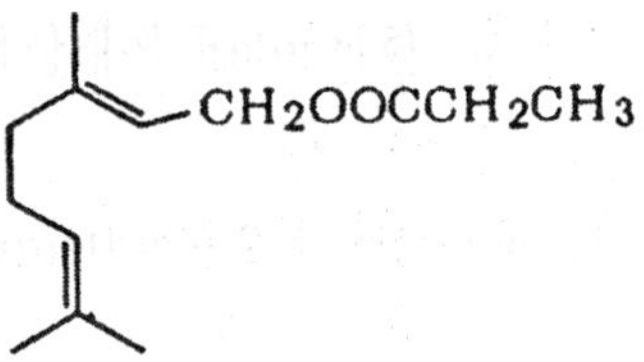
　　－용도 : 치자, 라벤더 계 조합향료에 Fruity한 Topnote를 부여한다.
－　제　법 : Geraniol과 Propion산을 공비상태에서 직접 Ester화 시켜 만든다.

6) Terpinyl propionate (p−Menth−1−en−8−yl−propionate) ($C_{13}H_{22}O_2$)

$CH_3CH_2COOC_{10}H_{17}$

－소재 : 합성
－성상 : 무색 유상액체, 라벤더 냄새
　　비　중 : 0.95
　　굴절율 : 1.4641～1.4669
　　비　점 : 240℃
－용도 : 알카리에 안정하여 비누, Bath crystal에도 사용하고 라벤더 버가모트계 조합향료에 이용된다.

7) Benzyl propionate ($C_{10}H_{12}O_2$)
－소재 : 합성

-성상 : 무색액체, 쟈스민과 과일의 냄새
　　　비　중 : 1.03
　　　굴절율 : 1.4960~1.4985
　　　비　점 : 222℃

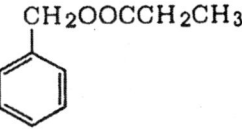

-용도 : 쟈스민, 장미계 조합향료에 변조제로 해서 이용된다.
-제법 : Benzyl alcohol과 Propion산과 반응시켜 Ester화해서 얻어진다.

8) Cinnamyl propionate (γ—Phenyl allyl propionate)(C$_{12}$H$_{14}$O$_2$)
-소재 : 합성
-성상 : 무색액체, 발삼, 장미냄새　　CH=CHCH$_2$OOCCH$_2$CH$_3$
　　　비　중 : 1.03
　　　굴절율 : 1.5040~1.5345
　　　비　점 : 289℃

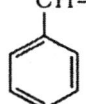

-용도 : 초콜릿, 포도, 복숭아 등의 Flavor외 Oriental조의 조합향료에도 이용된다.

라. Butyrate류
1) Ethyl butyrate(Ethyl—n—butanoate)(C$_6$H$_{12}$O$_2$)
-소재 : 합성　　　　　　CH$_3$CH$_2$CH$_2$COOC$_2$H$_5$
-성상 : 무색액체, 바나나, 파인애플과 같은 냄새
　　　비　중 : 0.87
　　　굴절율 : 1.4000
　　　비　점 : 110℃
-용도 : 과일용 Flavor, 공업용 Masking향료에 이용된다.
-제법 : Ethanol과 낙산을 공비상태에서 직접 Ester화한다.

2) Iso amyl butyrate ($C_9H_{18}O_2$)
   - 소재 : 합성 $CH_3CH_2CH_2COOCH_2CH_2CH(CH_3)CH_3$
   - 성상 : 무색액체, Apricot, 파인애플,
     바나나의 느낌을 주는 냄새
     비 중 : 0.87
     비 점 : 179℃
   - 용도 : 식품향료 이외에도 화장품용 향료에 소량 사용된다.
   - 제법 : Iso amyl alcohol을 낙산과 공비상태에 Ester화한다.

3) Geranyl butyrate (trans-3,7-Dimethyl-2,6-octadienyl-n-butyrate) ($C_{11}H_{24}O_2$)
   - 소재 : Geranium oil, Boronia Pinnata의
     화정유, Darwinia grandiflora의
     화정유에 존재한다.
   - 성상 : 무색액체, 사과 또는 장미냄새를 가지고 있다.
     비 중 : 0.90
     굴절율 : 1.4550
     비 점 : 253℃
   - 용도 : 과일 Flavor에 널리 이용되며 산, 알카리에 안정해서 립스틱 등 화장품에도 이용한다.
   - 제법 : Geraniol과 낙산을 공비상태에서 직접 Ester화해서 만든다.

4) Linalyl butyrate ($C_{14}H_{24}O_2$)
   - 소재 : Lavender oil, Artemisia prrecta var Coerulea의 정유(28%)
   - 성 상 : 무색액체, Lavender와 벌꿀냄새
     비 중 : 0.90

굴절율 : 1.4518
비 점 : 238℃
－용도 : 화장유의 조합 및 일반 Flavor 에도 널리 이용된다.
－제법 : Dihydro linalool을 Ester화하고 물을 첨가시켜 얻는다.

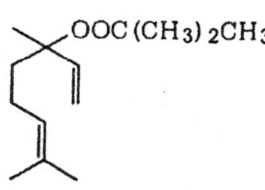

5) Linalyl iso butyrate ($C_{14}H_{24}O_2$)
－소재 : 합성
－성상 : 무색액체, 라벤더와 Cassis냄새
  비 중 : 0.89
  굴절율 : 1.4450～1.4490
  비 점 : 230℃
－용도 : 라벤더 계통의 향료에 사용된다.
－제법 : Dihydro linalool과 Iso butyric acid를 Ester화 하고 그 위에 물을 첨가시켜 합성한다.

6) Citronellyl butyrate ($C_{14}H_{26}O_2$)
－소재 : 세이론산 Citronella oil
－성상 : 무색액체, 장미냄새
  비 중 : 0.88
  굴절율 : 1.4458～1.4489
  비 점 : 245℃

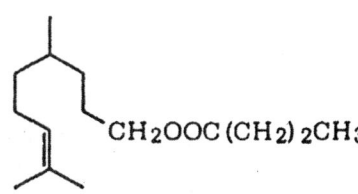

－용도 : 장미계 조합향료 및 Plum flavor에 이용된다.
－제법 : Citronellol과 낙산을 공비상태 하에서 직접 Ester화한다.

7) Citronellyl iso butyrate (3,7－Dimethyl－6－octen－1－yl iso

bytyrate) ($C_{14}H_{26}O_2$)
- 소재 : 합성
- 성상 : 무색액체, 레몬 내지 장미냄새

　　비　중 : 0.88

　　굴절율 : 1.4418

　　비　점 : 249℃

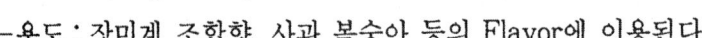

- 용도 : 장미계 조합향, 사과 복숭아 등의 Flavor에 이용된다.
- 제법 : Citronellol과 iso butyric acid를 공비상태에서 Ester화해서 합성한다.

8) Benzyl butyrate (Aldehyde C-19 so called)($C_{11}H_{14}O_2$)
- 소재 : 합성
- 성상 : 무색액체, 약한 쟈스민 냄새

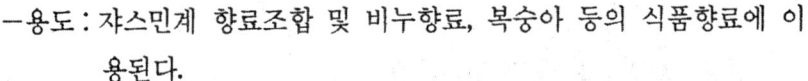

　　비　중 : 1.01

　　굴절율 : 1.4945

　　비　점 : 240℃

- 용도 : 쟈스민계 향료조합 및 비누향료, 복숭아 등의 식품향료에 이용된다.
- 제법 : Benzyl alcohol과 Butyric acid를 공비상태에서 Ester화해서 합성한다.

9) Benzyl iso butyrate ("Pineapple aldehyde C-19")($C_{11}H_{14}O_2$)
- 소재 : 합성
- 성상 : 무색액체, 쟈스민과 같은 냄새

　　비　중 : 1.01

　　굴절율 : 1.4883

　　비　점 : 115℃ / 20mmHg

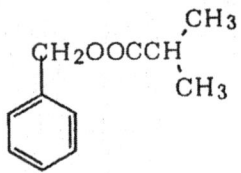

- 용도 : 쟈스민계 조합향 딸기계통의 식품향에 이용된다.
- 제법 : Benzyl alcohol과 Iso butyric acid를 공비상태에서 Ester화 해서 합성한다

마. Iso valerate

1) n-Propyl iso valerate(n-Propyl-β-methyl-butyrate)($C_9H_{16}O_2$)
- 소재 : 합성
- 성상 : 무색액체, 신선한 사과냄새

$$\begin{array}{c} H_3C \\ CH\ CH_2COOCH_2CH_2CH_3 \\ H_3C \end{array}$$

  비 중 : 0.86
  굴절율 : 1.3960
  비 점 : 156℃
- 용도 : 바나나, 파인애플, 애플 등의 Flavor에 널리 이용된다.
- 제법 : n-Propanol과 Iso valeric acid를 공비상태에서 Ester화하여 합성한다.

2) Iso amyl iso valerate ($C_{10}H_{20}O_2$)
- 소재 : Eucalyptus microcorys의 정유
- 성상 : 무색액체, Apple oil로 부른다.

  비 중 : 0.858
  굴절율 : 1.413
  비 점 : 190℃

$$\begin{array}{c} H_3C CH_3 \\ CH\ CH_2CH_2COOCH_2CH_2CH \\ H_3C CH_3 \end{array}$$

- 용도 : 사과, 와인, 샴페인의 Flavor로해서 이용되며 기타 Fruit flavor에 사용된다.
- 제법 : Iso amyl alcohol과 Iso valeric acid를 공비상태 하에 직접 Ester화시켜 합성한다.

3) Geranyl isovalerate (trans-3,7-Dimethyl-2,6-octadienyl

−iso pentanoate)($C_{15}H_{26}O_2$)
- 소재 : 합성
- 성상 : 무색액체, 사과냄새가
  나는 장미냄새
  비 중 : 0.89
  굴절율 : 1.4538
  비 점 : 137~138℃ / 7mmHg
- 용도 : 식품, 화장품, 담배용 향료에 이용된다.
- 제법 : Geraniol과 Isovaleric acid를 공비상태에서 직접 Ester화해서 얻는다.

4) Benzyl isovalerate ($C_{12}H_{16}O_2$)
- 소재 : 합성
- 성상 : 무색액체, 쟈스민, 장미냄새
  비 중 : 0.99
  굴절율 : 1.4860~1.4880
  비 점 : 246℃
- 용도 : 장미, 쟈스민계 향료 및 Oriental계 및 식품향료로서 이용된다.
- 제법 : Benzyl alcohol과 Iso valeric acid를 공비상태에서 Ester화 시켜 합성한다

5) Cinnamyl isovalerate ($C_{14}H_{18}O_2$)
- 소재 : 합성
- 성상 : 무색액체, 스파이스
  및 과일냄새
  비 중 : 1.00

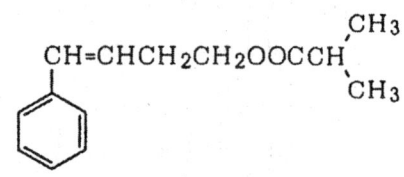

굴절율 : 1.5040~1.5150

비 점 : 246℃

-용도 : Hyacinth, Cyclamen, Jonquil, 쟈스민 등의 화정유의 조합에 사용된다.

-제법 : Cinnamyl alcohol과 Iso valeric acid를 공비상태에서 Ester 화시켜 합성한다.

바. Caproates 및 Caprylates

1) Ethyl caproate ($C_8H_{16}O_2$)

-소재 : 합성 $\quad CH_3(CH_2)_4COOC_2H_5$

-성상 : 무색액체, 사과, 파인애플등의 냄새

비 중 : 0.87

굴절율 : 1.4078

비 점 : 165℃

-용도 : 사과 Flavor, 비누향료에 이용된다.

-제법 : Ethanol과 Caproic acid를 직접 Ester화 시켜 합성한다.

2) Iso amyl carpoate ($C_{11}H_{22}O_2$)

-소재 : 합성

-성상 : 무색액체, 신선한 사과, 바나나, 파인애플냄새
$$\begin{array}{c}H_3C\\ \diagdown\\ CHCH_2CH_2COO(CH_2)_4CH_3\\ \diagup\\ H_3C\end{array}$$

비 중 : 0.865

굴절율 : 1.4210

비 점 : 224~227℃

-용도 : 여러가지 Fruity한 Flavor에 사용되어진다.

-제법 : Iso amyl alcohol과 Caproic acid를 공비 하에 직접 Ester화

제4장 합성향료

시켜 합성한다

3) Citronellyl caproate ($C_{16}H_{30}O_2$) 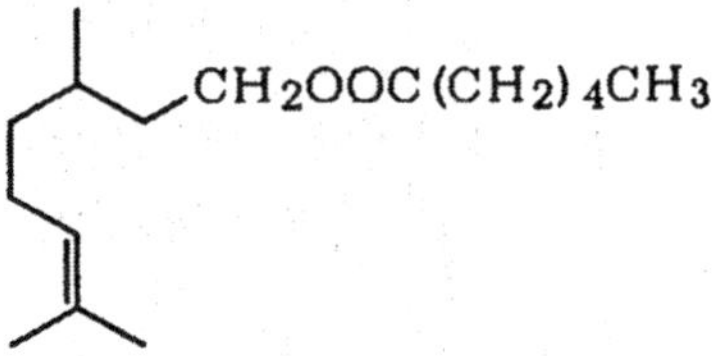
　－소재 : 합성
　－성상 : 무색액체, Fruity한 장미냄새　　　$CH_2OOC(CH_2)_4CH_3$
　　　　비　중 : 0.88
　　　　굴절율 : 1.448
　　　　비　점 : 240℃
　－용도 : 장미, Freesia,등의 조합향료 등에 이용된다.
　－제법 : Citronellol 과 Caproic acid를 공비상태에서 직접 Ester화시켜 합성한다.

4) Ethyl caprylate($C_{10}H_{20}O_2$)
　－소재 : 합성
　－성상 : 무색액체, 바나나,　　　$CH_3(CH_2)_6COOC_2H_5$
　　　　파인애플, Apricot냄새
　　　　비　중 : 0.87
　　　　굴절율 : 1.4171
　　　　비　점 : 209℃
　－용도 : 여러가지 Fruity한 Flavor에 이용된다.
　－제법 : Ethanol과 Caprylic acid를 공비상태에서 Ester화시켜 합성한다.

사. Acetylen carvon산 Ester
1) Ethyl heptin carbonate (Ethyl－2－octynoate)($C_{10}H_{16}O_2$)
　－소재 : 합성
　－성상 : 무색액체, 바이오렛잎과　　　$CH_3(CH_2)_4C\equiv CCOOC_2H_5$

제8절 Ester류

　　　유사한 냄새
　　　비 중 : 0.93
　　　굴절율 : 1.4435
　　　비 점 : 220℃
-용도 : 미모사, 바이올렛, 라일락 등의 화정유에 사용한다.
-제법 : Pentyne으로부터 Heptyne-Na을 거쳐 Ethyl chloro carbonate와 반응시켜 얻는다.

2) Methyl heptine carbonate (Methyl-n-hept-1-yne-1-carboxylate, Methyl-2-octynoate, "Folione","Vert de violette") ($C_9H_{14}O_2$)
 -소재 : 합성　　　　　　　$CH_3(CH_2)_4C≡CCOOCH_3$
 -성상 : 무색~담황색 액체,
　　　Violet잎 또는 오이의 그린냄새
　　　비 중 : 0.93
　　　굴절율 : 1.4464
　　　비 점 : 217℃
-용도 : Green한 냄새를 주는 조합향료에 이용된다.
-제법 : Enanthol로부터 Cycloheptan, Heptyne heptene carbonic acid를 거쳐 합성한다.
　　　※ 피부에 감작성이 있기 때문에 사용이 제한되어 있다.

3) Methyl octine carbonate (Methyl-2-nonynoate)($C_{10}H_{16}O_2$)
 -소재 : 합성
 -성상 : 무색점성액체,　　　$CH_3(CH_2)_5C≡CCOOCH_3$
　　　Violet잎과 같은 냄새
　　　비 중 : 0.92

굴절율 : 1.4578
비 점 : 220℃
-용도 : Green floral의 향에 Green note를 주기 위해 사용된다.
-제법 : 2-Octene부터 1-Octyne을 거쳐 Octyne carbon산을 합성하고 Methyl ester화해서 합성한다.

4) Ethyl pyruvate (Ethyl acetyl formate, Ethyl keto propionate) ($C_5H_8O_3$)

$$CH_3COCOOC_2H_5$$

-소재 : 합성
-성상 : 무색액체, 캬라멜과 같은 냄새
비 중 : 0.88
굴절율 : 1.4100
비 점 : 155℃
-용도 : Rum등의 Flavor에 이용된다.
-제법 : Ethanol과 Pyruvin산을 공비상태에서 직접 Ester화한다.

5) Iso amyl pyruvate (Iso pentyl pyruvate, Iso amyl pyroracemate)($C_8H_{14}O_3$)

-소재 : 합성

$$CH_3COCOOCH_2CH_2CH\genfrac{}{}{0pt}{}{CH_3}{CH_3}$$

-성상 : 무색액체 Balsam내지 Caramel상의 냄새
비 중 : 0.987
비 점 : 185℃
-용도 : Flavor에 사용되어진다.
-제법 : Pyruvic acid와 Iso amyl alcohol을 공비상태에서 Ester화해서 합성한다.

6) Ethyl aceto acetate ($C_6H_{10}O_3$)
  −소재 : 합성 $CH_3COCH_2COOC_2H_5$
  −성상 : 무색액체, Rum과 같은 냄새
       비 중 : 1.025
       굴절율 : 1.4193
       비 점 : 155℃
  −용도 : Flavor에 이용된다.
  −제법 : Ethyl acetate를 Na−ethylade로 환원해서 얻는다.

7) Ethyl levulinate (Ethyl−γ−ketovalerate, Ethyl laevulate)
   ($C_7H_{12}O_3$)
  −소재 : 합성 $CH_3COCH_2CH_2COOC_2H_5$
  −성상 : 무색액체 과일향과 덜익은 사과와 같은 냄새
       비 중 : 1.01
       굴절율 : 1.4225
       비 점 : 206℃
  −용도 : 사과냄새가 나는 Flavor에 사용된다.
  −제법 : Ethanol과 Levulin산을 공비상태에서 Ester화해서 합성한다.

아. Mercapto carbonic ester류
1) β−Methylmercapto methyl propionate (Methyl−β−methyl thiol propionate)($C_5H_{10}O_2S$) $CH_3SCH_2CH_2COOCH_3$
  −소재 : Pineapple과즙(과일 1ton중 약 1g존재)
  −성상 : 무색액체, 양파와 같은 냄새를 가지고 있으나 희석하면 과일을 가열할 때 냄새가 난다.
       비 점 : 181℃
  −용도 : 된장 Flavor또는 Pineapple flavor로 사용한다.

2. Aromatic esters

가. Benzoate

1) Methyl benzoate ("Niobe oil") ($C_8H_8O_2$)

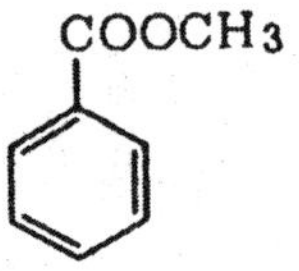

－소재 : Ylang Ylang, Tuberose등에 존재한다.

－성상 : 무색액체, 동녹유 또는 딸기와 같은
　　　　느낌의 냄새
　　　　비　중 : 1.09
　　　　굴절율 : 1.5205
　　　　비　점 : 200℃

－용도 : "Peau d'espagne"및 Ylang Ylang의 기조제, 비누향료, 공업용 향료에 이용된다.

－제법 : Benzoic acid와 Methanol을 공비상태에서 직접 Ester화 시켜 얻는다.

2) Ethyl benzoate ($C_9H_{10}O_2$)

－소재 : 합성
－성상 : 무색액체, 동녹류에 유사한 냄새
　　　　비　중 : 1.04
　　　　굴절율 : 1.5079
　　　　비　점 : 242℃

－용도 : 보류제로 각종 조합향료, 식품향료에 이용된다.
－제법 : Ethanol과 Benzoic acid를 Ester화해서 얻는다.

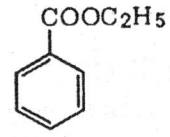

3) Iso butyl benzoate ("Eglantine")($C_{11}H_{14}O_2$)

－소재 : 합성
－성상 : 무색액체 Iris냄새

비　중 : 1.004
굴절율 : 1.4975
비　점 : 242℃

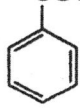

－용도 : 보류제로 각종 조합향료 및 식
품향료에 이용된다.
－제법 : Iso butyl alcohol과 Benzoic acid를 직접 Ester화해서 합성
한다.

4) Iso amyl benzoate ($C_{12}H_{16}O_{12}$)
－소재 : 합성
－성상 : 무색액체, 약한 Amber냄새
　　　　비　중 : 0.992
　　　　굴절율 : 1.4930
　　　　비　점 : 262℃

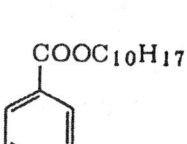

－용도 : 보류제로해서 유용하게 사용되며 인조 Amber 식품향료 등
에 이용된다.
－제법 : Iso amyl alcohol과 Benzoic acid를 공비 상태 하에 직접
Ester화해서 합성한다.

5) Geranyl benzoate ($C_{17}H_{22}O_2$)
－소재 : 합성
－성상 : 무색 점성액체, 약한 장미냄새
　　　　비　중 : 0.992
　　　　굴절율 : 1.5130～1.5180
　　　　비　점 : 305℃
－용도 : Floral계통의 보류제 및 변조제로 이용된다.
－제법 : ① Pyridine촉매를 이용해서, 염화 Benzyl과 Geraniol로부터

제4장 합성향료

합성한다.
② Geraniol과 무수 Benzoic acid를 촉매존재 하에 반응시켜 합성한다.

6) Linalyl benzoate ($C_{17}H_{22}O_2$)
 －소재 : 합성
 －성상 : 무색액체, Balsamic floral한 냄새
   비 중 : 0.99
   굴절율 : 1.5051
   비 점 : 300℃이상
 －용도 : 무거운 Floral또는 Oriental계의 조합향료 또는 남성용 식품 향료에 이용된다.
 －제법 : ① Linalool의 Na화합물과 Trichloro aceto phenone을 작용시켜 얻는다
   ② Dihydro linalool과 Benzoic acid를 Ester화하고 그 위에 물을 첨가해서 합성한다.

7) Benzyl benzoate ("Cinnamein")($C_{14}H_{12}O_2$)
 －소재 : Ylang Ylang유, Tolu balsam, Peru balsam(주성분) 등의 정유에 존재한다.
 －성상 : 무색액체, 무취에 가까운 Balsam냄새
   비 중 : 1.12
   굴절율 : 1.5690
   비 점 : 324℃
 －용도 : 인조 사향의 용제 보류제, 변조제로 이용된다.

―제법 : Na―benzoate와 염화 Benzyl로부터 합성한다.

8) β―Phenyl ethyl benzoate ($C_{13}H_{10}O_2$)
―소재 : 합성
―성상 : 무색액체, 약한 장미냄새
    비 중 : 1.10
    굴절율 : 1.5590~1.5605
    비 점 : 300℃이상
―용도 : 장미, 카네이션 등의 조합향료에 보류제로 해서 이용된다.

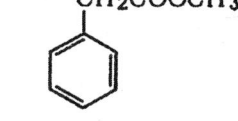

나. Phenyl acetates류
1) Methyl phenyl acetate (Methyl―α―toluate)($C_9H_{10}O_2$)
―소재 : 합성
―성상 : 무색액체, 벌꿀에 가까운 냄새
    비 중 : 1.07
    굴절율 : 1.5045~1.5066
    비 점 : 220℃
―용도 : Rose eglantine의 조합, Oriental조 조합, 비누향료에 사용된다.

2) Ethyl phenyl acetate (Ethyl―α―toluate)($C_{10}H_{12}O_2$)
―소재 : 합성
―성상 : 무색액체, Wax와 벌꿀냄새
    비 중 : 1.03
    굴절율 : 1.4992
    비 점 : 229℃
―용도 : Muquet, Rose, Orange flower등의 조합향료에 이용되며 담

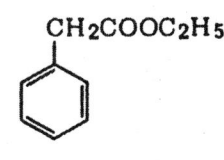

배향료에도 이용된다.

3) Iso butyl phenyl acetate("Anther", "Elegantin", Phenysol "Iphaneine")($C_{12}H_{16}O_2$)
  - 소재 : 합성
  - 성상 : 무색액체, 장미~사향냄새
      비 중 : 0.98~0.99
      굴절율 : 1.4860
      비 점 : 247℃
  - 용도 : 각종 조합향료 및 식품향료에 이용된다.
  - 제법 : Phenyl acetic acid와 Isobuthanol을 공비상태하에 직접 Ester화해서 합성한다.

4) Iso amyl phenyl acetate ($C_{13}H_{18}O_2$)
  - 소재 : 합성
  - 성상 : 무색액체, 코코아~초콜릿 냄새
      비 중 : 0.982
      굴절율 : 1.4845
      비 점 : 268℃
  - 용도 : 카네이션, 장미계 조합향료 및 버터, 코코아, 초콜릿 등의 식품향기 이용된다.

5) Geranyl phenyl acetate (trans-3,7-Dimethyl-2,6-octadienyl-phenyl acetate)($C_{18}H_{24}O_2$)
  - 소재 : 합성
  - 성상 : 무색액체, 벌꿀과 장미냄새
      비 중 : 0.98

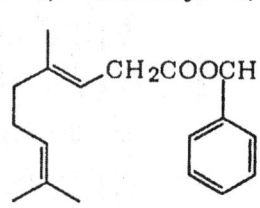

굴절율 : 1.510
－용도 : 변조제 및 식품향으로도 이용된다.
－제법 : Geraniol과 염화 phenyl acetyl로
　　　　부터 합성한다.

6) Benzyl phenyl acetate($C_{15}H_{14}O_2$)
－소재 : 합성
－성상 : 무색점성액체, 벌꿀과 같이 단 냄새

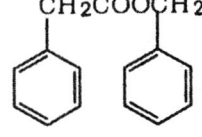

　　　비　중 : 1.10
　　　굴절율 : 1.5570
　　　비　점 : 317℃
－용도 : Floral계 및 Oriental조 향료의 보류제, 비누향료 버터, 캬라
　　　　멜, 벌꿀 등의 Flavor로 이용된다.
－제법 : Benzyl alcohol과 Phenyl acetic acid를 공비상태하에서 직
　　　　접 Ester화해서 합성한다.

다. Cinnamates
1) Methyl cinnamate (Mehtyl－3－phenyl propenoate)($C_{10}H_{10}O_2$)
－소재 : Ocimum hasilicum의 정유, Ocimum canum의 정유, Alpinia
　　　　galanga정유등에 존재한다.
－성상 : 무색 또는 백색결정, Balsam
　　　　또는 딸기 냄새
　　　　cis, trans의 입체 이성체가 있
　　　　지만 시판품은 Trans형이다.
　　　　비　중 : 1.04
　　　　굴절율 : 1.5670
　　　　비　점 : 263℃

- 융 점 : 38℃
- 용도 : 보류제로서 비누, 세제용 향료, 식품향료로서도 이용된다.
- 제법 : 계피산과 Methanol을 직접 Ester화에 의해 합성한다.

2) Ethyl cinnamate (Ethyl-β-phenyl acrylate, Ethyl-3-phenyl propenoate)($C_{11}H_{12}O_2$)

- 소재 : Styrax의 정유, Hedychium spicatum 등의 정유에 존재한다.

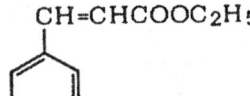

- 성상 : 무색액체, 지속성이 강한 Balsam냄새, cis형과 trans형이 있다.
  - 비 중 : 1.05
  - 굴절율 : 1.545
  - 비 점 : 271℃
- 용도 : 보류제로서 Oriental타입 조합향료, 비누향료 및 식품향료에 이용된다.
- 제법 : ① Ethanol과 계피산을 공비상태에서 Ester화시킨다.
  ② Ethyl acetate와 Benzyl aldehyde를 이용해서 금속 Na존재 하에 Claisen축합반응을 시켜 합성한다.

3) Benzyl cinnamate ($C_{16}H_{14}O_2$)

- 소재 : Peru balsam, Tolu balsam, Styrax, Copaiba-jacare balsam(54.3%)등에 존재한다.

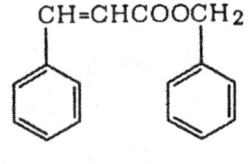

- 성상 : 백색결정, 약한 Balsam과 벌꿀냄새 Allo체와 Trans체가 있다.

융　점 : Allo체 : 34.5℃
　　　　Trans체 : 35～36℃
－용도 : 보류제로해서 널리 조합향료에 이용된다. 식품향료에도 사용된다.
－제법 : ① Na－cinnamate와 Na－benzyl로부터 합성한다.
　　　　② Benzyl acetate와 Benzaldehyde를 이용해서 Claisen축합에 의해 합성한다.

4) Cinnamyl cinnamate ("Styracine")($C_{18}H_{16}O_2$)
－소재 : Styrax(주성분), Peru balsam, Honduras balsam 그 외 정유에 존재한다.

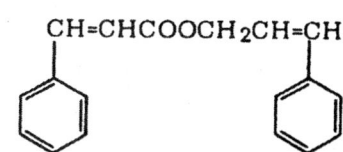

－성상 : 무색～백색결정, 발삼냄새
　　　비　중 : 1.16
　　　비　점 : 370℃
　　　융　점 : 45℃
－용도 : 향수, 화장품 향료의 보류제로해서 이용된다.
－제법 : Ether중에 Cinnamic aldehyde와 Al－ethylate로부터 합성한다.

라. Phthalate
1) Dimethyl phthalate (Methyl phthalate, D. M. P)($C_{10}H_{10}O_4$)
－소재 : 합성
－성상 : 무색액체, 냄새없음
　　　비　중 : 1.19
　　　굴절율 : 1.5154
　　　비　점 : 284℃

―용도 : 향료의 보류제, 희석제, 용제로 해서 이용된다.
―제법 : 무수 Phthalic acid와 Methanol로부터 합성한다.

2) Diethyl phthalate (Ethyl phthalate, D.E.P)
―소재 : 합성
―성상 : 무색액체, 냄새없음

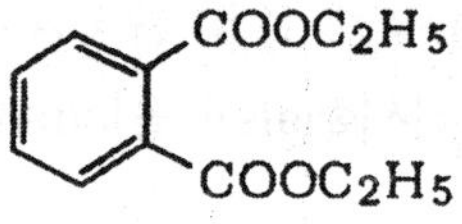

비 중 : 1.12
굴절율 : 1.5002
비 점 : 298℃

―용도 : 향료의 보류제, 희석제, 용제로 해서 이용된다.
―제법 : 무수 Phthalic acid와 Ethanol로부터 합성한다.

마. Salicylate

1) Methyl salicylate (Methyl―o―hydroxy benzoate, "Synthetic ―wintergreen oil")($C_8H_8O_3$)

―소재 : Wintergreen oil, Sweet birch oil, Ylang Ylang, Rue, Clove, 미국산 Wormseed, Tuberose, 녹차, Cassia flower등의 정유 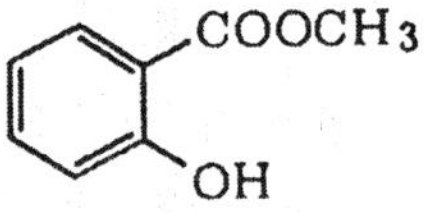
―성상 : 무색액체, 동록유 냄새

비 중 : 1.18
굴절율 : 1.535~1.538
비 점 : 223℃

―용도 : 치약향료 및 구강제 향료로서 많이 이용되며, 조합향료, 식품 향료, 의약에도 사용된다.

2) Ethyl salicylate ($C_9H_{10}O_3$)

제8절 Ester류

－소재 : 확인되고 있지는 않으나 천연계에
　　　　 존재가 추정된다.
－성상 : 무색액체, Methyl salicylate보다 약
　　　　 한 냄새
　　　비　중 : 1.13
　　　굴절율 : 1.5254
　　　비　점 : 1℃
－용도 : Floral계 조합향료 식품향료에 이용된다.
－제법 : Ethanol과 Salicylic acid를 Ester화시켜 합성한다.

3) Iso butyl salicylate ($C_{11}H_{14}O_3$)
－소재 : 합성
－성상 : 무색액체, 클로버, 난 냄새
　　　비　중 : 1.07
　　　굴절율 : 1.510
　　　비　점 : 260℃
－용도 : 클로버, 카네이션, Cassie등의 변조제로해서 이용된다.
－제법 : Iso butanol과 Salicylic acid를 공비상태에서 반응시켜 합성
　　　　 한다.

4) Iso amyl salicylate ("Trefol", "Trefle") ($C_{12}H_{16}O_2$)
－소재 : 합성
－성상 : 무색액체, 클로버-난의 냄새
　　　비　중 : 1.06
　　　굴절율 : 1.5079
　　　비　점 : 277℃
－용도 : Amyl계 Ester중 가장 중요한 향으로 클로버, 카네이션,

Hyacinth, Fougere등의 조합향료에 이용된다.

5) Ally salicylate ($C_{10}H_{10}O_3$)
　－소재 : 합성
　－성상 : 무색액체, 과일과 같은
　　　　　냄새
　　　　　비　중 : 1.10
　　　　　비　점 : 248～250℃
　－용도 : Vinegar, Mustard등의 Flavor에 사용된다.
　－제법 : Allyl alcohol과 Salicylic acid를 공비 상태에서 합성한다.

6) Benzyl salicylate ($C_{14}H_{12}O_3$)
　－소재 : Ocotea teleiandra Mez의 목재유(38～44%)
　　　　　Aniba firmula의 목재유 등에 존재
　－성상 : 무색액체, 냄새없음
　　　　　비　중 : 1.18
　　　　　굴절율 : 1.5800～1.5820
　　　　　비　점 : 300℃
　　　　　융　점 : 24～26℃
　－용도 : 보류제로해서 이용된다.
　－제법 : ① Phenyl ethyl alcohol을 Salicylic acid와 공비 상태에서
　　　　　　반응시켜 합성한다.
　　　　　② Methyl salicylate와 Phenyl ethyl alcohol로부터 합성한다.

바. Anisate
1) Methyl anisate (p－Methoxy methyl benzoate, Methyl－p
　　－Methoxy benzoate)($C_9H_{10}O_3$)

-소재 : 합성
-성상 : 백색결정, Floral한 냄새
　　　융　점 : 48℃
　　　비　점 : 256℃

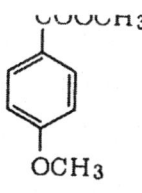

-용도 : 라일락, 미모사 등의 향료에 Sweet한 감을 주기 위해 사용되어진다. 식품향료에도 사용된다.
-제법 : p-Anisic acid와 Methyl alcohol을 공비상태에서 직접 Ester화해서 합성한다.

2) Ethyl anisate ($C_{10}H_{12}O_3$)
-소재 : 합성
-성상 : 무색액체, Anise와 같은 냄새
　　　비　중 : 1.10
　　　굴절율 : 1.5245
　　　비　점 : 270℃

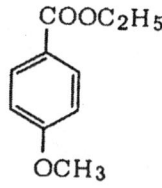

-용도 : 여러가지 조합향료 및 Flavor에 사용된다.
-제법 : Ethanol과 Anisic acid를 공비상태에서 직접 Ester화 시켜 합성한다.

사. Anthranilate

1) Methyl anthranilate (Methyl-2-amino benzoate)($C_8H_9O_2$)
-소재 : Neroli bigarade, Jasmine, Tuberose, Ylang Ylang등의 화정유 및 과피유 또는 Leaf oil등에 존재한다.

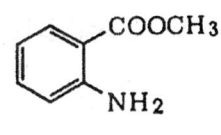

-성상 : 무색~담황색 액체로 냉시 고체화 된다. Orange 꽃이나 포도냄새

제4장 합성향료

　　　　비　중 : 1.17
　　　　굴절율 : 1.5802
　　　　비　점 : 237℃
　　　　융　점 : 24℃
　－용도 : Orange flower조합향, 비누향등 각종 조합과 식품향료에 이
　　　　용된다. Aurantiol은 감작성이 있기 때문에 주의를 요한다.
　－제법 : Anthranic acid와 Methanol을 Ester화시켜 합성한다.

2) Methyl methyl anthranilate (2-Methyl -amino methyl benzoate, Dimethyl anthranilate)($C_9H_{11}NO_2$)

　－소재 : Mandarine leaf oil외 Mandarin과
　　　　피유, 시시리산 Petitgrain에 존재
　　　　한다.
　－성상 : 무색~담황색 액체 냉시 고체화된
　　　　다. Orange꽃 냄새
　　　　비　중 : 1.12
　　　　융　점 : 19℃
　　　　굴절율 : 1.5796
　　　　비　점 : 256℃
　－용도 : 비누, 세제, 샴푸용 향료, 포도 등의 식향에도 사용된다.
　　　　피부에 광독성이 있다.
　　　　조합향료 중 50%이하로 사용을 규제한다.
　－제법 : Ethanol과 Anthranic acid를 공비상태에서 반응시켜 합성한
　　　　다.

아. 기타

1) Methyl jasmonate ($C_{13}H_{22}O_3$)

- 소재 : Jasminum grandiflorum L의 꽃
- 성상 : 무색액체, 쟈스민 냄새
    - 비 중 : 1.02
    - 굴절율 : 1.4730
    - 비 점 : 300℃

  cis-Jasmone과 같이 쟈스민 향기를 대표하고 있다.
- 용도 : 고급조합향료
- 제법 : Muconic acid로부터 합성한다.

2) Methyl dihydro jasmonate (Hedione)($C_{13}H_{22}O_3$)
- 소재 : 합성
- 성상 : 무색 또는 담황색 액체
    - 비 중 : 1.02
    - 굴절율 : 1.4583
    - 비 점 : 300℃ 이상
- 용도 : 각종 조합향료, Jasmine note나 식품향료에 사용된다.
- 제법 : 2-Pentyne cyclo pentene-2-one과 Ethyl malonate로 부터 합성한다.

3) Methyl atrarate (Methyl-3,6-dimethyl-β-resorcylate, Methyl-2,4-dihydroxy-3,6-dimethyl benzoate, evernyl, everniate)($C_{10}H_{12}O_4$)
- 소재 : 합성
- 성상 : 백색~담회색, 강한 Oakmoss냄새
    - 융 점 : 143℃
- 용도 : 보류제로 여러가지 조합향료에 사용된다.
- 제법 : 무수 Propionic acid로부터 Hexenone을 거쳐 합성한다.

자. 산 및 Lactone

1) Benzoic acid ($C_7H_6O_2$)

－소재 : Cinnamon leaf, Aniseed, Cassia, Neroli bigarade, Ylang Ylang, Hyacinth등 많은 천연향에 존재한다.

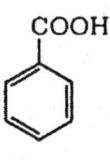

－성상 : 백색결정, Balsam냄새
　　　100℃이상에서 승화
　　　융　점 : 122℃
　　　비　점 : 249℃
－용도 : Ester제조, 보류제로해서도 이용된다.
－제법 : 무수 Phthalic acid또는 Toluene의 산화에 의해 제조된다.

2) Cinnamic acid ($C_9H_8O_2$)

－소재 : Styrax, Cassia, Basil oil, Tolu또는 Peru balsam등에 Ester또는 유리산으로 존재한다.

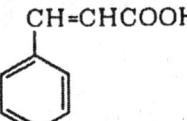

－성상 : 백색결정, 꿀 또는 Balsam냄새
　　　비　중 : 1.06
　　　비　점 : 300℃
　　　융　점 : 134℃
－용도 : Ester제조, 식품향료에 이용된다.
－제법 : Benzaldehyde와 무수초산으로부터 Perkin반응으로 합성한다.

3) Phenyl acetic acid ($C_8H_8O_2$)

－소재 : Neroli bigarade, 일본산 박하유 및 그 외의 정유에도 존재한다.

—성상 : 백색결정, 동물적인 벌꿀냄새
　　　비　중 : 1.08
　　　비　점 : 266℃
　　　융　점 : 77℃

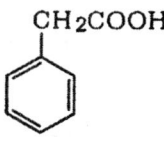

—용도 : 산으로서는 최고로 많이 조합향료
　　　에 사용된다.
　　　여러 꽃향의 보류제로서 사용된다.
—제법 : Benzyl chloride로부터 Cyan화 Benzyl을 합성하고 그것을
　　　산에서 가수분해한다.

4) Hydro cinnamic acid (3-Phenyl propionic acid, Benzyl-acetic acid) ($C_9H_{10}O_2$)

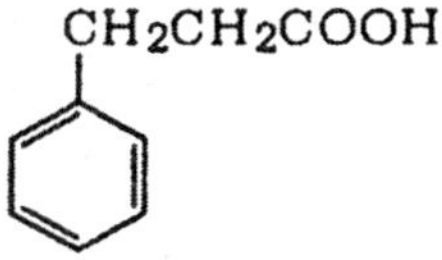

—소재 : 합성

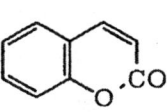

—성상 : 무색 침상결정 약한 Balsam냄새
　　　비　중 : 1.07
　　　비　점 : 280℃
　　　융　점 : 49℃
—용도 : 보류제로해서 소량 사용된다.
—제법 : 계피산을 접촉환원해서 얻는다.

5) Coumarine (α-Benzopyrone)($C_9H_6O_2$)

—소재 : Tonka bean(1.5%), Coumarona odorant씨, 라벤더. Cassia, Peru balsam등에 존재한다.

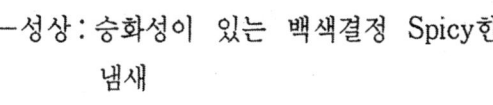

—성상 : 승화성이 있는 백색결정 Spicy한
　　　냄새
　　　비　점 : 291℃

제4장 합성향료

　　융　점 : 68℃
－용도 : 비누, 담배용 향료에 이용되며 식품향료로는 사용금지되어
　　　　있다.
－제법 : o－Cresol로부터 시작해서 합성한다.

차. 질소화합물

1) Indole (2,3－Benzopyrrole)(C_8H_7N)
－소재 : 쟈스민유 와 Orange flower oil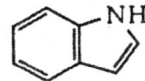
　　　　에 존재
－성상 : 무색 판상결정, 불쾌한 분뇨냄
　　　　새이나 희석하면 꽃향을 낸다.
　　　　광이나 공기에 의해 변색(변화)된다.
　　　　융　점 : 52℃
　　　　비　점 : 254℃
－용도 : 쟈스민, Orange flower oil의 조합 등에 이용된다.
－제법 : ① 색소를 만드는 과정에서 Indigo로부터
　　　　② Coal tar로부터 분리한다

2) Skatole (β－Methyl indole)
－소재 : Civet(0.1%), Celtis reticulata,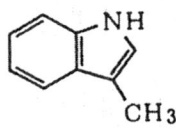
　　　　C.durandii의 목재, 기타 Coal tar,
　　　　분뇨 등에 존재
－성상 : 백색 판상 결정, 불쾌한 분뇨냄새
　　　　이나 희석하면 상쾌한 냄새가 된
　　　　다. 공기나 광에 의해 갈색으로 변하는 경우가 있다.
　　　　융　점 : 96℃
　　　　비　점 : 266℃

제8절 Ester류

3) Hydroquinaldine (2-Methyl tetra hydroquinoline)($C_{10}H_{13}N$)
- 소재 : 합성
- 성상 : 담갈색 액체, 라일락과 같은 냄새
  광과 공기에 의해 갈변한다.
  융 점 : 20.7℃
  비 점 : 253℃
- 용도 : 라일락외 화정유 조합에 이용된다.
- 제법 : 2-Methyl quinoline의 부산물로 얻는다.

4) 6-Methyl quinoline(p-Methyl quinoline)($C_{10}H_9N$)
- 소재 : 합성
- 성상 : 무색~담황색 액체
  담배연기, Civet을 연상하는 냄새
  광과 공기에 의해 갈변한다.
  비 중 : 1.07
  굴절율 : 1.6157
  비 점 : 259℃
- 용도 : 변조제로 조합향료에 소량 사용한다.
- 제법 : p-Toluidin과 Glycerine을 요소와 Sulfuric acid존재 하에 반응시켜 얻는다.

5) 6-Methyl tetrahydro quinoline(Tetra hydro methyl quinoline, "Tetra quinone", "Civettal" cryst)($C_{10}H_{13}N$)
- 소재 : 합성
- 성상 : 무색~담갈색 결정
  Civet과 같은 냄새
  융 점 : 38℃

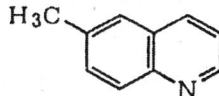

비 점 : 265℃
-용도 : 보류제로 Civet의 효과를 주기 위해 사용한다.
-제법 : 6-Methyl quinoline을 주석과 농염산, 또는 닉켈 존재 하에 접촉환원해서 합성한다.

6) 7-Methyl quinoline(m-Methyl quinoline, "Lilacine")($C_{10}H_9N$)
-소재 : 합성
-성상 : 담황색 액체, 담배와
　　　　Oakmoss같은 냄새
　　　　비 중 : 1.07
　　　　굴절율 : 1.6150
　　　　비 점 : 257℃
-용도 : 변조제로 사용한다.
-제법 : Coal tar quinoline으로부터 분리되고 Amino benzaldehyde 와 Acetone으로부터 합성되는데 그다지 자주 사용되는 방법 은 아니다.

7) 6-Isopropyl quinoline(p-Isopropyl quinoline, "Lichenol" ($C_{12}H_{13}N$)
-소재 : 합성
-성상 : 담황색 액체 Woody한 냄새
　　　　비 중 : 1.03
　　　　굴절율 : 1.5890~1.5920
　　　　비 점 : 260℃
-용도 : Vetiver, Oakmoss 타입의 향료조합에 이용된다.
-제법 : p-Isopropyl과 Aniline으로부터 Skraup반응에 의해 합성한다.

제8절 Ester류

8) Iso butyl quinoline (α-Iso butyl quinoline)($C_{13}H_{15}N$)
 - 소재 : 합성
 - 성상 : 무색액체, 가죽냄새 광이나
   공기에 의해 갈변한다.
   비 중 : 0.99
   비 점 : 255℃
 - 용도 : 보류제로해서 이용된다.
 - 제법 : α-Butyl aniline과 Acroleine으로부터 합성한다.

9) Tetra methyl pyrazine ($C_8H_{12}O_2 3H_2O$)
 - 소재 : 커피, 코코아, 넛트등에 존재
 - 성상 : 무색~담황색 결정 승화성이 있다.
    융 점 : 72℃
 - 용도 : 커피나 코코아 등의 식향에 사용된다.
 - 제법 : Methyl ethyl ketone으로부터 합성된다.

10) 2-Acetyl pyrrole (α-Pyrryl methyl ketone)(C_6H_7ON)
 - 소재 : 담배, 코코아, 차 등에 존재
 - 성상 : 무색~담갈색 결정, 넛트냄새
    융 점 : 90~92℃
 - 용도 : 담배, 굽는 음식 등의 식향에 이용된다.
 - 제법 : Pyrrole을 Acetyl화해서 얻는다.

11) Geranyl nitrile (Citralva)($C_{10}H_{15}N$)
 - 소재 : 합성
 - 성상 : 무색~담황색 액체, 강한 Citral 냄새
    비 점 : 222℃

제4장 합성향료

- 용도 : 산에 약해 Flavor에는 부적합하고
  알카리에는 비교적 안정해서 비누
  향료 등에 이용된다.
- 제법 : Geranyl chloride와 시안화 나트륨
  으로부터 합성한다.

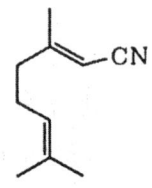

카. Halogen 화합물, 유황화합물

1) ω-Bromostyrol (ω-Bromo styrene, "Hyacinthin")(C_8H_7Br)
   - 소재 : 합성
   - 성상 : 담황색 액체
     강한 히아신스 냄새
     비 중 : 1.61
     비 점 : 219℃

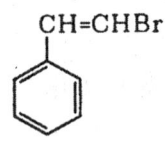

- 용도 : 비누 등에 사용되어 왔지만 최근에는 Br이 유리되기 때문에
  감소추세이다.

2) Trichloro methyl phenyl carbinyl acetate ("Rosacetol",
   "Rosephenone" 등)($C_{10}H_9Cl_3O_2$)
   - 소재 : 합성
   - 성상 : 무색결정
     가벼운 로즈냄새
     융 점 : 88℃
     비 점 : 282℃
- 용도 : 보류제로 이용된다.
- 제법 : Benzaldehyde와 Chloroform을 KOH존재 하에 반응시키고
  다시 CH_3COCl존재 하에 반응시키면 합성된다

제8절 Ester류

3) α—Furfuryl mercaptan (2—Furan methanethiol)(C_5H_6OS)
  —소재 : 합성
  —성상 : 무색액체
  　　　　강한 커피 냄새
  　　　　비　중 : 1.13
  　　　　비　점 : 155℃
  —용도 : 커피, 초콜릿의 식향 등에 이용된다.
  —제법 : Furfurol을 유화수소 나트륨 존재 하에 유화 수소를 통해서 그 유화 Furfuryl로 하고 아연말(末)로 환원해서 얻는다.

제5장 향료의 이용

제1절 조합향료

·· 조합향료란?

 조합향료란 지금까지 소개한 천연향료, 합성향료, 천연으로부터 분리 정제된 화합물을 이용하여 특정 목적에 적합한 혼합물을 만드는 것을 조합한다고 하며 이렇게 해서 만든 혼합물을 조합향료라 하고 화장품, 식품, 의약품, 기타 여러 분야에 이용되고 있다.
 물론 천연향료, 합성향료, 천연으로부터 분리정제된 화합물 그대로 이용되는 경우도 있으나 대부분 조합향료가 사용되고 있다. 조합향료는 최초에는 천연 화정유의 향기를 재현하기 위한 조합향료의 연구나 생산이 행하여졌다.
 화장품에는 천연 꽃향이나 다른 천연 향기뿐만이 아니고 환상적이고 창조적인 향기를 가진 조합향료가 대부분을 차지하고 있다. 조합향료를 만들 때 소재로 이용되는 것을 Base, Blender, Modifier, Fixative(or Fixer)가 있다. 첨가제로 물, Ethanol, Propylene glycol, 유지 등의 용제, 고급알코올, 계면활성제, 색소 등이 이용될 수 있으며 가능한 순도가 높아 조합향료의 냄새에 영향을 주지 않아야 한다.
 조합향료에 사용되는 향료들은 용해도가 문제인데, 특히 알코올에 대한 용해도가 중요하다. 특히 Terpene계 탄화수소는 Ethanol에 대한 용해도가 낮아 이를 많이 함유된 Orange유나 레몬유는 탈 Terpene시킨 정유를 사용하는 것이 바람직하다. 또 조합성분 상호간의 화학변화에 주의하여야 하며 장시간 보관시 성분간의 화학변화가 예측되는 것은 배합을 배제해야 한다. 특히 향수는 숙성되기 위해 장기간 저장해야 하기 때문에 중합 등의 화학변화가 생기기 쉽다. 오래 저장하면 위와 같은 화학변화 때문에 품질이 저하된다. 이를 방지하기 위해 경우에 따라서

제5장 향료의 이용

는 산화방지제를 가하기도 한다.

2. 조합향료의 구성

가. Base

향료의 조합에 대하여 언급할 때 자주 음악의 작곡, 건축의 설계나 회화를 예로 드는 경우가 많다. 조향사는 수많은 천연향료나 합성향료를 원료로해서 마치 훌륭한 음악, 회화, 건축물을 만드는 경우와 마찬가지로 그의 예술적 작품인 "향기"를 창조한다. 이 향기의 골격을 Base라 하고 이것에 의해 향기의 형태가 정해진다.

Base는 일반적으로 보류성이 풍부한 향료, 즉 증기압이 낮은 향료로 구성된다. 만들고 싶은 향에 필요한 휘발도가 낮은 향료를 선정하고 조화하는 배합비에 대해서 연구를 한다.

향료계에 명성을 얻었던 조향사 Jean Carles가 가르쳤던 Base의 구성법을 소개하면 Chypre조의 조합향료를 만들 때 기초가 되는 향료는 Oakmoss absolute이다. 다음으로 Oakmoss absolute와 잘 조화된다고 생각되는 것을 선택하면 Ambergris를 들 수 있다. 이 Ambergris와 Oakmoss의 조합 비율을 변화해서 그 중에 가장 조화가 잘 이루어지는 조합비를 찾아 Chypre조에는 사향의 냄새가 약간 필요하기 때문에 Musk ketone이나 Musk ambrette를 소량 가한다. 이렇게 해서 Chypre조의 향료 Base의 골격이 된다.

즉 어떤 조향사의 의하면 다음과 같은 조합비율의 향료가 완성된다.

Absolute Oakmoss : 6

Ambergris 162B : 4

Musk ketone : 1

이 Base의 향조(香調)는 천연향료를 이용하기 때문에 조합직후는 약간의 불쾌취가 있지만 시일이 경과함과 동시에 완숙한 향기로 변한다.

제1절 조합향료

이 불쾌취를 억제하기 위해 Base note보다 휘발성이 높은 향료를 Modifier로 해서 사용한다. 실제 조향에 있어서 Base에 보다 많은 향료를 이용한다

즉 다음과 같은 처방도 가능하다.

예 1)
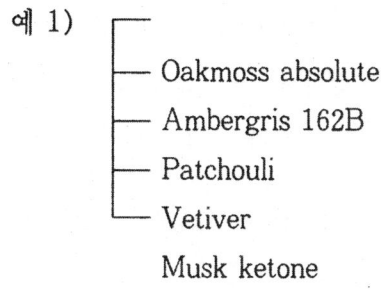
- Oakmoss absolute
- Ambergris 162B
- Patchouli
- Vetiver

　　Musk ketone

예 2)
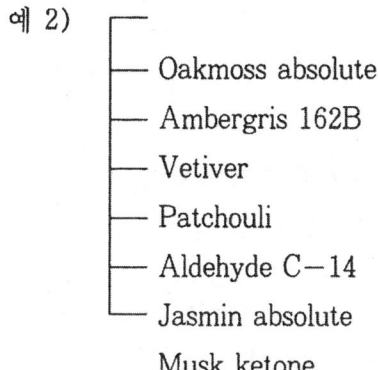
- Oakmoss absolute
- Ambergris 162B
- Vetiver
- Patchouli
- Aldehyde C−14
- Jasmin absolute

　　Musk ketone

Base는 액상 중에 조합비의 50%이상을 점유하지만 기상(증기성분)에 있어서는 3~4%에 지나지 않는다.

이 Base note의 향기는 지속성이 있어 조합향료의 향기성질을 결정하는 중요한 역할을 한다. 즉 그 향기는 최후까지 남아서 조합향료의 성격을 표현하지만 실은 Middle note, Top note에까지 영향을 미치는 작용을 한다. 즉 Middle note나 Top note에 사용하는 향료가 완전히 같이 있어도 Base note에 이용하는 기초제가 다를 경우 완성된 조합향료

제5장 향료의 이용

의 향기가 다르다.

  Base의 증기 성분은 수 %에 지나지 않지만, 조향할 때에는 Middle note나 Top note가 변화된다. 이 경우 Top note로 되는 향료성분은 휘발성이 높기 때문에 Base의 영향이 적지만 Middle note의 향료성분은 많은 영향을 받는다. 이것은 향료 성분의 증기분압이 저의 편차나 부의 편차를 야기시키기 때문에 일어나는 현상이다. 즉 Top note나 Middle note의 향료 성분에 Base의 향을 가할 경우에 Top note나 Middle note의 유향 분자의 만남이 풀어져 분자간의 힘이 약하게 되면 그 증기압이 높고 Top note나 Middle note의 향기 성분이 Base의 성분에 의해서 속박되는 경우에는 그의 증기압이 낮아지게 된다.

  이렇게 조합에 의해 어떤 냄새는 강하게 되고 어떤 냄새는 갈아 앉는 경우가 있다.

  조향사는 이 신비적으로 보이는 냄새의 비밀을 숙련과 경험에 의해 파악하는 것이다.

  이상 조합향료에 있어서 Base의 효과에 대해서 언급하였지만 일반적으로 조합향료의 구성은 다음과 같이 구분해서 생각할 수 있다

    Top note　　　　　　　　: 지속성이 떨어지고 휘발도가 높은 것
    Middle note(Modifier) : 중간정도의 지속성과 휘발도를 가진 것
    Base note　　　　　　　　: 휘발도가 낮고 보류성이 풍부한 것

  위와 같이 3가지로 분류해서 표현한 것은 1927년 Jean Carles가 "Head" "Body" "Base"(Tête, Corps, Fond)라고 3Parts로 나눈 데서 연유된다.

  한편 이 정의와는 완전히 달리 Top note, Middle note, Base note 전부를 Base 또는 Body라고 부르기도 한다. 특히 천연의 화정유나 과실의 향기와 유사한 조합향료를 만들 경우 천연물에 포함되어 있는 주성분의 종류와 함량을 참고해서 그 Base의 조합비율을 정한다.

  천연물의 주성분을 전부 넣지 않을지라도 천연의 향기형태를 결정적

으로 특징 지우는 향료성분을 선택 Base를 만든다. 물론 Base만으로는 천연물의 오묘한 향기를 재현할 수 없기 때문에 천연물의 분석 결과로부터 얻은 기타 성분을 가하기도 하고 무언가 부족한 향조(香調)를 잡기 위해 미량성분을 가하고 향기 전체에 조화를 줄 수 있는 여러가지 향료를 가한다.

이러한 목적으로 사용하는 향료를 Blender라고 칭하고 이와 같이 여러가지 연구를 해도 역시 향기가 정리되지 않을 때에는 단념하고 다른 향조의 향료를 소량 가한다. 이때 가하는 향료를 Modifier라고 부르는 사람도 있다. 지금 서술한 Modifier의 설명은 먼저 서술한 바와 같이 중간정도의 휘발성과 보류성을 가지고 Base note의 불쾌취를 억제하는 목적으로 사용되는 Modifier와 약간 느낌을 달리한다. Modifier라고 하는 용어는 사람에 따라 해석이 달라 주의를 요한다. 여기서 Jean Carles의 조향법에 따른 해석으로 설명하도록 한다.

나. Modifier(Middlenote)

Base note를 조합할 때 초기에 나타나는 불쾌취를 어떻게 억제하는가? 이 문제는 Base note보다 높은 휘발성을 가진 향료를 가함으로써 해결할 수 있다. 즉 Middle note를 가진 향료를 가해서 증기분압의 대부분을 점유해서 불쾌취 성분의 증기분압을 감소시켜 좋은 향기를 얻을 수 있다.

Chypre note의 Base에 Middle note인 Absolute Rose을 가하면 불쾌취는 감소하여 좋은 향기가 된다. 이런 효과를 가진 중간정도의 휘발성과 보류성을 가진 향료성분을 틀림없이 변조(變調)의 역할을 다해서 Jean Carles는 Modifier라고 명명하였다. 그는 Chypre note의 Modifier에 소량의 Absolute civet을 가하면 좋다고 말하고 이는 Animal note를 가하기 때문이다. Civet는 본래 Base note에 속하는 휘발성이 낮은 향료지만 이 경우는 Modifier로 조향의 마무리로 이용되고 있다. 지금까지 서술한 Chypre조 향료의 구성을 통합해보면 다음과 같다.

Modifier
- Absolute Rose : 3
- Absolute Civet 10% : 1

Base
- Absolute Oakmoss : 6
- Ambergris 162B : 4
- Musk ketone : 1

다. Top note

조합향료 가운데 최고로 휘발도가 높은 향료성분을 Top note라고 하며 지속성이 적기 때문에 향료의 타입을 정하는 Base note에 비해 중요하지 않다고 하는 것은 잘못이다.

조합향료의 첫인상은 바로 Top note에서 결정된다. 일반적으로 유쾌한 향조를 가지고 있고 Top note의 좋음과 나쁨이 조합향료의 생명을 좌우한다.

Base note나 Middle note의 조합에 비해 Top note의 조합은 보다 자유롭게 할 수가 있어서 조향사는 마음내키는 대로 좋아하는 향조를 만들기도 하고 환상적인 것에까지 상상력을 발휘할 수 있다.

앞에 언급한 Chypre조 향료의 Top note를 처방화해 보면 여러가지 향조를 Base note와 Modifier에 어울리도록 할 수 있지만 Chypre조에 조화되는 무난한 것으로 해서 Sweet orange와 Bergamot를 선정하고 이 2종류의 향료의 배합을 변화하여 보면 신선함과 조화를 고려한 결과 Sweet orange 4 와 Bergamot 1로 결정하였다.

그리고 Top note, Modifier, Base note의 3군의 향료의 조합비율을 결정하였다. 앞에서 언급한대로 Base에는 50% 이상을 배합한다. 그리고 Top note를 강조하기 위하여 다음과 같이 처방된다.

제1절 조합향료

Top note (25%) ┌ Sweet orange : 4
              └ Bergamot : 1

Modifier (20%) ┌ Absolute Rose : 3
              └ Absolute Civet(10%) : 1

Base (55%) ┌ Absolute Oakmoss : 6
          ├ Ambergris : 4
          └ Musk ketone : 1

조합향료를 만드는 데는 이와 같이 Base note의 조합을 필두로 Base note에 대한 Modifier의 선정, Top note에 의한 향조의 표현 등을 고려해 연구하여 처방이 결정된다.

여기서 언급한 예는 조향의 과정을 설명하기 위해 서술한 것이기 때문에 간단하나 실제로는 향료의 조합은 보다 복잡하다.

지금까지 조합향료에 사용되는 구성에 대해 언급하였는데 Base note, Middle note, Top note의 비율은 대단히 중요하다.

Jean Carles는 다음과 같이 제안하였다.

┌ Top note (note de téte) : 20~25 %
├ Body note (Modifiers) : 20~30 %
└ Base notes : 40~55 %

물론 이 제안은 절대적인 것은 아니다. 만들려고 하는 향의 타입이나 사용된 원료들의 특징에 따라 변하는 것은 당연하리라고 생각되나 휘발하는 동안에 균형 있는 휘발을 위해 비율들은 선택되어져야 할 것이다. 그러면 Top note, Body note, Base note에 사용되는 향료들은 어떤 것이 있는가? 수많은 향료들을 모두 열거할 수 없으나 W.A.Poucher가 분류한 것들을 살펴보면 다음과 같다.

제5장 향료의 이용

조합향료
(휘발성에 따른 향료 분류)

1. Acetophenone
   Almonds
   Amyl acetate
   Benzaldehyde
   Ethyl acetate
   Ethyl acetoacetate
   Isobutyl acetate
   Methyl benzoate
   Niaouli

2. Benzyl formate
   Bois de Rose
   Ethyl benzoate
   Limes sistiied
   Linalool
   Mandarin
   Methyl salicylate
   Octyl acetate
   Phenylethyl acetate
   Phenylethyl formate
   Phenylethyl propinate
   Phenylethyl salicylate

3. Benzyl cinnamate
   Coriander
   p-Cresyl methyl ether
   p-Cresyl acetate
   p-Cresyl isobutyrate
   Cuminic aldehyde
   Cyclohexanyl bytyrate
   Decyl formate
   Dimethylbenzyl carbinol
   Dimethylbenzyl acetate
   Ethyl decine carbonate
   Ethyl salicylate
   Methyl acetophenone
   Musk 3%
   Myrrh oil
   Octyl isobutyrate
   Pennyroyal
   p-Petitgrain
   Sassafras
   Spearmint
   Terpineol

4. Diethyl octanol
   Cummin
   Citronellol
   Eucalyptus
   Geranyl benzoate
   Lavender
   Methyl butyrate
   Myrtle
   Nonyl aldehyde
   Phenylethyl alcohol
   Sage
   Methylmethyl salicylate

5. Dimethyl acetophenone

   Ethyl phenylacetate
   Neroli Italian
   Terpinyl acetate
   p-Toly aldehyde

6. Bay
   Bergamot
   Caraway
   Cedrat
   Citronelly formate
   Copaiba oil
   Isobutyl phenylacetae
   Linalyl benzoate
   Phenylethyl benzoate
   Phenylmethyl carbinyl
      acetate
   Grape fruit

7. Amyl propionate
   Aniseed
   Benzyl isobutyrate
   Benzyl propionate
   Ethyl heptoate
   Geraniol Java
   Ginger
   Methyl octine carbonate
   Nonyl alcohol
   Pansy
   Peppermint Japanese
   Rue
   Tansy
   Thyme white
   Violet absolute,10%
   Geranyl isobutyrate
   Decyl acetate

8. Amyl salicylate
   Benzyl salicylate
   Ceparwood
   Citronella Ceylon
   Citronellyl acetate
   Ethyl anthranilate
   Geraniol ex Palmarosa
   Isobutyl benzoate
   Isobutyl salicylate
   Lemon
   Linalyl propionate
   Nerol
   Rhodinol
   Rose Otto French
   Wormseed
   Phenyl ethyl valerianate

9. Dimethyl nonenol
   Geranyl butyrate
   Iva
   Laurel leaf
   Methyl anisate

   Peppermint American
   Spike lavender
   Tagette
   Thyme red

10. Absinthe
    Camomile
    Diphenyl methane
    Diphenyl oxide
    Ethyl anisete
    Lavandin
    Linalyl acetate
    Methyl phenyl
       acetaldehyd
    Orange bitter
    Phenylpropyl propionate
    Methyl eugenol

11. Amyl butyrate
    Carrot seed
    Cubebs
    Decyl alcohol
    Galbanum oil
    Hyacinth absolute
    Immortells abs.incolore
    Kuromoji
    Linalyl cinamate
    Linalyl formate
    Lovage
    Matico
    Narcissus absolute
    Nutmeg
    Octyl alcohol
    Opoponax oil
    Orange sweet

12. Methyl cinnamate
    Methylheptine carbonat
    Petitgrain French
    Phenyl ethyl cinnamate
    Terpinyl propionate

13. p-Cresyl phenylacetate
    Elemi oil
    Orris concrete
    Pheny propyl alcohol

14. Basilic
    Cananga
    Fennel
    Lemongrass
    Mastic oil
    Methyl ionone
    Mismosa abs
    Palmarosa
    Phenyl propyl acetate
    Phenyl propyl
             isobutyrate
    Reseda absolute

제1절 조합향료

15. Acet anisol
    Cinnamyl acetate
    Cinnamyl formate
    Citronella Java
    Dill
    Guaiac wood
    Heliotropin
    Skatole
    Styrax oil
    Rose Otto Bulgarian

16. Amyl anisate
    Eugenol
    Phenylpropyl phenylacetate
    Serpolet

17. Melissa
    Tetrahydro geraniol

18. Calamus
    Marjoram
    Orris absolute
    Phenoxyethyl isobutyrate
    Styrolyl valerianate
    Violet leaves absolute

19. Phenylethyl isobutyrate
    Vervena genuine

20. Clarysage

21. Amyl benzoate
    Angelica seed
    Anisaldehyde
    Arnica root
    Elemi resin
    Indole
    α-, β- Ionone
    Methyl anthranilate
    Myrrh resin
    Rosemary French
    Undecyclic acetate

22. Benzyl isoeugenol
    Cinnamon leaf
    Cinnamyl propionate
    Cloves
    Geranyl formate
    Linalyl anthranilate
    Orange flower water abs
    Phenyl cresyl oxide

23. Broom ab ute
    Methoxy acetophenone
    Parsley

24. Anisyl acetate
    Auracaria oil
    Benzylidene acetone
    Cinnamon bark
    Ethyl cinnamate
    Ethyl furfurhydracrylate
    Geranium African French
        and Spanish
    Geranyl acetate
    Jonquille absolute
    Ylang ylang Manilla

25. Methyl isoeugenol

26. Cinnamyl butyrate

27. Eucalyptus Citriodora

   Isobutyl methyl
       anthranilate
   Methyl phenylacetate

29. Cascarilla
    Geranium Bourbon

30. Ambrette seed oil
    Cardamon
    Gingergrass
    Limette

31. Orange flower absolue

32. Ethyl laurinate
    P.Methyl hydro cinnamic
    aldehyde

33. Zdravets

34. Celery root

35. Dimethyl anthranilate

38. Hops

40. Hyssop
    Rhodinyl propionate
    Ylang ylany Bourbon

41. Mace

42. Acetyl isoeugenol
    Amyl cinnamate
    Cinnamylidene methyl carbinol
    Gerindol

43. Eug l formate
    Isobutyl cinnamate
    Jsamin absolute
    Rose absolute
    Tuberose absolute

45. Bornyl acetate

47. Anisic alcohol

50. Laurinic alcohol
    Laurinic aldehyde
    Phenylpropyl aldehyde
    Undecylic alcohol
    Neroli Bigarade

54. Cedryl acetate

55. Nerolidol

60. Benzyl phenylacetate
    Citral
    Rhodinyl formate

62. Amyl phenyl acetate

65. Cinnamic alcohol natural

70. Linalyl salicylate
    Jasmin decolore

73. Cassie absolute
    Jarnesiana

77. Methyl naphthyl ketone

79. Civette absolute

80. Hydroxy citronellal

85. Phenylacetaldehyde dimethyl
    acetal

87. Octyl aldehyde

88. Ethyl methyl phenyl glycidate

89. Cyclamen aldehyde

90. Galbanum resin
    Opoponax resin
    Orris resin
    Rhodinyl acetate
    Santal W.A
    Tarragon
    Jasmin chassis incolore

91. Phenylethyl
        phenylacetate
    Undecalactone

94. Angelica root
    Birch bud

96. Arnica flowers

100. Acet eugenol
     Ambergris extract.3%
     Amyl cinnamic aldehyde
     Amyloxy isoeugenol
     Benzoin
     Benzophenone
     Birch tar
     Castoreum absolute
     Cinnamic alcohol
         synthetic
     Costus
     Coumarin
     Cypress
     Decyl aldehyde
     Ethyl vanillin
     Guaiyl esters
     Immortelle absolute
     Isoeugenol
     Isoeugenol
         phenylacetate
     Lalxlannum
     Linalyl phenylacetate
     Methyl nonyl
         acetaldehyde
     Musks artificial
     Oakmoss
     Olibanum oil and resin
     Patcholy
     Pepper
     Peru balsam
     Phenylacetic acid
     Phenylccetic aldehyde
     Pimento
     Rhodinyl phenylacetate
     Sandalwood
     Storax resin
     Tolu balsam
     Tonka resinoid
     Undecylic aldehyde
     Vanillin
     Vetivert

위 예에서 보여준 향료명의 옆에 기입된 번호는 1부터 100까지로 1부터 14까지가 Top note이고 15부터 60까지가 Middle note 61부터 100까지의 향료가 Base note라고 소개하고 있다.

전술한바와 같이 Base note는 조합향료의 골격을 이루는 것이기 때문에 조합향료의 타입을 결정하지만, Base자신의 지속적인 향기는 물론 그 위에 Top note나 Middle note에 대해서는 보류효과를 가지고 있다.

Middle note나 Top note에 대한 보류효과만을 이야기한다면 무취성이고 증기압이 낮은 용제인 Diethyl phthalate나 Benzyl benzoate가 유용하게 흔히 사용된다.

최근에는 여러 정밀 분석기기의 발달로 천연향이나 식품 Flavor, 유명향수를 재현하는데 큰 도움이 되고 있으나, 창조적인 곳에는 조향사의 영감, 경험 등을 가지고 지금까지 설명한 방법을 사용할 수 밖에 없다.

3. 보류제

조합향료는 앞에서 설명한 바와 같이 휘발성이 높은 것부터 낮은 것까지 많은 종류의 향료에 의해 구성된다.

공기 중에 방치하면 휘발성이 높은 향료는 그만큼 증발속도가 크고 결국 향조가 파괴되어 버리게 된다. 이것을 방지하기 위해 비점이 높은 향료를 이용하기도 하고 증기압이 낮은 용제를 사용하기도 한다.

이와 같이 향조가 변화하는 것을 방지하기 위해 사용하는 향료를 보류제(Fixatives or Fixer)라고 하며 일반적으로 이용되는 것은 사향, Civet, Ambergris 등의 동물성 보류제와 Cedarwood oil, Vetiver oil 등의 식물성 보류제, 바닐린, Coumarin 등의 인조 보류제가 있으나 조화제, 변조제의 효과를 함께 가지고 있어 엄밀하게 구별하는 것이 어려운 경우가 많다. 또 최근에는 향료의 증발을 억제하는 경우는 없다는 논리를 펴고 있는 사람도 있으나 일반적 관례로 사용되고 있다.

물론 위에서 언급한 보류제는 동, 식물 인조 보류제로 분류했지만 그 특성에 따라서도 분류할 수 있다. 예를 들면 Benzoin과 같이 증발을 지연하는 True fixative, Oakmoss와 같이 모든 단계에서 특별한 냄새를 주는 Arbitrary fixatives, Musk 나 Civet와 같이 다른 향료물질의 증기를 운반하거나 강하게 하여 냄새 운반체로서 작용하는 Exalting fixative, Amyris oil과 같이 냄새가 없거나 거의 없는 결정체나 점성물질로 혼합물의 b.p를 올려 향료 혼합물의 저비점 물질들의 냄새를 조절하여 안정화시키는 역할을 하는 Fixatives 등으로 나눌 수 있다.

4. 처방 예

여기에서 조합 처방 예를 Flagrance와 Flavor향료에 관해서 예를 들고자 한다. 이 처방예는 단지 예에 불과하기 때문에 표준 처방이라고 할 수 없다. 다만 위에서 설명한 조합향료의 과정을 예로서 표시하고자 한 것이다.

Chanel No 5

1. Aldehyde C−10 50%	4
2. Aldehyde C−11 50%	4
3. Aldehyde C−12 (L) 50%	4
4. Aldehyde C−12(MNA) 10%	3
5. Bergamot oil	25
6. Linalool	30
7. Neroli oil	6
8. Jasmin absolute	45

제5장 향료의 이용

9. Styrax oil	4
10. Ylang ylang oil	60
11. Hydroxy citronellal	19
12. Muguet	19
13. Isoeugenol	8
14. Methyl iso eugenol	5
15. Geraniol	14
16. Rose oil	20
17. Rose absolute(Mai)	12
18. Rose synthetic	12
19. Methyl ionone	46
20. Iris(10%)	12
21. Cassis absolute	2
22. Irisone$-\alpha$	12
23. Sandalwood oil	6
24. Vetyveryl acetate	6
25. Oakmoss abs 50%	3
26. Coumarine	40
27. Vanillin	6
28. Musk ambrette	19
29. Musk ketone	39
30. Exaltolide(10%)	6
31. Ambrolene	10
32. Infusion amber(3%)	98
33. Infusion Civette(3%)	150
34. Infusion Musk Tonkin(3%)	225
35. Infusion Vanilla(3%)	292

Apple

1. Ethyl acetate — 36
2. 3−Methyl butylaldehyde — 51
3. Ethyl butyrate — 64
4. Hexanal — 67
5. Iso amyl alcohol — 150
6. Ethyl hexanoate — 96
7. Hexyl alcohol — 23.2
8. Acetic acid — 23
9. Ethyl octanoate — 5
10. Ethyl aceto acetate — 15
11. Propionic acid — 40
12. Linalyl acetate — 4
13. Butyric acid — 54
14. Ethyl decanoate — 8
15. Geranyl propionate — 46
16. Benzyl alcohol — 70
17. γ−Undecalactone — 13
18. Vanillin — 26

제5장 향료의 이용

제2절 향료의 응용

우리는 빛과 소리의 세계에서 사는 것과 같이 온갖 냄새에 둘러싸여 살고 있다. 자연에서 나는 냄새로부터 우리 인간들이 만들어내는 모든 물건으로부터 의도적이건 의도적이 아니건 간에 냄새가 나고 있다.
이런 냄새에 둘러싸인 우리 인간들은 보다 좋은 냄새를 위하여 노력하고 있다. 앞에서도 언급했듯이 이런 목적으로 사용되어지는 것을 향이라고 한다. 그러면 이런 향료의 응용을 어떠한 것들이 있으며 어떻게 이용되는가를 살펴보기로 하자. 물론 다음에 열거하는 것이 전부일수는 없다. 왜냐하면 응용되는 분야는 점점 많아지기 때문이다.
여기서는 현대 산업사회에서 통상적으로 많이 사용하는 분야를 열거하고자 한다.

  a. Household 제품
    -비누와 합성세제
    -여러가지 세척제
    -살균 소독제
    -광택제
    -페인트
    -점착제
    -방향제

  b. Personal 제품
    -화장품
    -미와 욕실제품
    -향수류
    -의약 제품 등

c. 산업용 제품
    −드라이 클리닝
    −가죽 및 고무제품
    −인조가죽
    −마루장판
    −플라스틱
    −인쇄잉크, 여러가지 종이
    −직물 등

d. 농업용 제품
    −살충제
    −곤충 구충제
    −동물사료 유인제
    −가축 치료제

e. 식향
    −음료
    −식품
    −약

위에 열거한 내용 중에서 중요 응용제품의 향료에 대하여 열거해 보기로 한다.

1. 비누향료

향료의 중요한 용도의 하나로 고도의 조향 기술과 경험이 필요하다. 비누의 향기는 부향에 사용한 조합향료 그대로의 냄새와 다른 경우가 많다. 이것은 비누 성분중의 친유기에 향료가 용해되고 사용시에 향료의 가용화 나 Emulsion이 생성되기 때문이다.

향료의 가용화는 향료에 따라 다르고 일반적으로 알코올류는 가용화 되기 쉽고 Ketone류는 그 다음이고 Ester류는 좀 더 가용화되기 어렵다.

비누에 부향하는 경우 가용화하기 쉬운 향료의 향기가 약하게되고 가용화하기 어려운 향료의 향기는 그대로이고 상대적으로 강하게 느껴지게 된다. 이와 같이 비누향을 조향하는 것은 참으로 어렵다. 조향한 향료를 비누의 베이스에 가해서 그 향기를 맡고 몇 번씩 조향을 하지 않으면 안된다.

부향된 비누의 Aging시험을 행하고 산화, 변색 등의 시험을 행하고 냄새의 변화를 조사한다. 또 여러가지 온도에 있어서 비누수용액 중의 향료의 휘발, 향기의 성질을 조사하는 경우가 실제로 필요하다. 또 비누의 기포도 향료의 발산에 관계가 있고 베이스의 계면화학적 성질에 대응하는 조향을 하지 않으면 안된다. 비누향료에 관한 종래의 연구로부터 다음과 같은 것이 알려져 있다.

Ester는 그의 유도 모체의 알코올보다도 더욱 강하게 느껴진다. 예를 들면 Geraniol과 Decyl alcohol을 비누에 부향한 경우 그 냄새는 약하게 되지만 Geranyl acetate나 Decyl acetate의 냄새는 강하게 느껴진다. 비누에 있어서 안전성이나 향기면에서 Ester는 그 종류 나름대로 성질을 달리한다. 그 중에는 비누에 적합하지 않은 것도 있지만 비누향료로 귀중한 성분이 된다.

알코올 향료는 대응하는 Ester향료보다 아무래도 냄새가 약한 비누 중에 남아 향기는 온화하지만 지속성이 있다.

지방족의 알코올은 냄새는 약하지만 불포화가 있는 것을 사용하면 좋은 향조가 얻어진다. Linalool, Terpineol은 비누향료에 잘 이용되고 Anisic alcohol은 백합이나 은방울 꽃향 비누에 이용된다.

Ketone도 알코올 다음으로 지속성이 있고 Ionone, Benzophenone, p-Methoxyl acetophenone, p-Methyl acetophenone, Ethyl amyl ketone 등이 비누향료에 좋다고 한다.

방향족, 지방족 및 Terpene계 알데히드도 널리 비누향료에 사용되고 있다. 알데히드는 반응성이 풍부하고 약간 불안정하다. 그렇지만 Cyclamen aldehyde, Cinnamic aldehyde, Lauric aldehyde 등은 비누향료의 소재로 우수하다. 알데히드의 불안정성을 보완하기 위해 적당한 알코올과 미리 혼합해서 Hemiacetal을 형성하면 좋다고 하는 설도 있지만 실제 효과는 적다.

비누향료에는 이외에도 Ether나 Terpene의 향료도 사용되고 있고, Methyl Eugenol은 냄새의 강도를 높이는 것에 유용하다고 한다.

예전의 비누향료의 처방에는 Lavender, Patchouli, Geranium, Rosemary, Vetiver, Sandalwood 등 천연향료가 다량으로 이용되었고 합성향료, 유리향료는 조금밖에 이용되지 않았다. 그렇지만 천연향료의 공급에도 한계가 있고 가격이 높이 올라 요즈음에는 범용의 비누에는 다량의 천연향료를 사용할 수가 없다. 그 대신 합성향료가 처방에 많이 이용되게 되었다. 합성에 의해 얻어진 신 향료는 비누에 새로운 향조를 부여하는 것도 가능하고, 또 동일한 품질의 비누향료를 조향하는 것도 가능하며 가격도 저렴하다. 이와 같이 합성향료는 비누향료분야에서 귀중한 보배로 현재 널리 사용되고 있지만 천연향료의 역할이 상실된 것은 아니다.

Styrax, Olibanum 등 천연 Resinoid는 비누향료에 있어서 불가결한 보류제로서의 효용이 있다.

비누향료도 화장품과 같이 새로운 유행을 만드는 것이 중요하므로 Floral인 것, Woody한 경우, Fruity한 것 등 새로운 합성향료를 이용해서 새로운 향기가 만들어진다.

옛날 비누는 시원한 향조가 주로 사용되었고 그 색체도 순백의 것이 많았다. 최근에는 수종의 채색된 비누가 이용되고 향료와 채색에는 밀접한 관계가 있다. 또 향료성분의 일부 성분에 의해 일어나는 퇴색이나 변색이 눈에 띄게 일어나지 않게 하기 위해 착색을 필요로 하고 있다. 비누에 사용하는 향료는 화장품과 같이 피부를 자극하는 성분을 이용해서는 안된다.

2. 치약향료

치약에 이용되는 주된 향료는 Peppermint oil, Spearmint oil, Anise oil, Fennel oil, Wintergreen oil 등의 천연향료와 l-Menthol,l-Carvone, Anethol, Methyl salycilate 등의 합성향료가 사용된다.

치약에는 탄산칼슘, 인산칼슘 등의 연마제가 이용되고 있어 사용되는 향료는 이러한 연마제가 입안에서의 pH에 크게 좌우된다. 본래 입안의 자연 pH는 약산성이며 Methol계의 향료는 산성 측에서 효과가 현저하다. 탄산칼슘은 입안에서 pH를 증가시키고 또 향료를 흡착해서 그 효과를 감소시키기 때문에 주의를 요한다. 또 기포제로 이용되는 계면활성제, 충치예방을 위한 약효제 등은 맛이 쓴맛이나 떫은맛이 있어 나쁜 맛을 느끼게 한다.

이와 같이 쓴맛이나 떫은맛을 보완하기 위해서도 향료나 감미료가 필요하다. 그리고 약효로 정평이 나있는 불화제일주석은 민트계 정유를 변질시켜 버린다.

불소제를 첨가한 치약에는 천연정유의 사용을 적게 하고 합성향료인 Anethol, Menthol, Methyl salicylate를 사용하는 편이 무난하다.

치약향료의 주원료인 박하는 미국, 중국, 브라질, 인도 등에서 생산되고 있으며 한국에서도 생산된 적이 있으며 북한에서는 지금도 생산되고 있다.

이 천연 박하유는 수증기 증류에 의해 채유되지만 증류 직후에는 독특한 증류취와 금속취가 있어 사용에 적합하지 않고 다시 감압증류 등에 의해 초유부나 후유부를 제거하고 양질의 부분만을 사용한다. 특히 처음 증류했을 때 저비점 부분은 Pinene, Myrcene, Limonene 등이 포함되어 있고 치약 중에서는 변질의 원인이 된다.

l-Menthol은 치약에 청량감을 주기 위해 필요한 향료이지만 지나치면 쓴맛을 느끼게 하므로 치약 향료 중 10~15% 정도가 적당량이다. l-Carvone, Anethol은 계면활성제의 쓴맛, 떫은맛을 마스킹하는데 효과적이다.

최근의 치약향료는 Peppermint 타입, Spearmint 타입, Double mint 타입이 있다. Peppermint타입은 Peppermint oil, Menthol, Anethol을 조합하고 여기에 체리, Apricot, Pineapple, Strawberry 등의 Fruits계의 향료 레몬, 오렌지, 포도 등의 Citrus계의 향료를 이용하여 Flavor로서 좋은 맛을 부여하고 있다. Spearmint타입은 Peppermint oil 대신에 Spearmint oil을 사용하지만 청량감이 떨어져서 l-Menthol을 많이 사용한다. Doublemint타입은 Peppermint의 청량감과 Spearmint의 자극을 함께한 새로운 맛의 Flavor로서 Citrus계의 향료나 Spice계의 향료로 이용되고 있다. 치약의 부향율은 1% 전후이다.

3. 입욕제 향료

상쾌한 목욕을 위해 이용되는 방향제품에는 입욕제가 있으며 과립상이나 액상, 젤리상, 캡슐 등 여러가지 형태가 있고 향료, 계면활성제, 각종 염류, 색소가 원료로 이용된다.

향조는 쟈스민, 로즈, 후로랄 부케 등의 화향조의 것들과 Lemon, Orange 등의 Citrus조의 것, Cinnamic aldehyde나 Safrole의 향기를 이용하는 Oriental조의 것, 침엽수의 향기를 강조한 Woody green조 등이 있다. 온탕 중에 향유의 확산을 위해 여러가지 연구가 행해지고 다

제5장 향료의 이용

음과 같은 종류가 있다.

가. Bath salt

염화나트륨, 유산나트륨 등의 중성염에 향료나 색소를 가한 처방의 간단한 입욕제와 인산나트륨, 탄산나트륨, 붕사, 염화나트륨 등의 염류를 분말로 하고 여기에 향료, 색소, 라우릴 황산나트륨, 전분 등을 가해 가압성형하여 정제화한 것이 있다. 후자는 경수의 연화작용과 세정작용이 있다. 알칼리성이기 때문에 사용하는 향료의 선택에 주의하여야 한다. 또 탄산염에 구연산, 주석산등의 유기산을 가하고 착색 부향하고 과립상으로 한 것도 있다. 발포성, Bath salt의 부향율은 1% 내외이다.

나. Bubble bath

발포성을 풍부하게 한 입용제로 계면활성제나 비누가 주원료이다. 분말, 정제, 젤리상의 것들이 있다. 세정작용도 충분히 있고 특수한 형태의 비누라고도 말하고 있다. 서독의 Badedas 등이 대표적인 것으로 침엽수계의 Green note와 따뜻한 감을 갖는 약효 작용은 많은 사람에게 애용되고 있다. Gelatine, Lauric 황산나트륨, Glycerine, 물, 향료, 색소 등을 원료로한 이런 종류의 입욕제는 우리나라에도 사용이 늘고 있다.

부향율은 3% 내외이지만 더 높인 경우도 있다. Bubble bath를 사용할 때 비누나 세제의 경우와 같이 향료가 가용화되기 때문에 향료 자체와 부향하였을 때의 향기가 다를 수 있고 기포의 상태에 따라 향료의 휘발속도가 영향을 받아 냄새의 강도와 관련을 갖고 있다.

다. Bath oil

물에 용해 되지 않는 향유를 광유, Oleilalcohol, 피마자유, 식물유, 지방산에스터에 용해하고 이것을 욕탕 중에 적하해서 사용한다. 향료는 다른 Oil과 함께 욕탕 표면에 퍼지고 그 향기는 휘발한다. 주의해야 할 것은 향료의 용제 선택이다. 욕조 중에 부유물이나 오염을 남기지 않는 것이 바람직하다. Isopropyl miristic acid와 같은 고급지방산은 점도도 그다지 높지 않고 냄새도 없기 때문에 널리 사용된다. Bath oil 중의 향료의 부향율은 5%에서 많은 것은 30~40%나 되는 것도 있다.

향조는 Pine계, Woody한 것이 주로 사용되지만 이외에도 여러가지 계층의 향료를 사용할 수 있다.

4. 세제용 향료

비누의 원료취를 Masking하기 위해 향료가 이용되었던 것이지만 원료취가 적은 합성세제에도 상품가치를 높이기 위하여 사용되고 있다. 합성세제 초기에는 부향은 그다지 고려되지 않았지만 세제 사용시에 발생하는 불쾌취를 없애고 방향 효과를 주는 경향이 생겼다. 또 세제업계의 경쟁이 심해지고 상품가치를 높이기 위해 세제 향료의 개발이 행해졌다. 세제용 향료는 pH가 높은 영역에서 안정하고 산화가 잘 되지 않아야 한다. 부향율은 낮고 미향성이 바람직하고 0.1% 내외의 부향율이 적절하다.

향취타입은 여러가지가 있으나 식기용 세제의 경우는 Flavor 감각에 적합한 것이 되어야만 한다. 또 의류용 세제의 경우에는 안전성이 필요하여 화장품에 준하는 피부자극 등의 면에서 고려가 필요하다. 식기용 세제는 식품 첨가물에 합격한 것이어야 한다.

5. 샴푸 린스용 향료

세제와 같이 당초에는 세발 기능이 중요시되고 샴푸나 린스의 향기는 세발 시에 시원하게 하고 청결한 감을 주며 베이스취를 마스킹할 수 있으면 좋다고 하였다. 그러나 샴푸가 대중화 됨에 따라 향기의 면에서 소비자의 관심을 끌게 되었고 화장품에 준하는 제품이 되었다.

향취타입도 화장품과 같이 오데코롱, 헤어토닉, 헤어크림과 같은 향기의 제품도 나오기 시작했다. 그러나 세발이 원래의 목적이므로 산뜻한 청량감을 요하는 Green계, Citrus계가 좋다. 부인용으로는 Single floral, Floral bouquet, Sweet fruity한 향기가 적합하다. 특히 잔향을 요구하기 때문에 보류효과가 있는 조향이 필요하다. 부향율은 0.5% 내외이나 경우에 따라 1%를 넘는 경우도 있다.

6. 방향제

최근에는 주거환경이 좋아지고 건축기술이 진보되고 냉난방의 필요성이 그 어느 때보다도 요구됨에 따라 밀폐성이 높은 건물이 많게 되었다.

소음이나 배기가스로부터 피하기 위해 사람들은 창을 밀폐해서 시원한 자연의 공기와는 멀리 있는 환경 속에 생활하고 있다. 서구의 사무실에서는 공조에 향료를 이용하고 기분을 전환해서 일의 능률향상을 도모하고 있는 경우도 있다.

최근에는 우리나라도 여러 형태의 실내방향제가 이용되고 있으며 향취타입 또한 여러 타입의 방향제가 팔리고 있다.

실내 방향제는 액체, 에어졸, 고체 등이 있으며 에어워크 등 액체 방향제는 여지와 같이 향료를 빨아올리고 휘발하는데 좋은 Fiber상의 것을 이용하고 있다. 또, 에어로졸 방향제는 공간에 Spray하는 것에 의해 순간적으로 공기에 부향이 가능하다.

주성분은 알코올로 부향률은 3 - 5 % 정도이다. 이것을 프레온 가스 또는 Hydrocarbon gas를 이용하거나 기계적인 방법으로 공기 중에 분산, 확산시킨다.

고체 방향제에는 승화성 방향제, Gel-type 방향제, Pomander-type 방향제가 있다. 최근에는 도자기형 방향제도 많이 나오고 있다. 이중 좀 더 인기가 있는 것은 승화성 방향제로 p-dichlorobenzene에 향료를 가해서 제조한다.

이것은 paradichlorobenzene의 승화와 함께 향료를 휘발시키는 방식으로 paradichlorobenzene에는 특유의 자극취가 있기 때문에 거실 방향제에는 적당하지 않다. 주로 toilet용 방향제에 이용된다.

무취의 승화성기제로 Isopropyltroxane 이나 Adamantane 등이 개발되어 있다. 거실이나 침실 등 주로 사용되는 방에 이용하는 승화제는 건강 면에서 주의를 요한다.

최근 시중에 나와 있는 것으로는 gel-type 방향제가 있는데 수용성 gel-type이 많고 gel에 향료를 함침한 것을 용기에 넣어 용기의 개폐 정도에 의해 향료의 발산을 조절한다.

겔화제에는 가라기난, 한천, polyvinylalcohol, hydroxypropylcellulose, 아라비아 껌 등을 조합해서 이용하며 향료는 gel base중에 포함되어 있어 물과 함께 휘발한다.

휘발의 원리는 수증기증류와 유사하지만 증기압이 높은 향료가 휘발하기 쉽기 때문에 사용 중에 향조가 변하는 경향이 있다.

또, 많은 향료를 base중에 넣는 것이 어려우므로 지속성이 결핍된다. Pomander type 방향제는 base에 고형 paraffin wax를 이용하고 여기에 향료를 용해한 것으로 성형이 자유로워 실내 장식물로 만드는 것이 가능하여 장식과 향기를 동시에 즐기는 것이 가능하다.

고체화한 파라핀 왁스의 친유기에 향료가 붙어 발산이 억제되기 때문에 부향률을 높일 필요가 있다. 향기의 지속성은 좋지만 사용초기와 끝에는 향기가 다르다. 환경용 방향제는 악취를 중화하고 불쾌취를 Masking하는 목적으로 이용된다.

향료를 이용하는 방법에는 다음과 같은 3가지가 있다.

―불쾌한 냄새를 Masking하는 작용을 가지고 있는 향을 가진 것
　―취각신경을 마취시켜 그 작용을 불활성시켜 악취에 대한 감각을 감소시키는 것.
　―악취와 어울리게 해서 그 냄새의 강도를 약하게 하는 것.

　소취 방향제는 첫 번째에 속하고 두번째에 속하는 것에는 formaldehyde 또는 아세트알데히드와 같은 물질과 자극적인 냄새를 감소시키는 과일취 Heliotrope, 자스민, Pine, Vanilla, Lavender등의 향료를 조합해서 만들어진다. 이 방향제의 양은 Formalin 1 gallon에 대해 1/2 ounce 정도이다.

　Isopropylalcohol, Acetone, paradichlorobenzene의 자극을 완화하기 위하여 유사한 계통의 조합향료가 사용된다.

7. 소취와 Masking

　위에서 방향제에 대해서 설명하였지만 소취와 Masking에 대해서 살펴보면, 인류생활이 발달하면 할수록 여러가지의 악취가 발생하게 되므로 악취의 제거와 환경의 정화는 절실히 요망되는 문제이다. 유사이전부터 불쾌취나 시체의 냄새를 Masking하기 위해 향을 사용했던 것은 이미 알려진 사실이다. 악취의 제거, 소취, 방취는 물리적 방법(흡수, 흡착, 피복), 화학적 방법(산화, 환원, 분해, 중화, 부가반응), 생물학적방법(살균작용, 미생물, 효소에 의한 처리)에 의해 이루어진다.

　공업적으로는 연소법이 좋다고도 생각되지만 악취의 근원을 연소에 의해 제거할 수 있다고는 할 수 없다.

　공장으로부터 나오는 악취는 처음부터 발생하지 않는 제조 Process를 완성하는 것이 바람직하다. 현실적으로 발생하는 악취기체는 가능한 한 장치나 설비를 밀폐시켜 포집할 필요가 있다.

　악취를 내는 기체에 대해서는 생물학적인 방법, 화학적인 방법에 의

해 처리하고 냄새의 감소를 도모하지 않으면 안된다. 악취가 있는 고체, 진흙상물질의 소취는 상당히 곤란하다.

가정에서 방취나 소취, 체취의 억제에 대해서는 옛날부터 여러가지 방법이 이용되어 왔다.

지금은 악취의 근원을 살균제로 처리해서 미생물의 발육을 억제하고 아울러 소취제를 사용하지만 혹은 향료에 의해 Masking을 행하는 경우도 있다.

가. 소취제와 소취.

최근 소취제로 사용되는 대표적인 것은 Lauryl Meta Acrylate, geranyl crotonate가 있다. 또, glyco-oxal도 유망한 소취제로 주목되고 있다. 이것은 피부자극도 없고, 분자량이 크기 때문에 그 자체는 무취이다.

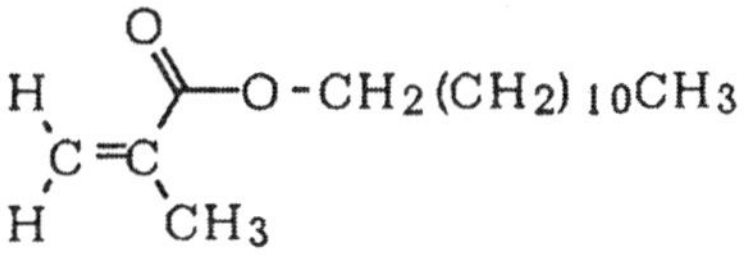

$$\begin{array}{c}H\\H\end{array}C=C\begin{array}{c}\overset{O}{\overset{\|}{C}}-O-CH_2(CH_2)_{10}CH_3\\CH_3\end{array}$$

(Lauryl-Meta-Acrylate)

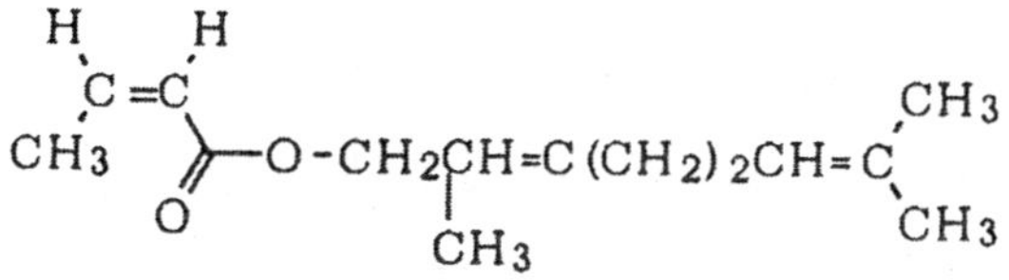

$$\begin{array}{c}H\ \ H\\ \underset{CH_3}{C=C}\underset{O}{\overset{}{C}}-O-CH_2CH=C(CH_2)_2CH=C\begin{array}{c}CH_3\\CH_3\end{array}\\CH_3\end{array}$$

(geranyl crotonate)

소취를 나타내는 반응기는 $-C=C-C=O$이다. 즉, 이중결합에 의한 반응을 이용해서 소취의 목적을 달성하는 것이기 때문에 $CH_2=CR$의 일반
$$|\atop COOR'$$

식으로 나타내지는 물질의 효과에 대하여 연구를 진행하고 있다.

Meta-acryl산 ester(R=CH3)의 가운데 R'가 C8-C14의 범위의 것이 소취제로 적당하며 그 대표적인 것이 Lauryl-Meta acrylate이다. 소취제로 요구되는 조건은 다음과 같은 것들을 들 수 있다.
- 사람과 동물에 무해한 것
- 인화온도가 높고 공기와 혼합해서도 폭발성이 없는 것
- 부식성, 오염성이 없는 것
- 거의 무취인 것
- 안정성이 있는 것

Meta-acryl산 에스터의 소취엔 다음과 같은 작용이 따른다고 생각되어진다.
- 용해 : Amine류, 유화물, Pyridine류, Mercaptan류 등의 악취화합물을 용해 하기 위해 반응하기 쉽고 또 증기압을 저하시키는 것
- 이중결합의 부가반응에 의한 효과 : 예를 들면 Mercaptan류와의 작용은 다음과 같이 생각된다.

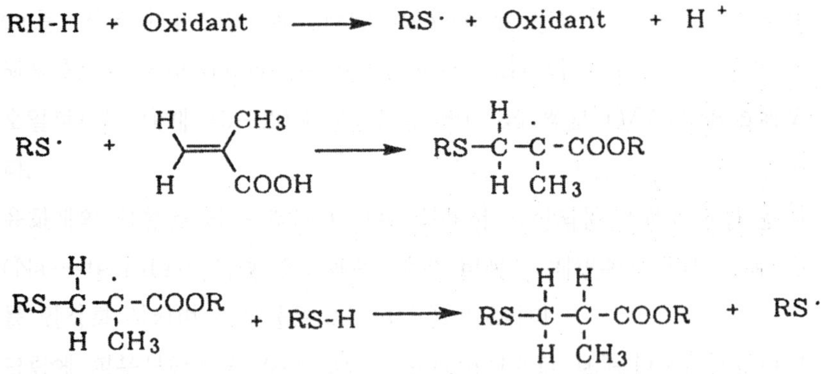

$$RH-H + Oxidant \longrightarrow RS\cdot + Oxidant + H^+$$

$$RS\cdot + \underset{H\quad COOH}{\overset{H\quad CH_3}{C=C}} \longrightarrow RS-\underset{H\ \ CH_3}{\overset{H\ \ \cdot}{C-C}}-COOR$$

$$RS-\underset{H\ \ CH_3}{\overset{H\ \ \cdot}{C-C}}-COOR + RS-H \longrightarrow RS-\underset{H\ \ CH_3}{\overset{H\ \ H}{C-C}}-COOR + RS\cdot$$

― 연쇄 이중 반응 : 공기중의 산소, 산화물, 광, 열 등에 의해 Meta-acryl산 에스터가 중합하는 경우 Mercaptan류나 기타의 악취화합물이 연쇄이동반응으로 소비되는 경우.
― 분자상호작용에 의한 반응 : 수소결합, 쌍극자 상호작용에 의한 효과.

Glyco-oxal은 $(CHO)_2$로 표시되는 지방족알데히드 화합물로 화학적으로 활성이 강한 화합물이다. 보통 40 % 수용액으로 시판되고 있다. 미량의 수분으로도 중합한다.

다음 식으로 표시되는 Tetra alcohol형으로 수화되고 있으며 무색 투명의 액체로 그 자체의 증기압은 낮고 무취로 인화성이 없다.

$$CHO\text{-}CHO + 2H_2O \longrightarrow \begin{array}{c} HO \quad OH \\ \diagup \quad \diagdown \\ HO \quad OH \end{array}$$

$$3 \begin{array}{c} HO \quad OH \\ \diagup \quad \diagdown \\ HO \quad OH \end{array} \longrightarrow \begin{array}{c} HO \quad O \quad O \quad OH \\ \diagup \diagdown \diagup \diagdown \\ HO \quad O \quad O \quad OH \end{array} + 4H_2O$$

이 수용액을 여러 방법으로 농축하면 그 각각의 물성이 다른 3종류의 수화형 polyglycooxal이 얻어진다. 예를 들면 조해성이 큰 비결정성으로 알코올에 용해되는 백색분말, 조해성이 없고 물에 용해도가 적으며(20℃에서 35%) 유기용매에 불용의 결정성 백색분말, 조해성이 적은 비결정성이며 유기용매에 난용성인 백색분말의 3종류가 있다.

마지막 것은 물에 대해 용해도가 20 % 로 그 이상의 농도는 gel화된다. glycooxal은 악취물질중의 질소화합물, 유황화합물을 잘 잡아 화학반응에 의한 무취물질로 변화한다. 예를 들면,

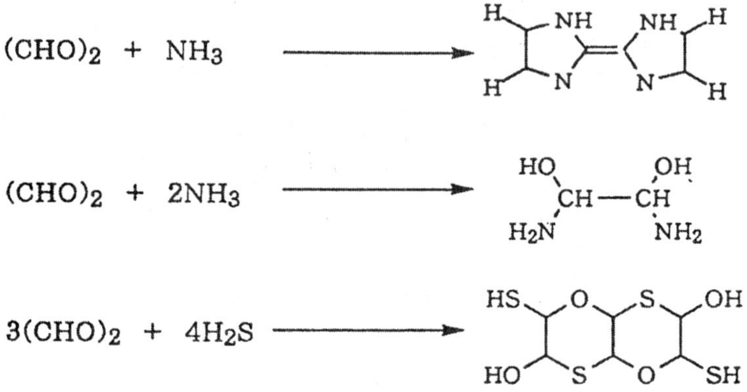

제5장 향료의 이용

$$(CHO)_2 + NH_3 \longrightarrow$$ [imidazoline 구조]

$$(CHO)_2 + 2NH_3 \longrightarrow \underset{H_2N}{\overset{HO}{CH}} - \underset{NH_2}{\overset{OH}{CH}}$$

$$3(CHO)_2 + 4H_2S \longrightarrow$$ [dithiane 구조]

이것들은 불휘발성이기 때문에 휘발되어 효과가 없어지는 일은 없고 인간과 동물에 무해하며 금속이나 plastic재료를 부식하지 않는다.

화학반응에 의한 소취이어서 당량을 필요로 하기 때문에 소취용도로 대량을 필요로 하며 지방산에 대해서 효과가 없으므로 알카리를 병용할 필요가 있다.

나. 향료에 의한 악취의 억제

소취제와 같이 화학적인 변화에 의한 억제방법과 취각으로부터 강한 자극을 주어 악취를 억제하는 방법이 있으며 방향성분의 첨가에 의한 향기의 변화가 후자에 속한다. $-C=C-C=O$의 결합을 가지고 있는 Citral, Heliotropine, Vanillin, Coumarine 등은 악취의 억제효과가 있다고 보고되고 있지만 그 Mechanism에 대해서는 명확하지 않다. 이취의 대표적인 성분인 Trimethyl Amine에 대한 향신료의 억제효과를 조사해보면 Onion, Laurel, Sage가 현저하고 Caraway, Clove, Ginger,

Thyme 등도 효과가 있다. Laurel의 정유 중에는 1,8 Cineol이 다량 함유되어 있고 수소결합력이 소취에 유용한 것으로 알려지고 있다.

Cineol은 SO_2, SO_3, NO_x 등에도 유효하다고 생각되고 있다.

향료에 의한 Masking에 대해서 논하면 Masking이라는 말은 예로부터 널리 이용되고 있고 악취를 방향성분을 이용해서 덮어쐬운다는 의미로 냄새중화나 화학변화에 의한 소취를 포함해서 부르고있고 엄밀히 정의하는 경우는 없었다.

향료에 의한 악취의 Masking은 다음과 같이 생각할 수 있다.
- 악취성분보다 역치(Thleshold Value)가 적은 방향성분을 이용해서 취각의 생리자극을 변화시키는 것
- 악취성분보다 생리자극이 강한 향료를 이용해서 악취에 대한 감각을 감소시키는 것.
- 악취성분보다 높은 증기압을 가진 향료를 사용하는 것에 의해 향기의 성질을 변화시키는 것. 예를 들면 전체의 증기성분을 변화시켜 악취의 증기분압을 적게 만드는 것.

8. 화장품 향료

가. 크림류

화장용 크림에는 클렌징크림, 콜드크림, 바니싱크림, 화운데이숀크림 등이 있는데 클렌징크림에는 W/O형(油中水형)과 O/W형(水中油형) 등이 있고 W/O형은 오일성분을 70℃정도로 가열하고 유화제를 가하고 교반하면서 똑같은 온도의 수성성분을 가해서 45℃정도까지 냉각해서 향료를 넣고 혼합기(HOMO-MIXER)로 유화시킨다.

O/W 형은 유상에 HLB치가 적은 유성의 유화제를 가해서 70℃로 가열하고 친수성 유화제를 용해해서 같은 온도의 물파트를 교반하면서 혼합기로 유화시킨다. 향료의 첨가는 시료의 온도가 45℃정도로 냉각되었

제5장 향료의 이용

을 때 행해지고 부향률은 일정치 않으나 일반적으로 0.1-0.5 정도이다. 향료에 의해서 유화의 안정성을 높여주기도 하지만 때로는 유화를 파괴하기도 하고 불안정한 경우도 있기 때문에 부향에는 신중을 요한다.

일반적으로 여러가지 floral bouquet외 여러 타입의 향취타입이 이용되는데 연령, 지역, 시기 등에 따라 취향이 많이 바뀔 수 있다. 콜드크림의 역사는 2세기에 Almond유와 밀납으로부터 만들었다. 현재에도 밀납과 Almond로 된 오일파트와 붕사, Rose수로부터 얻어지는 물파트를 혼합, 유화시켜 콜드크림이 만들어지고 있다.

밀납 중에는 Cerotic acid($C_{25}H_{51}COOH$)등의 유리지방산이 존재하기 때문에 이것이 붕사로부터 생성되는 수산화나트륨과 반응해서 Cerotic산 나트륨이 생성하고 이것이 유화제로 된다. 이 유화제는 물파트가 적고 온도가 높을 때는 W/O형의 유화제로 되고, 물파트가 많고 저온인 경우에는 O/W형 유화제로 되기 때문에 주의를 요한다.

오일파트에는 식물성 대신에 유동파라핀 등의 광물성오일을 이용하고 비이온성 계면활성제를 이용해서 유화의 안정성을 기한다.

바니싱크림은 Stearic acid를 주성분으로하고 고급알코올지방산 ester를 사용한 유성성분에 알칼리, Glycerine 등을 함유한 수성성분을 가해서 Mixer(Homomixer)를 이용, 교반 유화한다.

오일파트는 대개 15-20%, 물파트는 80-85 %로 O/W형 유화제품이다.

유화제의 역할을 하는 것은 반응에 의해서 생성되는 스테아린산 소디움(Na-stearate)이지만 최근에는 주로 비이온 계면활성제에 의해 유화를 안정화 시키며 부향률은 0.3-0.5%정도이다.

크림에 피부색안료를 가한 것이 화운데이션으로 보통 O/W형의 바니싱형 크림이 이용되지만 유성의 콜드형 크림도 있고, 부향할 때 유화안정성에 유의해야한다.

나. 화장수

화장수에는 투명한 것과 Milk-type의 유화형도 있다. 최근에는 현탁상 화장수 등 여러가지가 있다.

투명한 화장수는 물, 알코올 Glycerine 등의 보습제를 주성분으로하고 여기에 수렴제, 피부유연제 등을 가해서 Astringent로션, 핸드로션, 스킨토닝로션, 아프터쉐이브로션 등이 만들어진다. Ethanol의 농도는 5-15%가 일반적이며 남성용일 경우 더 높을 수 있다. 향료의 부향율은 적어서 0.2-0.5%정도이다. 향료의 용해성은 알코올 농도에 관계되기 때문에 주의를 요한다. 유화형 화장수에는 Milk로션, 화운데이션 클렌징로션 등의 Emulsion계의 화장수가 있다.

이러한 로션은 크림과 같이 물파트와 오일파트를 혼합해서 약 70℃ 정도로 가열 유화시키고 45℃정도로 냉각하여 부향한다. 부향률은 역시 0.1-0.5%정도이다.

다. 두발화장품

두발을 정돈하고 광택과 청량감을 주는 화장품이 정발료이다.

정발료는 두발을 보호하는 의약품 적인 역할과 미용을 위한 화장품 적인 역할을 가지고 있다. 올리브유나 동백유 등을 원료로하는 Hair oil,피마자유(아주까리유),목랍(Japan wax)을 주원료로 하는 식물성 Pomade, 백색 Vaseline, Paraffin을 주원료로 하는 광물성 Pomade, 피마자유, 목랍에 밀납이나 Carnaubawax를 가한 Thick(흔히 이야기하는 지꾸) 등이 있다. 이런 것들은 유성오일 및 유성오일에 목랍이나 파라핀을 가한 정발료로 향료의 용해는 용이하다. 포마드를 제조할 경우 향료를 미리 오일에 용해하고 타 원료를 가온 용융한 후 냉각한다.

헤어오일의 부향률은 0.5-2.0% Pomade는 1-5% 정도이다. 식물성포마드는 원료의 냄새가 강해서 향료를 많이 가하는 데 경우에 따라서는 3%-5%이다.

제5장 향료의 이용

유화정발료로 Hair Cream이 있다. 유동파라핀, 밀납, Stearic acid 등의 유지를 유화한 것이기 때문에 정발과 함께 모발에 영양을 주는 목적으로 사용된다. 모발에 Cholesterol, Lecithin 등과 영양소로 Hormone 및 기타의 약재를 부여한다.

여기에는 O/W형과 W/O형 유화의 2가지가 있고 여러 종류의 유화제가 사용된다.

화장품크림의 경우와 다르게 모발에 사용될 경우 크림의 흰색이 비치는 것은 좋지 않다. O/W형 크림을 사용하면 물파트는 모발에 흡수되고 또 증발하기 때문에 유화상태가 파괴되어 유상만 모발에 남아 백색은 없어지고 광택이 난다.

W/O형은 유동파라핀, 스테아린산, 밀납 등의 오일이 기재로 사용되고 금속비누 및 친유성 비이온유화제가 유화제로 사용된다.

금속비누는 작은 물방울의 표면을 싸서 오일파트에 분산하고 유화를 형성한다. 정발할 때, 크림을 모발에 발라서 마사지하면 금속비누막이 파괴되고 유화가 파괴되어 모발에 광택을 낸다.

제조할 때는 물파트와 오일 파트를 60−70℃로 가열하고 교반하면서 오일파트에 물파트를 가해서 유화가 끝나면 교반속도를 늦추고 40℃이하에서 향을 첨가한다. 향료 외에 산화방지제, 방부제 등을 첨가하기 때문에 유화의 안정도에 주의를 요한다. Hair cream의 부향률은 0.5−1.0%정도이다. 두발화장품으로는 Hair Lotion, Hair Tonic이 널리 이용되고 있다.

Ethanol 수용액에 향료나 수종의 약품을 가한 두발용 제품은 모발이나 두피오염을 제거하고 가려움을 제거하고 청량감을 주는 목적으로 사용된다.

첨가되는 약품은 레졸신, β-나프톨, 살리실산 등의 살균제로 미생물을 죽이고 두피를 소독한다.

이외 1-멘톨, 고추 Tincture가 청량제로 이용된다. Hair Tonic의

Ethanol농도는 일반적으로 50 − 80 % 정도이지만 고농도의 Ethanol을 함유한 두발화장품의 과용은 두발에 나쁜 영향을 준다.

최근은 모발보호를 위해 Ethanol의 농도를 줄이고 멘톨을 늘려 청량감을 주고 자극을 줄여주고 있다. 또 발모 촉진제로 Vitamin E 나 여성호르몬, 가려움 방지제로 부신피질 홀몬제, 항히스타민제 등이 이용되고 있다.

최근에는 Hair Tonic에 Polyoxydipropyleneglycolmonoalkylether나 Polyoxypropylenemonobutylether의 정발제를 용해한 Hair liquid가 많이 사용되고 있다. Ethanol농도가 높아서 향료는 용해하기 쉽고 부향률은 0.3−1.0%정도이다.

라. 분백분화장품

화장수, 크림, 정발료와 나란히 중요화장품으로 미용에 이용되는 화장품으로 분백분을 들 수 있다.

Face powder, Cream powder, 유성 powder, Compact powder, Paste powder, Liquid powder, Pan cake, Pan stick 등의 여러 종류가 있다.

TiO_2,아연화(亞鉛華) 등 피부의 피복성재료, 탈크($8-MgO-4SiO_2-H_2O$),전분 등의 전연성재료, 침강성 탄산칼륨, 탄산마그네슘, 카오린($Al_2O_3-2SiO_2-2H_2O$) 등의 흡수성재료가 사용되어지고 있다.

또 피부에 부착성을 높여 화장이 지워지는 것을 방지하기 위해 부착성이 좋고 감촉이 부드러운 금속비누(Zn Stearate, Mg Stearate)도 첨가시킨다.

이러한 분말성 원료에 색소, 향을 가해 Ballmill로 분쇄 혼합한다.

향료의 분산을 균일하게 하기 위해 탄산칼슘의 일부에 첨가하는 향료를 전부 가해 우선 향료 Base를 만들고 착색료로 분 전체가 균일하게 전색(展色)되도록 착색료를 talc의 일부에 가해서 색소 base를 준비한다.

향료 base와 색소 base를 타 원료와 함께 Ballmill에 혼합, 분쇄한 후 체질을 통해 걸러낸다.

최근에는 고속 미분쇄기를 이용해서 입자를 미립화하여 감촉성이 좋은 분을 제조하고 있다. 분가루를 바니싱크림에 넣은 제품을 cream powder라고 하고 메이컵 화장전에 사용하기도 한다.

바니싱크림을 만들고 이것을 가열해서 여기에 점액제로 걸죽하게한 분말을 소량씩 가해서 10분쯤 섞어서 혼합한다. 크림의 경우와 같이 향료첨가는 냉각 도중이 좋다. 고형분은 분가루에 Tragacanth Gum 등의 Gum수지를 결합제로 해서 Compact용기에 넣고 압축시켜 휴대하기 쉽게 한 제품이다.

Paste powder는 무대화장에서 사용된다. 아연화(亞鉛華:아연가루), TiO_2의 양이 일반의 분말보다 많고 Talc가 적다.

Glycerine이나 백색 Vaseline과 같은 보습제나 유연제를 가하고 사용시에는 용해하기 쉽다. 물에 용해해서 몇 번이나 칠해서 짙은 화장을 한다. 아연화, 이산화티탄, 탈크, 착색료를 잘 분산해서 색소를 분산시킨 후 Glycerine, Oil, Wax, 향료와 10분 정도 혼합, 분산해서 Ballmill을 수회 통과해 제품으로 한다.

Liquid powder는 분말을 화장수에 현탁시킨 것으로 그 조성은 분말 약 15%, 물 70%, Alcohol 10%, Glycerine 5%로 2층상으로 분리되고 상층은 투명하고 하층은 분말분산층으로 되어있다. 사용할 때는 용기를 흔들어서 균일하게 할 필요가 있다. 화장하기전(Make-up)이나 엷은 화장을 할 때 이용하고 구미에서는 야외나 무대화장용으로 어깨, 다리, 팔 등에 이용한다. 부향 시는 미량의 유화제를 사용하는 것이 좋고 부향률은 0.4-1.0% 정도이다.

Face powder와 유사한 화장품에는 Talcum powder가 있다.

목욕을 하고 나온 피부나 땀을 흘린 피부로부터 수분을 제거하고 피부에 매끄러움을 준다. 주성분은 Talc이고 여기에 Mg stearate, 탄산마그네슘, 붕산 등이 배합되고있다.

최근은 fragrance제품의 일환으로 향수, 오데코롱, 비누 등과 향조를 같이한 시리즈의 제품이 시판되고 있다.

이런 종류는 부향률이 높아 0.5-1.0%정도이다. 여기에 비해서 유아용 baby powder는 향료와 방부제의 양이 적고 부향률은 0.2 % 안팎이다.

부향된 향료는 분말이 표면적이 넓기 때문에 산화되기 쉬운 상태이다. 또, Talc의 불순물에 의해서 향료가 화학변화를 일으켜 냄새와 색이 변하는 경우가 있으므로 이것을 고려해서 안전을 도모해야한다.

마. 립스틱과 연지

립스틱은 화장의 마무리에 사용하여 여성의 입술을 아름답고 매력적으로 단장하며 추위로부터 입술을 보호하고 피부의 건강을 지키는 역할을 한다.

입술의 각질층은 얇고 보통 피부보다 약해서 립스틱에 의해 형성되는 피막이 보호작용을 한다. 그렇지만 입술은 립스틱의 색소나 향료에 의해 염증을 일으키는 경우가 있다.

향료 중에 포함되어 있는 Aldehyde나 Ketone 등의 불포화화합물의 일부는 알레르기를 일으키기 쉬우므로 주의를 요한다. 자극은 없고 맛이 없는 것이 이용되지 않으면 안된다. 향조는 일반적으로 과일 계통의 것이 주류를 이루고 있으나 후로랄계통도 상당히 많다.

부향률은 립스틱에 따라 다르나 약 0.2-0.5% 정도이다. 연지도 여성의 마무리 화장품으로 사용되며 액상이나 고형이 있다. 향료사용은 분백분과 같이 사용하는 것이 일반적이고 부향은 0.5% 정도이다.

8. 生物用 향료

생물용 향료에는 동물이나 어류의 사료에 이용하는 Flavor류, 집어용(集魚用)Flavor, 방충이나 방수에 사용하는 유인제나 기피제 등이 있다.

가. 사료용 Flavor

현재 우리나라의 사료는 그 원료를 거의 해외에 의존하고 있고 국내자원은 사실 거의 없는 상태이다.

미이용(未利用)자원을 사료에 활용하는 경우 우선 문제로 되는 것은 사육동물이나 어류의 기호성이다.

동물이나 어류가 좋아하는 먹이가 되도록 사료에 Flavor를 첨가하고 있다. 개, 고양이 등의 Pet food로부터 소, 돼지, 어류의 사료, 뿌리는 집어용에 이르기까지 수종의 Flavor가 만들어지지만 동물의 기호에 적당한 것을 만드는 것은 꽤 어렵다.

나. Attractant와 Repellent

곤충이나 동물 등의 생물의 취각은 생명이나 종족보존을 위한 중요한 역할을 하고 있고 특정의 물질의 냄새에 유인되거나 또는 기피하는 등의 반응을 나타낸다. 곤충이나 동물이 유인되는 물질을 Attractant, 반대로 기피하는 물질을 Repellent라고 하고 동물은 후각으로 음식을 찾고 냄새에 의해 이성을 찾아 생식을 하는 것을 우리는 알고 있다.

또 산란을 위한 장소도 후각으로 판단한다고 한다.

종족의 보존 본능이 후각과 밀접한 관계에 있고 동종족의 판별도 냄새로 구별해서 집합하기도하고 기피하기도 하며 공격하기도 한다. 물론 후각만으로 이런 일들이 일어나는 것은 아니다.

Attractant(유인물)로 유명한 것이 곤충 Pheromone이 있다. 이것은

제2절 향료의 응용

곤충의 체내에서 생산되는 유향물질로 아주 미량이나 낮은 농도에서도 유인 또는 기피하는 효과를 갖는다.

동종의 암수를 끌어당기는 것을 성 Pheromone, 동종의 곤충을 집합시키는 작용을 갖는 것을 집합 Pheromone이라고 부른다.

Bombykol은 암컷 누에로부터 나오는 선 Pheromone으로 1ml의 공기 중에 10-18g 포함되어 있으면 수컷을 흥분시키는 것이 가능하고 10 km로 떨어진 곳에 있는 수컷까지도 유인한다고 한다. Bombycol은 불포화 지방족 Alcohol로 다음과 같은 구조를 가지고 있다.

$$CH_3-CH_2-CH_2-CH$$
$$\|$$
$$CH_3-C-CH$$
$$\|$$
$$HO-CH_2-(CH_2)_8-CH$$

이 물질은 분자량 250의 alcohol로 증기압은 극히 낮고 대기 중에 확산하는 량은 극미량이다. 이러한 미량의 유인 물질에 반응하는 후각감도는 참으로 놀랄만하다. 이와 같은 성 Pheromone은 다른 곤충에도 많이 있고 이와 같은 휘발성 물질에 의해 동종 이성간의 교배가 유지된다고 알려지고 있다.

집단으로 생활하는 벌이나 개미류에는 동종을 모으는 Pheromone이 있다. 집합 Pheromone 또는 취적(臭跡) Pheromone이라고 부르고 있고 동종을 인식하게 하는 휘발성이 있는 유향물질이다. 집단으로 이동할 때 선도의 곤충이 무리를 유도하는 것에 이용되고 있다.

또 곤충이 경계를 표시하는 것으로 경보 Pheromone이 있고 거부, 공격, 도주 등의 반응을 표시한다. 탄소수 8-13의 지방족 ketone이 많다.

이상의 Pheromone은 곤충의 턱이나 충문 부분에 있는 외분비선에서 만들어지고 저장낭에 저장되었다가 필요시 분비된다. Pheromone은 곤충자체의 생리대사에 유래하는 것과 곤충이 섭취한 식물에 유래하는 것이 있다고 생각된다.

Pheromone중에는 Terpene과 그 유도체가 많다고 생각되어진다. 곤충의 생활과 식물의 정유와는 밀접한 관계가 있기 때문에 정유성분 중에는 유인 작용을 하는 것이 여러 종류 알려지고 있다. 그런데 인간들의 생활에 해를 주는 곤충(해충)도 꽤 많다.

이러한 해충을 제거하기 위해 살충제가 이용되고 있다.

DDT를 비롯 각종의 살충제는 성과를 거두고 있으나 내성을 가진 해충이 나타나 한편으로는 살충제의 남용이 익충, 조류 등 많은 해충의 천적까지도 죽여버리는 결과가 되어 자연환경의 조화를 깨버리게 되었다.

이와는 다르게 해충을 유인, 포획해서 절멸한다고 하는 면이 있는 데 최근에 해충의 유인성에 대한 연구가 행해져 많은 합성 유인제가 만들어지고 있다. 동물, 곤충, 어류 등이 싫어하는 유향물질을 이용한 것에 기피제가 있으며 방수, 방충, 방어에 이용된다.

생물은 일상 접해보지 않은 이취 등에 대해서 민감해 경계나 공포의 반응을 나타낸다. 또 생리적으로 싫어하는 냄새가 있다. 이러한 생물이 기피하는 냄새를 연구하고 수종의 약제가 만들어지고 있다. 목재나 섬유의 방충가공, 피부용의 방충, 모기방지 등의 약제, 식품창고의 방수약제 등에 향이 이용되고 있다.

예를 들면 파리, 모기 등을 대상으로 Rosegeranium 오일, 2-Ethylhexane-1,3-diol, N N-diethyl-m-toluamide, Indolene을 들 수 있고 벌을 대상으로 Benzaldehyde, 어류에는 Potassium Phenylacetate 등을 사용한다고 알려져 있다.

9. 공업용 향료

도료, 용제, 피혁, 합성피혁, 합성수지, Gum 가공품, 인쇄잉크, 섬유 등의 각종 공업제품에 사용되는 향료를 공업용 향료라 한다.

목적은 원료나 소재가 가지고 있는 불쾌한 냄새를 마스킹하거나 제품의 이미지를 높이기 위해 사용한다. 부향하는 향의 타입이나 방법은 제품에 따라 다르나 합성수지 Gum, 피혁 등에 사용하는 향료는 가공 시에 고온에 내성을 가진 것을 선택 할 필요가 있다.

10. 보안용 향료

도시가스나 프로판가스도 정제되면 특유한 냄새가 감소하게 된다. 그래서 도시가스나 프로판가스가 누출될 때 보안장치가 필요한데 정상인 취각을 가진 사람이 쉽게 감지할 수 있는 냄새가 나도록 향료를 넣도록 하고 있다.

이 향료의 조건은
- 인간이나 가축에 무해할 것
- 일반적인 냄새와는 식별이 쉽고 불쾌한 냄새가 있을 것
- 극미량으로 감지가 가능할 것
- 완전히 연소하고 연소후 무취 무해할 것
- 화학적으로 안정할 것
- 가스도관 중에서 응축하지 않을 것
- 금속, Gum, 합성수지 등 가스도관의 소재 가스기구를 부식시키지 않을 것
- 물에 불용일 것
- 가격이 저렴할 것
- 토양에 투과성이 좋을 것
- 도시가스나 LPG의 비중과 유사할 것

등을 들 수 있는데 현재 사용하고 있는 것으로는 Ethyl mercaptan, Iso propyl mercaptan, Iso butyl mercaptan, Diethyl sulfide, Dimethyl sulfide, Ally methyl sulfide, Tetrahydro thiophene 등을 들 수 있다.

11. 방향제품

가. 향수(Perfume, Parfum. Extrait)

방향제품(Fragrance products)의 대표적인 제품으로 조합향료를 에칠알코올에 가해서 만들어지는 제품이다. 부향율은 일관된 %가 없고 사용되어지는 향의 강도에 따라 15~30%가 일반적으로 향수시장에서 볼 수 있는 농도이다. 에칠알코올은 고순도의 것이 사용되는데 99.5%의 것을 사용하는 것이 이상적이나 보통 95%의 에칠알코올이 많이 사용되고 있으며 에칠알코올과 물 이외의 다른 미량성분이 포함되지 않은 것이 좋다. 특히 자극이 강한 알데히드와 같은 이취가 있으면 안된다.

물론 우리나라에서는 주세법에 따라 화장품에 사용하는 알코올은 변성제라는 물질을 사용해야 한다. 변성제로 사용하는 것은 D.E.P, Bitrex나 Geraniol, Phenyl ethyl alcohol 등 주세법에 따른 변성제를 첨가하여야 한다.

향수의 제조는 결정된 조합향료를 에칠알코올에 녹인다. 이것을 냉암소(20℃가 적정온도)에 수개월 보존하여 숙성시킨 후 여과한다. 이때 사용되는 저장용기로는 스텐레스 스틸 316 또는 304를 이용 할 수 있으나 민감한 향료는 304가 316보다 더 변형이 되게 할 수 있다. 이는 실험실에서 미리 체크해야 될 것이다. 은도금 탱크나 Tin 도금 구리탱크 등도 이용되는데 스텐레스 스틸이 이상적인 재질로 이용되고 있다. 여과 시는 가마를 5℃와 -7℃ 사이의 온도로 냉각시켜 여과한 후 다시 상온으로 올려 포장한다.

나. 오데코롱(Eau de Cologne)

향수보다 부향율이 낮은 방향제품에는 Eau de Parfum(Parfum de

Toilette), Eau de Toilette, Eau de Cologne, Eau frâche(Fresh Cologne, Shower Cologne, Splash Cologne, Eau…)등이 있는데 부향율은 일정하게 정해진 것은 없으나 Eau de Parfum(Parfum de Toilette)은 8~15%, Eau de Toilette는 4~8%, Eau de Cologne은 3~5%, Eau frâche은 2~3%정도가 통상적인 부향율이다.

향수와 위에 언급된 제품들 사이의 차이점은 향료의 부향율 이외에 다른 차이는 사용되는 알코올 농도 차이이다. 향수는 앞에서도 언급되었지만 대개 95% 이상의 알코올을 사용하지만 Eau de Parfum, Eau de Toilette, Eau de Cologne은 향에 따라 용해도가 차이가 있기 때문에 알코올 함량이 다르지만 보통 80~85%이고 경우에 따라서는 75% 이하로 되는 경우도 있다.

이와 같이 알코올의 농도를 낮추는 데는 몇 가지 이유를 들 수 있는데 낮은 알코올 함량이 높은 알코올 함량 보다 신선한 감을 주기도 하고 가격을 낮추기도 하며 향에 있는 Resin이나 결정물질, Terpene류 등의 물질을 줄이기 위해서 낮은 농도의 알코올을 사용한다.

그러면 Eau de Cologne에 대해서 좀더 자세히 언급해 보겠다.

1709년 이태리 Milan태생인 Paolo de Feminis는 프러시아의 수도인 Köln에서 스파이시 상을 열었는데 Eau de Cologne의 전신인 Aqua de la Regina 또는 Eau admirable을 만들었다.

파올로 드 휘미니는 그의 조카인 Giovanni(Johann 또는 Jean) Maria와 John Baptist에게 비법이 전해졌고 다시 Jean maria의 아들인 Giovanni Maria farina에게 전수되어 Kölnish wasser를 만들었다.

여기서 만든 Kölnish wasser가 인기를 얻고 있을 무렵 프러시아와 프랑스, 오스트리아 연합군간에 전쟁이 일어났고 일시에 프랑스군이 Köln을 점령했다. 프랑스군의 장병도 이 Kölnish wasser가 마음에 들게 되고 귀국 후 프랑스에서 대유행하게 되었다. 이렇게 해서 프랑스어로 Eau de Colonge (Kölnish wasser)라고 불리게 된 것이 오늘날까지 내

제5장 향료의 이용

려오고 있는데 그 당시의 Eau de Cologne은 다음과 같은 처방으로 만들어졌다.

예)

Bergamot oil	6kg	200
Lemon oil	3kg	100
Neroli oil	2kg	800
Clove oil	1kg	600
Lavender oil	1kg	200
Rosemary oil	1kg	800
Alcohol(90%)	100	liters

그러나 오늘날은 Eau de Cologne이라는 말은 향수류 중에서 향함량이 낮은 방향제품을 말하고 전형적인 Eau de Cologne은 위와 같이 만들어진 향기를 가진 제품을 의미한다.

제3절 식품향료

1. 식품 향료

식품향료(Flavor)는 식품에 향기와 맛, 감촉을 좋게 하기 위하여 사용되는 향료를 말한다. 맛(Taste)은 짠맛, 단맛, 신맛, 쓴맛에 대한 혀의 반응에 국한되어 있다.

혀의 표면은 감촉과 온도 자극에 따라 반응하는데 예를 들면 박하의 시원한 감이나 고추의 매운맛, 입안의 감촉, 수렴성 등을 들 수 있다. 이런 모든 것들이 식품향료의 인식을 하는 데 영향을 준다.

그러나 가장 중요한 것은 향기이다. 식품향료를 인식하기 위한 냄새의 중요성은 사람이 감기에 걸렸을 때 맛(신맛, 단맛, 쓴맛, 짠맛),감촉, 온도반응에 의해서 느낄 수 밖에 없다는 것을 보아서도 알 수 있다. 여기서 우리는 Fragrance와 Flavor의 차이를 알 수 있다. 전자는 오직 후각에 의한 느낌이고 후자는 후각은 물론 입안에 넣는 경우 입안부터 후각에 미치는 냄새를 포함해서 더욱이 식품 고유의 맛, 혀에 닿는 느낌 등과의 상관관계로 인식된다고 하는 본질적인 차이가 있다.

식품향료에 속하는 것에는 여러가지 식품에 사용하는 향료는 물론 구강제, 내복약, 치약, 담배 등에 이용되는 향료도 식품향료에 준해서 Flavor라고 부른다. 식품향료의 특수성을 언급해 보면 다음과 같다.

- Fragrance는 천연에 없는 독창적인 냄새가 창조되는 것이 받아들여지는데 반해 식품 향료는 어디까지나 과일이나 커피 등 천연 Flavor의 재현에 기본으로 되어 있다. 식품에 대해서는 인간은 극히 보수적인 본능을 가지고 있어 경험하지 않은 새로운 Flavor를 가진 식품에 대해서는 본능적으로 경계하고 거부하는 경향이 있기 때문에 식품향료 제조에 있어서 이러한 점을 고려해야 한다.

─식품향료는 미각과의 조화를 고려하지 않으면 안된다. 쓴맛이 강한 것등은 사용하여서는 안된다.
─인간은 Flavor에 대한 감각의 쪽이 Fragrance보다 극히 예민하다.

2. 식품향료의 분류

식품향료는 예로부터 몇 가지의 분류형태가 있고 형태에 의한 분류, Flavor 타입에 의한 분류, 사용한 소재에 의한 분류 등이 있는 데 이를 살펴보면 다음과 같다.

가. 형태에 의한 분류

식품의 형태는 다양하다. 이 다양한 형태에 따라 식품향료도 대상 식품의 물성에 맞는 다양한 형태를 갖출 필요가 있다. 이런 형태는 크게 4가지로 나눌 수 있다.

1) 수용성 향료(Essence)

천연향료나 합성향료를 조합한 Base를 40 - 60 %로 희석한 알코올에 용해시키고 필요에 따라 Tincture, Extracts류 혹은 과즙을 가해서 제품화한다.

통상사용량(음식품에 대해 500분의 1 - 1000분의 1)의 범위로 물에 투명하게 용해 또는 분산되어서 가벼운 Top Note를 나타내나 반면 내열성이 결핍되어 주로 과즙음료, 탄산음료, 아이스크림류, 양주등의 식품에 이용된다.

스트로베리, 바나나, 메론 등의 essence에는 ester를 많이 함유해서 용해도가 좋고, 반면 감귤류 essence는 천연의 orange, lemon, lime등의 정유의 용해도가 낮아 중요한 향료성분을 추출해서 제조한다.

2) 유용성 향료(Oil soluble flavor, Flavoring oil)

천연향료나 합성향료, 조합향료를 유성용매인 식물유지 등의 유용성 용매에 용해, 희석시킨 것을 말한다.

이것은 주로 비스킷, 캔디, 쵸컬릿 등을 제조할 때 가열처리에 의한 향료의 변질, 휘산을 방지하기 때문에 유성용제에 향료를 용해시켜 사용한다. 주요 용매로는 Salad oil, 땅콩유, 콩기름, 면실유 등이 이용된다.

3) 유화 향료(Emulsified flavor, Flavoring emulsion)

향료의 대부분은 소수성으로 물에 잘 녹지 않는다. 에센스의 경우 Ethyl alcohol이나 다가 알코올을 이용해서 물에 용해시킨다. 유화향료는 향료를 적당한 유화제나 안정제를 이용해서 미립자로 만들어 물에 분산시킨 것을 말한다. 유화제로는 아라비아껌, 알긴산 소다, 한천, 메칠 세루로즈, 카르복시 메칠 세루로즈, 모노글리세라이드 등이 이용된다.

본래 청량음료수에 향기와 적당한 탁도를 주기 위해 사용되었지만 맛을 주는 성분이나 착색료도 동시에 가할 수 있기 때문에 냉과, 제과, 기타 일반식품에도 이용된다.

4) 분말 향료(Powdered flavor)

초근목피를 분말화한 생약 분말은 예로부터 향료 또는 의약에 사용되어 왔다. 이러한 방향성생약은 분말향료의 원조라고 할 수 있다. 현재는 천연, 합성, 조합향료를 유당, Dextrine 등의 단체에 혼합, 부착시켜 향료를 유화 시킨 것을 분무, 건조해서 분말화한 것 등이 이용되는데 그 종류를 열거해보면 다음과 같다.

- 천연분말향료: 방향성 생약, 향나무, 초근목피, 씨앗을 분말화한 향료

제5장 향료의 이용

- 유당제형 분말향료: 천연 정유나 유상조합향료를 정제 백설탕, 유당, Dextrine등에 혼합 흡수시킨 것
- 용융에 의한 분말향료: 설탕(사탕수수로 만든 설탕), Sorbitol등을 가열 용융시켜 향료를 가하고 교반 분산시킨 후 냉각 고화시킨 것.
- 고체 향료를 분쇄시킨 것
- 박막 건조에 의한 분말향료: Dextrine, 천연검, 당류의 용액 중에 향료를 분산해서 박막건조기에서 감압하에 건조, 분말화한 것.
- 분무건조에 의한 분말향료: 유화향료를 만들고 Spray dryer로 건조시킨 것.
- Capsule 향료: 향료를 마이크로캡슐에 포함시킨 것. Capsule향료의 잇점은 사용시까지 안정하게 보존할 수 있다(산화, 휘발 등을 방지할 수 있다. 그리고 액상을 분말상으로 전환할 수 있기 때문에 취급하기 간편하며 지속성을 높일 수 있다.)

나. Flavor 타입에 의한 분류
1) citrus계 : 오렌지, 레몬, 라임, 그레이프후루트, 만다린, 탠저린등
2) fruits계 : 사과, 바나나, 체리, 포도, 참외, 복숭아, 딸기, 열대과일류, Mixed fruits 등
3) milk계 : Milk. butter, 치즈, 요구르트 등
4) beans계 : 바닐라, 커피, 코코아, 쵸코렛 등
5) mint계 : 박하, 스피아민트 등
6) spice계 : allspice(piment), pepper, 계피, clove, sage, laurel, thyme, celery, 양파, 마늘, 생강, nutmeg, coriander 등
7) nuts계 : Almond, 코코넛, 땅콩 등
8) meat, fish계 : beaf, 닭고기, 돼지고기, 각종어패류 등
9) 기타 : 야채, 해초류 등

다. 용도별 분류
1) 청량음료용 향료: 탄산음료용, 과즙음료, 기호음료용
2) 냉과용 음료 : 아이스크림, 빙과 등
3) 제과용 향료 : 캬라멜, 캔디, 쵸코렛, 껌, 비스킷, 생과자, 스낵 등
4) 양주 향료 : 위스키(스카치), 위스키(버본), 와인, 브랜디, 각종술
5) 조리용 Flavor : Beaf, 닭, 치즈, 버터, Corn류 등 각종 조리에 사용되는 향료
6) 향신료 : Allspice(piment), cardamum, 계피, coriander, celery, ginger, pepper, sage 등...

라. IOFI(International organization of the flavor industry)의 분류
1) natural aromatic plant 또는 animal materials : herb나 spice등과 같이 인간을 위해 사용되는 향기를 지닌 물질들을 말한다.
2) natural flavor : 방향물질로부터 물리적인 수단에 의해서만 얻어진 농축 물질(예 : fruit juice)
3) natural flavoring substances : 물리적인 방법에 의해서만 천연물질로부터 얻어진 성분.(예 : 증류, 압착, 추출 등에 의해 얻어지는 것)
4) nature-identical flavoring substances : 방향원료 물질로부터 화학적인 방법에 의해 합성하거나 분리해서 얻어진 유기화합물. 이것들은 천연물에 존재하는 물질들과 화학적으로 일치되는 것들이다.(예 : wood lignin으로부터 나온 Vanillin은 Vanilla beans에 있는 Vanillin과 같다고 본다.)
5) artificial flavoring substances : 인간들이 소비하는데 사용하는 천연물과는 일치되지 않는 합성된 물질.(예 Ethyl Vanillin, Allyl hexanoate)

3. 식품 향료의 제조

현재 분석기기나 분석기술이 발달해서 천연향이나 합성향료를 이용해서 자연의 것과 거의 같은 식품향료를 만드는 것은 그다지 어렵지 않다.

그러나 자연의 향기는 아주 미묘해서 인간이 아직 알지못하는 경우도 있으며 식품향료의 제조에는 야채, 과실, 향신료, 유제품, 차, 커피 등 천연의 flavor소재가 대량으로 이용되고 있다.

천연의 flavor소재와 합성 flavor소재를 조합해서 식품향료의 body를 만들고 여기에 조화제, 변조제, 보류제 등을 가해서 식품향료 base를 만든다. 그리고 식품에 부향하기 위한 최종제품으로 essence, 유성향료, 유화향료, 분말향료 등의 형태로 만든다.

가. 식품향료의 원료

1) 방향성생약: 생약이 가지고 있는 특유의 맛이나 냄새는 식품향료의 원료로 사용되는데 보통 (가)고미성 생약(bitter drugs), (나)방향성 생약(aromatic drugs), (다)자극성 생약(stimulant drugs)으로 분류된다.

고미성 생약이 함유하고 있는 alkaloid, glucoside 등의 추출물질에 의해, 방향성 생약은 정유에 의해, 자극성생약은 caffeine, cocaine과 같은 특수성분에 의해 특정지어진다.

가) 고미성 생약: 이것은 쓴맛이 있기 때문에 예로부터 건위, 식욕증진, 설사, 진통 등을 위해 의약으로 사용되었지만 식품향료로는 알코올 음료용에 널리 이용되고 있다. 예를 들면 맥주의 제조에 없어서는 안될 Hop는 뽕나무과의 다년생 넝쿨초인데 그 flavor는 dipentene linalool, tetrahydroocimene 등을 함유하고 있는 정유 때문에 쓴맛을 낸다.

감귤류나 오렌지의 외피를 건조해서 만든 진피도 쓴맛을 내는 생약의 대표적인 것이라 할 수 있다.

나) 방향성 생약: 이것에는 소위 spice류와 방향성이 강한 것이 있는데 중요한 몇 가지를 열거하면 다음과 같다.

명 칭		산 지	비 고
방향성으로 자극성이 있는 것	allspice	자마이카	매운맛은 capsicine
	redpepper	유럽,인도,브라질	cinnamic aldehyde
	cassia	남아시아	eugeno
	clove	모로카군도	매운맛은 piperine
	pepper	열대아시아	매운맛은 gingerone, shiokaol
	ginger	열대아메리카	allyl isothocianade
	mustard	영국,미국	dipentene linalool등
방향성이 강한 생약	바닐라	아프리카	주성분인 바닐린
	통카빈	남미	coumarine 함유
	인 삼	한국, 중국, 이탈리아	강장제
	감 초	이탈리아, 스페인, 중국	
	caraway	북구, 아메리카	carvone
	peppermint	미국, 영국, 프랑스	박하뇌(menthol)와 그 Esters

다) 자극성 생약:

명 칭	원 료 식 물	비 고
coffee	Cofia, Arabica의 종자	caffeine, caffeol
tea(차)	차의 잎을 가공한 것	hexenol, tein
cola	Cola vera의 종자를 건조해서 얻은 것	caffeine, calanin배당체 cocacola계 음료
coca	Elisloxiron coca의 잎	cocacola계 음료, cocain

2) 식물 정유: 정유는 앞장에서도 언급했듯이 식물의 꽃, 과실, 뿌리, 줄기, 나무껍질 등의 부분으로부터 얻는 방향성이 있는 휘발성 오일

을 말하는데 이 정유의 채취방법은 압착법, 증류법, 추출법의 세 가지 종류가 있다.

정유는 화학적으로 함산소화합물(알코올, 산, 에스테르, 알데히드, 케톤 등)과 탄화수소(monoterpene, sesquiterpene 등)로 대별되는데 실제로 정유의 냄새와 맛에 관계되는 것은 함산소화합물이다. 후자는 물에 용해하기 힘들기 때문에 오히려 방해가 되는 경우가 많다.

그런 이유로 이러한 탄화수소를 감압증류법 또는 용제추출법으로 제거해서 Terpeneless 오일, Sesquiterpeneless 오일로 만들어 사용하는 경우도 많다.

오렌지오일이나 레몬오일에는 90%이상의 terpene류가 함유되어 있기 때문에 Terpeneless로 만들면 (가) Flavor의 역가가 향상되고 (나) 안정성, 용해성이 개량되며 (다) 용기의 공간을 절약할 수 있는 잇점이 있으나 자연적인 부드러운 맛이 다소 결여되는 결점이 있다.

3) 천연과즙 및 과즙 Flavor

최근 농축과즙의 제조기술이 진보하고 농축과즙에 천연 농축 flavor를 가해서 신선미를 부여한 것이 fruits essence로 이용되고 있다. 이것은 맛과 flavor효과의 상호효과를 기대한 것이다.

4) Extracts, Tincture

향료식물이나 생약을 용제로 처리해서 향미성분을 추출한 용액이다. 여기에는 향기성분인 정유 외에 색소, 유지, 수지, 정미성분 등 용제에 가용성분을 모두 포함하기 때문에 식품향료의 원료로 중요하다. 용제로는 함수에탄올, Propylene Glycol, 글리세린 등이 이용되며 바닐라, 커피, 코코아, 고추 등의 Extract나 Tincture가 대표적인 예이다.

5) Oleoresin

Extract로부터 용제를 제거하고 반유동성의 수지상으로 농축한 것이다. 용제로는 에탄올 외에 저비점 염화에틸렌, Hexane, Acetone 등이 이용되지만 이러한 용제는 완전히 제거되어야 한다.
바닐라, 커피, 코코아, 각종 spice의 oleoresin이 양산되고 있다.

6) 용제

식품향료 용융제는 가격이 저렴하고 무미 무취, 무독성, 적당한 휘발성과 보류성의 조건이 필요하다. 물, Ethylalcohol, Propyleneglycol, Glycerine, triacetine, 유지류 등이 널리 이용된다.

7) Distilate

과즙을 농축할 때 수분과 함께 증발하는 부분을 모아놓은 것으로 apple, orange, pineapple, 포도 등의 농축과즙의 부산물로 만들어진다. 과실 에센스에 이용된다.

8) 가열 Flavor

당이나 아미노산을 혼합해서 가열하면 특유의 식품향료가 된다. 이것을 가열 flavor라고 부르고 커피, 코코아, roastnut, meat flavor 등에 이용한다.

9) Flavor potentiator

이것은 그 자체는 flavor가 없으나 다른 flavor를 강화시켜 주는 것을 말한다. 글루타민산 나트륨, 5-nucleotide류, systein-s-sulfonic acid 등이 포함된다.

10) 회수 Flavor

과즙 농축공정에서 배출되는 배기가스를 회수장치로 방향성오일 등을

제5장 향료의 이용

회수해서 얻어지는 것이다. 오렌지, 레몬, grapefruit, pine, apple 등이 상품화되고 있다.

11) Infusion및 Esprit

이것은 각종 fruit를 원료로한 Ethanol침출액 또는 공비물이다. 옛부터 유럽에서 실용화되고 있는 flavor물질이다.

12) 합성향료

합성향료도 식품향료의 소재로 널리 중요하게 사용되고 있다. 물론 식품에 이용하기 때문에 건강상 안전한 물질이 사용하도록 허용되고 있다. 또, 순도가 문제여서 미량이라도 유해한 불순물의 존재가 허용될 수 없다. 기기분석이 진보함에 따라 자연식품 및 가공식품의 향기성분에 대해 상세한 지식이 계속 얻어지는 요즈음 천연이나 합성 flavor소재를 이용해서 식품의 natural한 향기재현을 시도하는 것은 과거에 비해 어려운 일은 아니다.

식품의 자연향기는 수많은 향기성분 및 이와 관련된 기타의 성분이나 식품에의해 그 진가를 발휘한다. 결국 한두가지 특징있는 유향성분에 의해서 결정되는 것은 아니다. 그러나 식품의 향기에 관한 최근의 연구는 식품특유의 향기를 나타내는 대표적인 유향물질의 존재를 밝히고 그 구조를 조사해서 화학적인 수단에 의해 합성하는 것을 가능하게 하였다. 이와같은 화학적 수단에 의해 만들어진 물질을 nature identical flavoring substances라고 부른다. 물론 앞에서도 언급하였지만 artificial flavoring substances와는 구별해서 사용된다.

식품향료로 사용하고 있는 합성향료 가운데는 so called aldehyde라고 부르는 것이 있는데 화학적으로는 aldehyde가 아니고 so called C14 Aldehyde, so called C16 Aldehyde 등의 상품명으로 사용되고 있다.

그 예를 들면 다음과 같다.

so called명		화 학 명	향 타 입
so called			
〃 C-14	aldehyde	γ-undecalactone	peach
〃 C-15	〃	Ethylmethylphenylglycolate	apricot
〃 C-16	〃	Ethyl-p-Methy-β-PhenylG1yGlycolate	strawberry
〃 C-17	〃	Nonanolide-1:4	cherry
〃 C-18	〃	γ-nonalactone	coconut
〃 C-19	〃	Benzyl butyrate	pineapple
〃 C-20	〃	Ethyl-3-Phenyl Glycidate	respberry
〃 C-21	〃		redrrant
〃 C-22	〃		rose
〃 C-23	〃		peach
〃 C-24	〃		orange
〃 C-25	〃		apple
〃 C-26	〃		melon
〃 C-27	〃		coffee
〃 C-28	〃		orange
〃 C-29	〃		banana
〃 C-30	〃		grenadine
〃 C-31	〃		grape
〃 C-32	〃		coffee
〃 C-33	〃		(chocolate)

나. 식품향료의 제조방법

흔히 화장품이나 기타 공업용 향료를 제조하는 사람을 perfumer라고 하는데 비해 식품에 사용하는 향료를 만드는 사람을 flavorist라고 한다. flavorist는 식품원료 향료를 취사선택하여 사람들의 구미에 맞게 조합을 행한다. 이와같이 식품향료를 조합하는 방법은 시행착오법에 의해 몇번인가 목적하는 것을 얻을 때까지 조합을 반복하는 것이 보통인데 무턱대고 시행착오를 범하는 것이 아니라 수많은 향료들의 향취를 기억하는 과정을 수행한 사람만이 Flavorist로서의 역할을 할 수 있다.

제5장 향료의 이용

이를 위해 요구되는 자질은 화학적인 배경을 가지고 있고 풍부한 창조성과 예민한 감수성이 있으며 오랜 경험이 축적되지 않으면 않된다. 이 점은 Perfumer와 비슷한 점이 있다.

Flavor를 구성하는 전형적인 과정은 각종 천연향료와 합성향료를 조합해서 하나의 Flavor의 단위로 만들고 이것을 Body로 해서 이것에 어울리는 조화제를 가해서 Body의 폭과 깊이를 주고 그 위에 변조제, 보조제를 가해 가닥을 잡는다. 최후로 보류성과 휘발성을 고려해 보류제나 Ethanol 등의 용제를 가해 일정기간 숙성시킨다. 이렇게 만든 것이 Base라고 부른다. 이 Base를 적당히 처리하면 Essence, Oil, 유화향료 및 분말향료의 상품이 되며 이런 과정은 Flavorist에 의해 만들어진다.

새로운 타입의 식품향료를 창조하는데도 조합기술 이외에 새로운 소재의 발견 및 새로운 합성향료의 창조가 있어야 한다.

몇가지 Base 처방 예를 들면

☞ Apple Base

1. Ethyl Butyrate	15
2. Ethyl Formate	15
3. Iso Amyl Isovalerate	25
4. Hexyl Alcohol	5
5. Isoamyl Formate	4
6. Isoamyl Alcohol	2
7. Isoamyl Butyrate	24
8. Geraniol	2
9. Vanillin	1
10. Hexyl Acetate	2
11. Ethyl Acetoacetate	2

| 12. Linalool | 2 |
| 13. Geranyl Acetate | 1 |

☞ Banana Base

1. Ethyl Acetate	5
2. Ethyl Butyrate	5
3. Acetaldehyde	10
4. Isoamyl Acetate	50
5. Isoamyl Butyrate	12
6. Isoamyl Isovalerate	6.5
7. Linalool	5
8. Vanillin	3
9. Heliotropine	0.5
10. Eugenol	3

☞ Grape Base

1. Ethyl Acetate	25
2. Ethyl Butyrate	30
3. Ethyl Caproate	30
4. Ally Caproate	10
5. Ally Cyclohexane Propionate	2
6. Vanillin	2
7. Maltol	1

제5장 향료의 이용

☞ Strawberry Base

1. Ethyl Acetate	10
2. Ethyl Butyrate	23.5
3. Ethyl Isovalerate	10
4. Acetic Acid	5
5. Linalool	5
6. Benzyl Acetate	5
7. Aldehyde C−16	5
8. Diacetyl	0.5
9. Leaf Alcohol	3
10. Aldehyde C−14	1
11. Vanillin	5
12. Ethyl Maltol	1
13. Ethyl Lactate	16

1) Essence 의 제조법

가) Citrus계 Essence

40~60% Ethanol 100g에 Orange oil 등의 Citrus계 식물정유 10~20g를 넣어 60~80℃ 에서 교반하면서 2~3시간 온침시키던가 또는 상온에서 일정시간 교반하고 냉침한다. 이것을 2~3일 밀폐 보존 후 분액해서 Ethanol용액 부분만 취하고 −5℃ 부근에서 수일간 냉각하여 석출하는 불용물질을 여과해서 조제한다. 필요에 따라 조합 숙성한 후 제품으로 만든다.

나) Fruits Essence

Base가 주로 Ester계통으로 구성되어 Ester계 Essence라고도 하며

Citrus Essence와 구별된다. Base Ethanol, 물을 혼합 용해하고 필요하면 냉각여과해서 제품으로 만든다.

예를 들면

☞ Apple Essence

1. Apple Base	10
2. Apple 회수 Flavor	30
3. Ethanol	55
4. P G	5

이 외에도 양주 Essence, Coffee Essence, Vanilla Essence 등이 있는데 그 예를 들면

☞ 양주 Essence

1. Ethyl Acetate	5
2. Ethyl Butyrate	1.5
3. Ethyl Formate	2.5
4. Isoamyl Alcohol	1
5. Wine Extract	10
6. Ethyl Alcohol	55
7. 물	25

☞ Coffee Essence

1. Coffee Tincture	90
2. Ethyl Formate	0.5
3. Cyclotene	0.5
4. Furfuryl Mercaptan	0.05

| 5. Diacetyl | 0.02 |
| 6. P G | 8.93 |

☞ Vanilla Essence

1. Vanilla Tincture	90
2. Vanillin	3
3. Ethyl Vanillin	0.5
4. Maltol	0.2
5. P G	6.3

2) 유성향료 제조방법

유용성 Flavor base 10~20%를 사용하며 용제로는 식물유 P.G 등을 80~90%정도 사용하여 만든다.

예를 들면

☞ Banana Flavor

1. Banana Base	30
2. Lemon oil	3
3. 식물유	67

3) 유화향료 제조방법

유화향료는 O/W Emulsion으로 유성향료가 내상이고 물이 외상으로 이루어져 있으며 유화제로는 아라비아껌 등이 사용된다.

Pineapple 유화향료를 예로 들면 Pineapple base 5.0과 Lemone oil 1.0을 혼합하고 아라비아껌 20% 수용액을 Homomixer로 Mixing하면서 위의 혼합액을 소량씩 첨가하면서 유화시킨다. 이 공정을 예비유화하고 다음으로 고압 Homonizer를 통과시키면서 입자를 1~2u가 되게 균일화시킨다. 이렇게 한 것을 제품으로 만든다.

4) 분말향료 제조방법

가) 고형향료의 분쇄방법에 의한 제조방법

예를 들면

☞ Vanilla Powder

1. Vanillin   10
2. Ethyl Vanillin   10
3. 유당   80

위 혼합물을 분쇄기로 분쇄 혼합하고 체를 통해 분말을 조정해서 제품화한다.

나) 분무 건조 방식에 의한 것

☞ Orange Powder

1. Orange Oil   10
2. 20% 아라비아껌 용액   450

이것을 유화향료의 경우와 같이 유화액으로 하고 Spray dryer를 사용하여 분무건조하면 오렌지유가 아라비아껌에 의해 피복된 형태의 구상의 분말향료가 얻어진다.

4. 식품과 Flavor의 이용

앞에서 식품향료의 종류 및 제법 등을 언급하였는데 이 절에서는 식품의 종류와 식품향료에 관해 논해 보기로 한다.

가. 탄산음료

1) 사이다 : 본래 사이다 하면 발포성 사과주이지만 우리가 알고 있는 사이다는 감귤계 특히 라임계의 향을 사용한 탄산음료의 일반적 명칭으로 대부분 알려져 있다.

제5장 향료의 이용

맑고 투명한 외관을 위해 향은 에센스가 이용된다. 현재 시중에 시판되는 것은 여러가지 있으나 크게 나누어 Lemon 타입, Citron 타입, 샴페인 타입 등으로 나눌 수 있다. 레몬타입은 레몬 에센스를 주로 하고 라임 에센스, 오렌지 에센스를 소량 배합해서 만든 제품을 말한다. Citron 타입은 기본적으로 레몬이지만 레몬, 오렌지 에센스의 혼합된 것을 사용하는데 혼합비는 제조회사에 따라 달라질 수 있다. 샴페인 타입은 레몬, 오렌지를 기본으로 사과, 바나나 외에 과일계 에센스로 변형시킨 것으로 사이다용 향료로 예로부터 친숙한 것이다.

2) 레몬, 라임 타입 : 레몬타입의 사이다에서는 라임을 Accent로 소량씩 사용하지만 레몬, 라임 타입은 레몬과 같은 정도로 사용된다. 독특한 청량감이 풍부한 제품이다.

3) Grapefruits 타입 : 이 음료는 Grapefruits 특유의 쓴맛이 있는 제품이다.

4) Fruits 소다 : 그 외 과일계 향료를 부향한 탄산음료 또는 Orange, 포도, 사과, 딸기, 참외 등 수많은 종류가 있다. 언제나 천연의 맛을 강조하기 때문에 산미제로는 과일의 종류에 맞는 것들이 배합되고, 경우에 따라서는 유화향료가 사용되기도 한다.

5) Cola : Cola nuts의 Extract를 사용한 탄산음료이며 Cola Extract에는 전혀 향기가 없기 때문에 향료로는 라임, 레몬, Nutmeg, 계피, Ginger 등 감귤계, 스파이스계의 정유와, Oleoresin을 원료로하는 Cola Essence가 사용된다.

나. 과즙음료

1) 과일 Flavor 음료 : 무과즙 또는 극소량밖에 과즙이 포함되지 않은 음료, Orange를 비롯, 파인애플, 포도, 딸기 등 많은 종류가 있다. Essence나 유화향료가 이용된다.

2) 과즙함유 청량음료 : 10%이상 천연과즙을 함유한 청량음료로

Orange, 파인애플, 사과, 포도 등의 향료가 과즙과 함께 사용된다.

　3) 과즙음료 : 과즙 50% 이상을 함유하는 고급품 과즙이 가지고 있는 천연향의 보강을 위해 약간의 Essence류가 이용된다.

　4) 천연과즙 : 천연과즙 그대로 향료는 인공적인 것을 일체 사용하지 않고 경우에 따라 정유, Distilate 등이 약간 첨가될 뿐이다.

　5) 넥타 : 과육을 함유한 음료로 복숭아, 오렌지, 토마토가 잘 알려져 있고 과즙음료에 없는 촉감과 충만감이 있다.

　6) 농후시럽 : 향료와 산미료로 향과 맛을 낸 것으로부터 과즙을 풍부하게 함유한 것까지 여러가지가 있다. 오렌지, 파인애플, 딸기, 메론, 사과 등이 있으나 최근에는 여러가지 과일을 혼합한 Fruits계열도 인기를 끌고 있다. 수배로 희석해서 음용한다.

　다. 유음료

　우유의 영양과 음료로서의 기초성을 갖는 우유음료와 발효유에 사탕 향료, 안정제 등을 가해서 만드는 발효유 음료가 있는데 우유음료에는 커피, 오렌지, 파인애플, 딸기, 코코아 등의 에센스가 사용되며 발효유 음료에는 칼피스로 대표되는 농후타입과 야쿠르트와 같은 스트레트 타입의 생균음료가 있다. 농후타입에는 레몬, 오렌지 등의 에센스가 사용되며 스트레트 타입에는 바닐라, 딸기, 포도, 레몬, 오렌지 등이 사용된다.

　라. 과자류

　1) 캬라멜 : 사탕, 연유, 버터 등을 끓여 냉각 후 성형시켜 만든다. 대표적인 것은 밀크캬라멜로 마닐라, 밀크, 레몬 등의 향료가 혼합 사용되지만 기타 쵸코렛, 커피, 너츠과일계의 향료도 사용된다.

　2) 하드캔디(Drop) : 이것은 사탕과 물엿을 끓여서 향료, 산, 식용색소 등을 가해 냉각 성형한 것으로 사용되는 향료는 과일계가 많은데 커

제5장 향료의 이용

피, 쵸코렛, 박하 등도 사용된다. 최근에는 건강식품의 기호가 점차 중가됨에 따라 Herb계통의 향료도 많이 사용된다.

3) 쵸코렛 : 최근 많이 보급된 제품으로 쎈터필링 제품을 비롯 여러가지의 형태의 제품을 볼 수 있다. 바닐라, 밀크, 버터 등의 천연타입 향료와 레몬, 오렌지, 딸기, 파인애플 등의 향료를 사용하여 변화를 주기도 한다. 센터필링 제품의 경우 센터용으로는 누가, 젤리, 크림 등이 사용되며 과일, 넛츠, 양주계의 향료가 사용되며 과즙, 과육, 넛츠 등의 천연물이 사용되기도 한다.

4) 츄잉껌 : 여러가지의 껌이 있으나 최근에는 판껌을 중심으로 Peppermint, Spearmint, Juicyfruits, 커피 등 한정된 제품에 이르고 있으나 쟈스민 등의 꽃향기껌 등도 등장하고 있다. 향료로서는 입안의 지속성이 요구되기 때문에 주로 오일을 사용하는데 Top note를 좋게하기 위해 분말향이 일부 병용된다. 부향율은 1% 내외이다.

5) 건과자 : 비스켓, 쿠키에는 우유, 버터, 초콜릿, 스파이스, 바닐라, 달걀 등의 향료가 많이 사용된다. 제조시 200℃ 전후로 가열되기 때문에 내열성이 좋은 향료를 요구한다. 스낵후드에는 치즈, 새우, 바베큐, 장유, 스파이스 등의 조미향료가 쓰이는 경우가 많다.

6) 생과자 : 다른 과자류와는 다르게 향료의 사용량이 그리 많지 않다. 바닐라, 밀크, 크림, 레몬, 라임, 스파이스, 양주타입의 향료가 이용된다.

마. 냉과

제품의 종류는 많으나 식품위생법으로 규정되어 있는 유고형분, 유지방분의 함유율에 따라 다음과 같이 분류된다.

1) 아이스크림 : 유지방분 6% 이상 무지유고형분 10% 이상의 규격에 맞는 제품으로서 향료로는 Extract, Oleoresin을 주체로한 바닐라 에센스가 주류이고 딸기, 쵸코렛 등도 사용된다.

2) 아이스밀크 : 유지방분 2% 이상 무지고형분 5%이상의 규격으로 향료는 주로 딸기 쵸코렛이 많은데 레몬, 오렌지 등이 액센트로 사용된다. 넛츠, 과육, 쨈 등을 배합한 제품도 있다.

3) 샤베트 : 무지고형분 2% 이상으로 냉과 중에는 제일 다양한 맛을 내고있다. 바닐라, 딸기, 쵸코렛을 필두로 과일계 이외에 커피, 팥, 밤 등의 향료를 사용한다.

4) 비유지방 아이스크림 : 조지방 5% 이상, 무지유고형분 5% 이상의 규격으로 아이스밀크를 기준한다.

5) 빙과 : 아이스크림류에 속하지 않는 냉과류를 말하며 아이스캔디 샤베트 등이 있다. 아이스캔디에는 밀크, 요구르트, 사이다, 팥 등의 에센스가 많이 사용되고 샤베트에는 복숭아, 메론, 오렌지가 많다.

5. 담배 Flavor

가. 담배의 맛

담배잎에는 니코틴으로 대표되는 알카로이드류를 비롯하여 일반 식물과 같이 세루로즈, 전분, 단백질, 당류, 아미노산류, 유기산류, 무기질 등이 포함되어 있고 담배잎이 가지고 있는 특유한 향인 정유와 수지류가 포함되어 있다. 인간이 담배 맛을 볼 때 Snuff Tobacco(피우는 담배), Chewing Tobacco(씹는 담배)등으로 형태의 분류를 하는 경우도 있으나 대개는 불을 사용해서 피우는 것을 말한다.

담배가 연소할 때의 온도는 담배를 빠는 정도에 따라 다르겠으나 대개 700~900℃로 연소되는 부분은 강한 산화작용에 의해 각종의 성분이 열분해가 일어나고 이 부분에 연결된 부분은 열기에 의해 강한 가열반응을 수반하면서 건류나 증류와 유사한 현상이 일어나고 성분들이 분해, 합성, 휘발 등으로 변하게 된다.

담배 연기는 직접 입안에 들어오는 부분(Main Stream)과 연소되는

제5장 향료의 이용

부분으로 부터 피어 오르는 부분(Side Stream)으로 분류할 수 있는데 이 연기를 성분적으로 대별하면 가스상과 입자상으로 분류되며 이 입자상은 粗타르분으로도 분리워지며 소위 담배진의 기원으로 가스상 중에 약간 포함되어 있는 유기 가스질과 함께 담배의 맛과 향기를 형성하는 것으로 알려져 있다. 담배 연기의 성분은 원료 잎담배의 성분과는 반드시 상관성을 가진 것만은 아니고 상당히 복잡한 과정을 통해 발생하기 때문에 연기 성분 중에는 방향성이 극히 강한 물질도 있는가하면 불쾌취를 가진 물질도 있어 단맛, 신맛, 쓴맛, 매운맛, 떫은맛 등을 나타내는 것이나 혀나 목구멍을 강하게 자극하는 물질도 포함되어 있다. 또 다량으로 함유된 무미 무취의 것이 있는가하면 미량으로도 큰 영향을 주는 물질들이 있어 미묘한 Balance에 의해 형성된다.

니코틴은 끽연에 의한 생리적 만족감을 얻게하기 위해 중요한 물질로 담배를 피울 때의 자극에 관계하고 당, 아미노산, 유기산 등의 물질은 끽연할 때의 향기를 매듭짓는 데 영향을 준다.

정유류나 수지류는 향기를 좌우하는 물질이지만 이와반대로 세루로즈나 전분, 단백질, 휘발성염기, Phenol류 등은 구강이나 비공에 대한 자극의 강약에 관계하는 성분이라고 생각되어 진다.

담배의 향기는 이상과 같이 화학적 요인 뿐만아니고 담배잎을 얼마나 잘게 썰었느냐, 또 권련의 두께, 크기, 경도, 수분함량 등의 물리적 성질에 의해 서로 크게 영향을 받는다. 또 담배를 피울 때의 환경이나 정신적 생리적인 조건에 의해서도 꽤 다르다는 것을 종종 경험하고 있는 것도 사실이다.

나. 엽의 종류

담배는 성질이 다른 종류의 잎을 여러 종류 배합해서 만드는 것이 보통인데 그 종류에는 황색종, Burley종, 오리엔트종, 엽권엽 등이 있는데 그 각각의 특징을 잘 조화시켜 배합하는 것이 노하우로 되어 있다.

1) 황색종

주로 미국의 버지니아주에서 많이 나기 때문에 버지니아종 이라고도 하는데 수확한 잎을 건조실에서 복사열에 의해 천천히 말려 잎에 있는 효소에 의해 황색으로 변하기 때문에 황색종이라고 한고 건조하는 방법을 "Flue cured"라고 부른다. 우리나라에서는 충북, 경북이 주산지로 약 60~70% 정도 재배된다.

2) Burley 종

황색종에 다음가는 중요한 원료의 하나로 수확한 잎을 화력에 의하지 않고 자연건조시켜 갈색의 잎으로 만드는데 이런 건조 방법을 "Air cured"라고 하며 우리나라에서는 충남 이남, 호남지방에서 생산되며 약 30% 정도 생산된다.

3) Orient 종

터키, 그리스, 유고, 불가리아 등의 지중해 연안에서 생산하는 종으로 자연 건조해서 얻어지는데 "Sun cured"라고 한다. 향이 강한 특징이 있고 니코틴 함량이 적다. 우리나라에서는 재배하고 있지 않고 수입에 의존하고 있다.

4) 기타

엽권엽은 담배잎을 자연 건조하는 동안 6개월간 발효한 것으로 큐바의 하바나엽, 필리핀의 마닐라엽, 브라질의 바어야엽, 인도네시아의 수마트라엽 등이 질이 좋은 것으로 알려져 있다.

다. 담배의 가향

담배 Flavor 소재의 개발이나 가향 기술은 중요한 노하우로 일반적으로 Casing과 Top dressing의 2 단계로 분리 행하여 진다.

제5장 향료의 이용

1) Casing

담배잎에 그리세린, 그리콜류, 솔비톨 등의 보습제를 가하고 적당한 습기를 주어 빨기 쉽게 하고 사탕이나 당류 등을 가하여 향미(香味)를 부드럽게 하며 잎이 연소할 때 자극이나 나쁜 냄새를 완화시키기 위해 감초추출물, 코코아, 과실추출물, 꿀 등과 같은 시럽류 등이 가해진다. 또 목의 자극을 억제하기 위해 pH를 조절 약산성으로 하는 것이 좋기 때문에 주석산, 구연산, 사과산 등이 사용된다. 이와 같은 여러가지 원료를 배합하는 것을 Casing이라고 하며 당분이 많은 버지니아종은 담백한 Casing 소스를 이용하고 자극성이 있는 Burley종은 과일 추출물이나 코코아 등을 많이 사용하는 짙은 Casing을 한다.

Casing 소스에 이용하는 Flavor에는 수용성으로 Cutting 하기 전에 가해 120℃ 전후의 오븐에서 Toasting 한다. 그리고 제품 설계에 따라 Cutting 한다.

2) Top dressing

Casing은 잎의 종류마다 행하여지는 것과는 반대로 Top dressing은 담배의 종류마다 행한다. 이때 사용하는 Flavor는 알코올에 녹는 것이 많고 식품향료에 사용하는 Essential oil, Oleoresin, Absolute, 합성향료 등이 사용된다.

담배 Flavor에 이용되는 향료는 제품 저장시 안전성과 끽연자의 건강에 안전한가가 중요하다.

담배 향의 예를 보면

예 1)

1. Jasmin absolute	2
2. Rose otto	5
3. Geranium oil, Algerian	9

4. Tuberose absolute	3
5. Lavender oil	8
6. Patcholi oil	2
7. Methyl phenyl acetate	1
8. Tonka absolute	5
9. Vanilla Tincture	100
10. Orris Tincture	800
	1000

예 2)

1. Coumarin	70
2. Rose otto	20
3. Clove oil	10
4. Lavender oil	80
5. Bergamot oil	40
6. Cascarilla oil	30
7. Sweet orange oil	100
8. Geranium oil	400
9. Isobutyl valerianate	50
10. Orris Tincture	100
11. Vanilla absolute	40
12. Tonka bean absolute	60
	1000

제6장 향료의 안전성

제1절 향료의 안전성 법규

1. 향료의 안전성

향료는 그 용도가 다양해서 거의 모든 상품에 이용되고 있다고 해도 지나치지 않다. 그러나 그 사용량이 제품과 비교해볼 때 얼마 안되는 것으로 생각되나 향료 자체의 조성이 매우 복잡해서 완전히 파악하기 어려워 최근에는 피부장애의 원인 물질로 받아들여지게 되었다.

그리고 향료의 안전성에 대해서는 이전부터 경험적으로는 대책이 강구되었지만 확실한 과학적 뒷받침이 되어 있지 않았다. 그렇지만 피부과학의 연구와 함께 각종 안전실험법의 개발 내지 개선이 되어서 향료 원료의 안전성의 파악이 용이하게 실행되게 되었고 향료산업의 발전을 지향해서 그 안전성에 관해서 활동하는 세계적인 조직도 설립되어 최근에는 이러한 노력들의 결과 상당한 수준의 안전성 실험을 할 수 있는 체제가 갖추어지게 되었다.

2. 향료의 법규 현황

가. 향장품 향료

화장품 향료의 경우 현재 각국 모두 법적 규제는 행하고 있지 않고 업계 스스로 규제를 시행하고 있다. 1966년 RIFM(Research Institute for Fragrance Materials)가 미국에서 설립되어 각종 향료의 원료에 관한 안전성 실험을 실시해 오고 있다.

실험 항목은 급성 독성시험, 피부 1차 자극시험, 감작시험, 광독성시험 및 광감작시험, Patch Test, 90日간 경피독성시험, 역학적시험 등이 있다. 지금까지 주요 정유, 단품향료 1000 여종 이상의 시험이 완료되었고 그 결과는 공표되었다.

유럽에서는 IFRA(International Fragrance Association)가 설립되어 RIFM및 각 연구 기관의 실험결과를 기초로 해서 사용금지품목, 사용제한품목을 정해 사용규제를 권고하고 있으며 우리나라에서는 약사법에 의거 화장품 원료 기준이라고 하는 공정서가 있어 이 공정서에 합성향료 수십 종만 기재되어 소정의 품질을 가진 것을 사용하도록 의무화하고 있을 뿐이다.

나. 식품 향료

요즈음 음료, 조미료, 각종 가공식품에 많은 식품향료가 이용되어 Flavor를 풍부하게 하고 있다. 이러한 식품향료의 성분은 경구적으로 체내에 섭취되기 때문에 식품위생상의 입장에서 각국은 모두 규제를 행하고 있다. 여기서 식품첨가물로 사용이 인정되는 식품향료의 법적인 정의에 대해 알아본다. 식량농업기구인 FAO(Food and Agriculture Organization)와 세계 보건기구인 WHO(World Health Organization)의 합동규격 계획에서는 식용 Flavor의 정의를 다음과 같이 하고 있다. '유해성을 나타내는 사실이 알려지고 있는 것 이외의 천연향료 및 그와 동일의 합성품, 또 식품규격위원회에 의해 사용이 인정되는 합성향료'로 하고 '식품의 위험성 및 조잡성을 감추어서 제품의 실제가치 보다도 높게 보이도록 소비자를 기만하고 오해시키지 않고 가공 중에 잃는 천연의 향기를 되찾을 목적 또는 식품의 표준향기를 만들 목적으로 그 사용이 인정되는 것. 즉, 유해성이 명확한 것 이외의 천연향료, 그것과 동일한 합성품, 식품규격위원회가 사용을 인정한 합성향료로 착향에 의해 제품의 가치를 실제 이상으로 높게 보이거나 제품의 조잡함, 결점을 감추기 위한 목적에 사용하지 않고 식품이 가진 자연의 향기를 줄 목적으로 사용하는 향료가 법적 규제에 있어 식품향료(Flavor)의 정의로 말하게 되었다.

세계의 주요국에서는 식품향료에 대해서 엄히 규제를 행하고 있지만 규제방식은 다음의 3종으로 대별된다.

1) Positive list system
사용허가품목을 기재하고 그 이외의 것은 사용을 금지하는 방식
2) Negative list system
사용금지품목을 기재하고 그 이외의 물질의 사용은 자유화하는 방식
3) Mixed system
Positive list 방식과 Negative list 방식의 병용에 의해 규제를 행하는 방식

우리나라에서는 착향료에 대한 식품위생법으로 규제하고 있는데 이 법규는 기본적으로는 Positive list방식으로 약 71개의 단품화학물질과 18개류가 사용이 허용되어 있다. 천연이건 합성이건 여기에 열거되어 있지 않은 물질은 원칙적으로 사용할 수 없다. 다만, 여기에 포함되어 있지 않은 물질에 대해서는 만일 그 물질이 천연물질인 경우에는 자가규격에 의해 사용할 수 있는 길이 있으나 화학적 합성품일 경우에는 비록 그 물질이 natural identical이라 하더라도 이를 사용할 수가 없게 되어 있다.

이 법은 근본적으로 합성물질을 규제하기 위한 취지에서 입법화된 것으로 천연물에 대한 배려가 결여되어 있어서 이 법규에서는 천연에서 유래된 물질과 합성한 물질과의 법적 구분이 명시되어 있지 않아서 완전한 천연물에서 유래한 물질(예: L-Menthol)도 이를 천연물로 인정받을 수 있는 법적인 근거가 모호하다.

일본에서는 우리나라와 동일한 법체계를 유지하고 있으나 이는 화학적 합성품에 대한 규제일 뿐이고 천연물에 대해서는 전혀 규제를 가하지 않고 있다. 현재 각국이 점점 Mixed system으로 적용해 가는 추세

로 보아서 이점은 국제 경쟁력의 측면에서는 다소 불리한 제약을 받을 소지가 있다.

3. 향료관련 안전성에 관한 세계적 조직

가. 민간조직

1) RIFM(Research Institute for Fragrance Material)

1966년 미국에서 설립된 연구소로 향료물질의 안전성 재확인실험을 실시하는 기관으로 향료산업 및 소비자보호, 안전성확인을 위해 자주적으로 발족한 비영리기관이다. 주요업무는

  가) 향료소재의 과학적 DATA의 수집과 분석

  나) 표준 시험법, 평가법에 관한 정보의 배포

  다) 시험법 등에 관련해서 정부 기관과의 연계 및 표준시험법의 채용 장려

등이 있고 이러한 실험결과는 "Food and Chemical Toxicolory"에 "Mono graphs on Fragrance Raw Materials"로 공표된다. 현재까지 약 1300 여종의 향료소재를 시험하고 약 850여종을 Monograph에 발표하고 있다. 설립 초기에는 미국의 향료회사 뿐이었으나 현재는 세계 각국에서 63개 향료회사가 참가하고 있다.

2) IFRA(International Fragrance Association)

1973년 브루쉘에서 발족한 본 조직은 향료산업의 개발, 발전을 목적으로 다음의 3 항목을 수행한다.

  가) 방향원료에 대해, 특히 그러한 것들에 대한 생리학적 활동성에 대한 과학적 DATA의 연구조사

  나) 적용할 수 있는 법률이나 관련하는 규제의 수집

  다) 이러한 정보를 회원 및 이해관계 기관에 보급한다

본 조직에는 TAC(기술자문위원회) 및 JAC(합동자문위원회)가 있고 여기에서 심의된 방향원료는 자주규제규약의 "Code of Practice"로 권고 된다. 또, 안전성에 관한 최소한 실시하는 적당한 시험항목으로 다음과 같은 항목을 제안하고 있다.
① 급성 경구 독성실험
② 급성 경피 독성실험
③ 피부1차 자극성실험
④ 안점막 자극성실험
⑤ 피부 접촉 감작성실험
⑥ 광독성 및 광감작성실험
본 조직에 참가자격은 각국의 향료공업회의 입장에서만 참가할 수 있다. 따라서 우리나라는 참가하고 있지 않다.

3) IOFI(International Organization of the Flavor Industry)
1969년에 설립된 Flavor업계의 세계적 조직. IFRA와 같이 그 나라를 대표하는 Flavor단체의 신분으로 가맹할 수 있고 개개의 회사는 가맹할 수 없다. 현재 21개국이 참가하고 있고 목적 달성을 위한 활동으로 다음과 같은 사항을 수행한다.
가) 향료물질의 과학적 DATA의 연구
나) Flavor 법규의 수집과 연구
다) IOFI 가맹국과 국제기관과의 상기 2 항목에 대한 정보의 전달
IFRA와 같이 Flavor 판 "Code of Practice"를 발표하고 있다.

4) FEMA(Flavor and Extract Manufacturers' Association of the United States)
미국의 Flavor 공업협회. 1965년 이래 미국의 식품, 의약품, 화장품법의 GRAS(Generally recognized as safe)의 해석에 기초가 되어왔다.

FEMA가 GRAS로 생각되는 FEMA-GRAS 리스트를 발표하고 있다. 현재 천연향료 약 370여종과 합성향료 약 1370종이 발표되었다.

나. 국제기관 및 국가연맹
1) FAO(국제식량농업기구)/WHO(세계보건기구) 합동 식품규격위원회

1962년에 FAO와 WHO에 의해 설립. 그 목적은 세계공통의 식품규격을 작성하고 그 취급 등의 원칙을 확립하고 국제적인 식품의 유통을 공정한 것으로 해서 소비자의 건강 보호를 도모함을 목적으로 한다. 1990연말까지 137개국이 참가하고 있다. 이 위원회의 하부조직으로 식품첨가물부회(CCFA : Codex Commitee on Food Additive)가 있고 Flavor물질의 평가의 우선순위의 검토, 천연향료규약 등의 결정을 행하고 있다.

2) Council of Europe (CE)

유럽 전역과 터키, 사이프러스, 말타 등의 21개국으로된 국제기관으로 1949년에 설립되고 참가국의 경제적, 사회적 진보를 촉진하는 것을 목적으로 하고 있다. Flavor 물질의 평가를 행하고 그 결과를 CE 리스트로 발행하고 있다. 1994년에 최신 Ⅳ 판이 발행되었다.

이 리스트에는 천연향료에 대해서는 N1-N4 로 구분하고 N1-N3는 사용을 인정하고 있다. N1은 식품성분, N2는 스파이스, N3은 어떤 음료와 식품에 사용하는 스파이스, 허브이고 N4는 정보부족으로 N1-N3에 구별지울 수 없는 것으로 구분하고 있다.

합성향료는 사용해서 문제없는 것 약 757종, 사용해서 문제없다고 잠정적으로 인정된 것 272종으로 분류하고 있다. 이 리스트는 권고사항이지 법조항에는 명시되어 있지 않다.

3) European Union(EU)

현재 12개국이 가맹해서 식품첨가물의 통일을 목표로 하고 있다. 이전에는 EC로 불려졌지만 1993년 11월부터 EU로 되었다. 가맹국 전원이 찬성한다고 하는 지령이 나왔다. 이것이 나오면 가맹국은 자국의 법률을 변경해서 지령에 따르지 않으면 안된다. 식품첨가물에도 똑같은 수속이 되고 있지만 Flavor에 대해서는 가맹국간에 법체계가 달라 의견 일치가 보이지 않고 오랫동안 지령이 나오지 않았으나 1988년에 요약 Flavor지령이 채택되었다. EU에서는 Mixed 방식이 채용되고 있다.

제2절 향료의 품질관리 및 시험법

1. 향료의 품질관리

향료산업에서 품질관리는 다음과 같은 4가지 기능을 수행하는 것을 말한다.
- 입고되는 원료(향료원료)의 잘못을 확인하는 것
- 저장하는 동안에 품질저하가 일어나지 않는가를 확인하는 것
- 입고되는 원료의 품질을 조사하는 것
- 조향된 향료가 먼저 만든 것과 같게 하거나 소비자에게 수락되도록 책임지고 조사하는 것을 말한다.

가. 원료의 품질관리

최종 조합된 향료가 일정한 품질 수준을 가져야 한다면 모든 입고 원료가 먼저 구입된 원료와 같은 품질을 가져야 할 것이다. 그러므로 모든 원료는 2-4℃ 냉장고에 저장된 표준원료의 품질과 비교, 검토되어야 한다. 새로운 원료가 인도되면 견본이 채취되고 조향사에 의해 표준품과 비교된다. 물론, 견본은 분석실에 보내져서 비중, 굴절률 및 IR-Spectroscopy, GC 등에 의해서도 비교, 검토된다. 표준 Sample은 6개월에 1번씩은 교환해야하며 강도가 강한 원료는 냄새 없는 용매(예: P.G.)에 희석시켜 비교 시험하는 것도 한 방법이다. 물에 용해되는 원료는 물에 용해 몇 방울 떨어뜨려 평가할 수도 있다. 불순물이 있다면 물표면에 불순물이 떠서 냄새를 맡을 수 있을 것이다.

나. 원료의 섞음질

향료성분들의 섞음질이 거리낌없이 중간 상인에 의해 행해지고 있어

품질관리를 하는 사람들에 의해 점검되어야 한다. 섞음질은 다음과 같은 경우에 행해진다.

1) 천연오일에 합성물질을 부가하는 경우 :

부가되는 합성물은 보통 그 오일에 존재하는 물질이다. 예를 들면 Cinnamic aldehyde를 Cinnamon오일에 부가하는 경우를 들 수 있다. 이 때 천연에는 8 %의 Cinnamic aldehyde가 이미 포함되어있다. 이럴 경우 GC를 이용 표준품과 비교함으로써 감지할 수 있다.

2) 인위적으로 만든 essential 오일을 천연정유에 섞는 경우 :

이런 형태의 섞음질은 분석적으로 검출하기가 어렵고 단지 냄새로만 검출해낼 수 있다.

3) Terpeneless 오일 생산과정에서 발생하는 섞음질 :

이 경우는 테르펜이 오일로부터 제거될 때 오일의 부족분을 채우기 위해 그 제거된 테르펜을 두 번째 batch에 부가시킬 수 있다. 이러한 형태의 섞음질은 GC에 의해서만 감지할 수 있다. 일반적으로 GC와 Optical Rotation에 의해 섞음질을 감지할 수 있다.

다. 조합향 품질관리

조합된 향료는 처방이 매우 복잡하기 때문에 화학적인 분석은 사용하지 않는다. 이런 경우 주요 품질관리는 조향사에 의한 냄새평가이다. 고객이 사고 있는 것은 냄새의 질이라는 것과 구매규격에는 언제나 이 매개변수(냄새)가 지정될 것이라는 것을 기억하는 것이 매우 중요하다. 즉, 냄새는 그만큼 중요한 것이다. 이때는 항시 2-4℃ 냉장고에 보관되어 있는 표준품과 비교한다. 다음으로 외관과 GC를 통해 표준품과 비교할 수 있다. 그러나 식품향료의 경우는 여기에 맛의 평가도 함께 하여야한다.

2. 향료의 시험법

향료의 시험법은 앞에서 언급한 향료의 품질관리를 위해서 꼭 필요한 사항이다. 물론 경우에 따라서 그 시험하는 항목이 다르나 향료시험에 필요한 항목을 열거해보면 다음과 같다.

가. 확인 : 모든 향료의 명칭과 내용물이 일치되는가를 확인하여야 한다.

나. 외관 : 액상이냐 고상이냐, 색깔이 있느냐 없느냐, 이물질이 있느냐 없느냐, 등의 외적인 상태를 확인하여야 한다.

다. 냄새 및 맛 평가 : 향료의 평가중 가장 중요한 항목으로 시험하는 일반적 방법은 유향물질 그대로, 또는 이의 알코올 용액을 직접 또는 손등에 뿌려 냄새를 맡거나 Blotter paper라고 하는 냄새맡는 종이에 묻혀서 알코올을 증발시키면서 전후 냄새변화를 맡으면서 비교하는 방법을 취한다. 많은 성분이 혼합된 경우에도 성분들의 휘발성 차에 의해 시간의 경과와 더불어 냄새의 변화가 생기므로 그 차이를 냄새로 구별해낼 수 있다.

식품향료에는 입안에 있는 향미를 시험하는 경우도 행해진다. 이것은 희석시험이라고 칭하고, 물 또는 시럽에 일정량을 첨가해서 행한다. 대상식품에 실제로 첨가하고 시험해서 최종판정을 내리는 부향시험도 행해진다. 식품향료는 첨가되는 식품의 기재에 의해 flavor의 효과가 현저히 다르기 때문에 부향시험도 상당히 중요한 시험수단이다. 객관성이 높은 결과를 얻기 위해 Panel원의 선정과 DATA의 통계적 처리가 중요하다. 실제로 2점 비교법, 3점 비교법, 순위법 등이 이용되고 있다.

라. 융점 : 결정성 고체물질인 경우에 순수한 물질의 녹는점은 일정하다는 원리를 이용 표준품과 비교할 수 있다. 그러나 Resinoids는 공급처에 따라 점도가 다르다는 것을 알아야 한다.

마. 용해도 : 테르펜이나 어떤 레진은 정유의 섞음질에 사용되는데 이런 것들은 희석된 알코올에는 용해도가 좋지 않다. 따라서 제품에서 현탁된다든지 침전을 유발시킬 수가 있다.

바. 비중 : 매우 중요하며 거의 모든 물질에 이용되는 사항이다. 일정 온도에서 같은 용량의 물의 무게와 주어진 물질의 무게의 비로 나타내며 그 범위가 좁고 그 범위를 벗어났을 경우 다른 물질이 섞였을 가능성이 있다.

사. 굴절률 : 빛의 후사각의 사인함수(sine값)와 어떤 물질을 통과한 빛의 굴절각의 사인함수와의 비를 굴절률이라고 한다. 이를 위해 Abbe refractometer가 이용되는데 사용하기 쉽고 믿을 만하며 정확성이 있어 많이 이용된다.

아. 선광도 : 편광의 평면을 선회시키는 물질의 힘을 말하며 보통 Lippich polarimeter를 사용한다. 순수하고 광학 활성화합물의 선광도는 일정조건에서는 같다는 원리를 이용 순도를 시험하는데 이용된다.

자. 비점 : 주로 합성화합물이나 Isolate 등의 물질관리에 이용된다.

차. 증발잔분 : 정유는 대체적으로 100℃에서는 휘발하지 않기 때문에 특히 압착법에 의한 Citrus oil 등의 섞음질이나 변질을 확인하는데 가치가 있다.

카. 화학적 시험 : 산가, 검화가, Ester가, 알코올류 및 총 알코올 함량, 페놀류 함량, 알데히드 및 케톤류 함량, 할로겐 함량 등의 측정이 행해지고 최근에는 중금속 등의 시험도 요구되고 있다.

타. 기기 분석 :

1) Gas Chromatography : 휘발성 물질을 고분자 액체(고정상액상)와 gas(carrier gas)사이의 분배를 이용해서 분리, 검출기로 chromatogram을 얻는 것이다. 보유 시간은 그때그때의 화합물 고유의

시간이 있어 온도, 액상의 종류, column의 길이에 의해 여러가지로 변하지만 일정조건하에서는 일정치를 표시하기 때문에 보유시간(retention time)을 화합물의 동정에 이용할 수 있다. 향료는 휘발성이 높은 화합물의 집합체이므로 G.C.가 분석수단으로서는 최적이고 향료분석의 발달과 G.C.의 발달은 극히 밀접한 관계에 있다해도 과언이 아니다. G.C.에 있어서 온도, Carrier gas 유량제어가 제일 중요한 점이지만 최근에는 이의 재현성도 대폭 상승해서 보유시간, peak강도에 관한 DATA의 신뢰도를 높이고 있다. 최근에는 시료의 주입부터 DATA의 처리까지 완전히 자동화한 제품도 있고 24시간 가동도 가능하다. 기기의 고성능화에 따라 충진 column뿐만 아니라 WCOT, SCOT, PLOT 등의 고성능 column이 보통 이용되게 되었다. 충진 column의 경우 저분리능을 보완하기 위해 극성, 비극성 2종류의 column으로 비교 분석하지만 고성능 column으로는 그럴 필요가 적어진다.

검출기로는 일반적으로 열전도도검출계(TCD), 불꽃이온화검출기(FID)를 이용하지만 역치가 낮고 저함유량의 함유황화합물, 함질소화합물을 원유 중에서 기타성분의 방해 없이 직접 검출한다는 것은 불가능하다. 이런 특수화합물을 분석할 경우는 이러한 것을 특이적으로 검출하는 불꽃광도검출기(FPD), 열이온화검출기(FTD)를 이용한다.

TCD, FID, FPD, FTD의 검출한계는 각각 100, 0.1, 0.01, 0.01 ng (nanogram)이다.

그 외로 향료해석의 특수한 G.C.이용법으로 관능 GC가 있다. 이것은 향기성분을 GC로 분리하고 TCD 또는 FID로 크로마토그램을 그리면서 그때그때의 성분을 인간의 코로 맡는 기기로 향료에 익숙한 사람이 있으면 그 냄새로부터 화합물이 무엇인가를 맞추는 것이 가능하다. 그것을 할 수 없어도 향기성분으로해서 중요 가부의 판단은 알려지므로 향료해석에 없어서는 안되는 수단으로 되어있다.

2) GC - MS (Gas Chromatography - Mass spectroscopy) :

질량분석기를 단독으로 사용하는 것보다 GC와 고분리능 Capillary column을 사용하여 이 분야에 있어서 이용가치를 높였다. 현재 시장에 나오고 있는 질량분석기에는 크게 3가지 유형이 있다. 첫째 고감도 고분해능(분해능 M/Z=10,000-20,000)을 목적으로 전기장과 자기장에서 Ion을 분리하는 Double Focusing Mass Analyser, 둘째 옆장치에서 전기장을 없애고 저분리능(M/Z=1,000-2,000)이지만 저렴화를 겨냥한 Single Focusing Mass Analyser, 셋째 분리능은 낮지만(약 M/Z=500) 기구의 단순화, 소형화로 조작이 간편하고 낮은 가격으로 DATA의 컴퓨터처리에 중점을 두게 할 수 있게 한 4중극형(Quadrupole Mass Analyser)이 있다.

일반적으로 질량분석기는 고진공하에서 시료를 기화한 다음 전자충격에 의해 Ion화하고 이 Ion은 고전압으로 가속시켜 분석관(전기장, 자기장 또는 4중극자)에서 분리하는 동안 전자증배관에서 검출된다.

이 이온화법을 전자충격 Ion화(EI)라고 하지만, 이 방식에서는 알코올, Ester, Lactone류 등과 같이 분자, 이온을 나타내지 않는 것이 많아 미지 화합물의 분석에 불편을 초래한다. 그 해결책으로 화학이온화(CI), 전리이온화(FI)가 이용되고 있다.

화학이온화는 Methane, Isobutane, Ammonia 등의 반응 gas를 전자충격으로 Ion화하고 여기에 시료 gas를 혼합시키고 반응 gas의 전하를 시료에 전달하는 것으로 전자충격법에 비해 온화한 조건으로 분해되어 분자 Ion의 출현가능성이 높다. 그러나 이 방법으로도 분자 Ion을 나타내지 않는 Ester가 있고 분자 Ion에 반응 gas 분자가 부가된 유사분자 Ion(QM)을 나타내기도 한다. 또 반응 농도에 의해서는 반응 gas 분자를 사이에 끼워서 그 분자가 결합한 Ion을 나타내기도 하는 경우도 있다. 한편 전리이온화는 시료에 고전압을 걸어서 이온화하는 방법으로 깨지기 쉬운 불안정분자를 위한 Ion화 법이지만 Ion화율이 낮고 GC

제6장 향료의 안전성

-MS의 Ion으로해서는 아직은 부족하다.

어느 쪽의 Ion화법도 아직은 불완전해서 검토의 여지가 남아있다. 만일 이러한 문제점을 해결했다고 치더라도 CI, FI법은 전자충격 Ion화법에 의해 얻어지는 분자구조에 관한 풍부한 정보는 지니고 있지 않으므로 어디까지나 분자 Ion을 조사하는 정도라는 보조적인 용도에 한정될 것 같다. 그렇지만 질량분석기의 검출한계는 0.1 - 1ng으로 GC의 불꽃 Ion화검출기(FID)의 감도에 필적한다. Gas chromatogram상에 나타나는 전 peak로부터 Mass spectrum이 얻어지므로 향료의 성분으로 생각되는 화합물의 Mass Data가 많이 준비되어 있으면 측정한 향료성분의 분해형식과 Gas chromatograph에서의 보유시간과의 조합으로 이미 알려진 화합물의 동정이 쉽게 이루어진다.

3) HPLC (고속액체 Chromatography) :

원리는 종래의 column chromatography와 동일하지만 고분리능 충진제와 고압pump에 의해 신속한 분석이 가능하다. 이 기기의 가장 중요한 point는 항상 일정한 유속을 얻는 것으로서 현재 시판중인 것들은 각 회사별로 장단점이 있다. 그리고 분취에 이용하는 경우는 용출액을 분취 후 용매농축이 필요하므로 향료분석의 모든 분야에 적합하다고는 말할 수 없다.

검출기로는 자외분광광도계, 형광광도계, 시차굴절계가 있고 자외검출기와 형광검출기는 시료에 대한 선택성이 매우 높고, 자외흡수가 강한 화합물이나 형광을 발하는 물질을 고감도로 특이적으로 검출이 가능하다. 그러나 GC에서 FID나 TCD에 해당하는 보편적 검출기로서 시차굴절계는 감도가 낮아 HPLC의 향료 해석에 있어서 범용성을 낮추고 있다. 또 이동상용매의 규격화가 뒤떨어지고 있다는 점도 이 기기의 일반성을 낮추는 한 요인이다. 분석조건 규격화시 용매의 선택은 특히 주의하지 않으면 안되는 점이다. 향료관련 분야에서 이미 실용화되고 있는 것은 GC분석이 곤란한 지방산, Amino산, 당 등의 분석의 경우이다.

4) 적외선 분광 광도계 (IR : Infrared Spectrophotometer)
 IR은 정유 등의 규격화를 위해 혼합물 그대로의 Spectrum을 측정하는 경우도 있지만 주요 사용목적은 분리정제한 향기성분의 관능기 결정에 있다. 향료 성분은 액상의 것이 많고 측정은 액막의 용액으로 행한다. 고체시료는 KBr정제로 측정한다. 최근 장치의 안정화와 고감도화가 진행되어 통상 1 mg정도의 시료로 Spectrum이 얻어지고 Microcell, 집광기를 이용하면 더욱 감도를 올릴 수 있다. 이상의 감도가 필요한 경우는 초감도 장치로 FT/IR이라는 기기가 있고 ng(nanogram)의 시료로도 spectrum을 얻을 수 있다. 이것과 GC를 연결하면 GC-FT/IR로 되고 GC-MS와 같이 GC로부터 용출되는 순으로 IR Spectrum을 얻을 수 있다. 그러나 얻은 정보량에 비해 고가이기 때문에 보급은 많은 편은 아니다.

5) NMR (핵자기 공명장치:Nuclear Magnetic Resonance Spectrophotometer)
 수소핵자기공명(PMR)은 유기 화합물 중에 최고로 많이 존재하는 수소핵의 환경, 공간적인 상호관계에 대한 정보를 준다. 통상 측정으로 얻는 Chemical shift, coupling 정수로부터 수소핵이 놓여진 상태를 알 수 있으며, 나아가 이것을 자세히 조사하는 방법으로 2중 공명 shift시약에 의한 공명범위의 확대 등이 있다. 탄소 핵자기 공명은 천연탄소 중에 약 1% 함유되고 있는 $_{13}C$의 공명을 측정하고 유기화합물의 탄소골격에 관한 정보를 얻는 기기이다. 이러한 핵자기 공명은 유기화합물의 구조를 결정하는 아주 중요한 정보를 주는 기기이다. 종래의 기기는 감도가 낮고, PMR로 수 mg, CMR로 100 mg이상의 양을 필요로하고 시료의 분리에 많은 노력을 필요로 한다. 그러나 여기도 FT/NMR의 사용으로 대폭 개선되었다. 예를 들면 1시간의 누적계산에 의한 PMR 10 g, CMR 수 mg정도의 시료로 spectrum을 얻을 수 있게되었다. 다만 일반적으로 유기화합물은 희석용액 중에서 불안정하고 또 용매중의 물이나 불순물로부터 peak 의 방해를 받기 쉬워서 FT/NMR에 의한 미량 시료의 측정에는 내경이 적은 측정관을 이용한다. 최소의 것은 내경 1 ㎜, 용량 20 ℓ 의 것이 있다.

부록

■ 향료 전문 용어

Accord
: 새로운 타입의 향을 만들어낼 때 혼합하는 여러가지의 단일 향료들의 배합된 구성을 말하며 2가지로부터 수백개에 달할 수 있다. 단순한 Accrd나 복잡한 Accord는 향료 조합을 위한 뼈대로서 이용되며, 이럴 겨우 Accord란 말을 많이 사용한다.

Agrumes
: 감귤류를 나타내는 불어로서 Bergamot, Lemon, Lime, Mandarin, Orange 등의 과일을 말하며 Agrumen Oils, Agrumen Aldehyde 등의 어휘는 Agrumes로 부터 왔다.

Aldehydic
: 이말은 지방족 Aldehyde(-CHO기를 가지고 있는 물질)를 사용해서 얻어진 향기의 특징을 가진 말로서 유지나 지방과 같은 냄새를 가지고 있는데 종류에 따라서 다르지만 공통적으로 가지고 있는 부분이 지방냄새이다. 냄새가 매우 강하고 자극적이기 때문에 소량씩 사용하여야 한다. 매우 우아한 여성용 향료에 많이 사용된다.

Animalic
: 어의가 나타내듯이 동물성 향료에서 유래되었지만 식물로 부터 얻어진 향료를 표현할 때도 이 어휘을 사용한다. 동물의 냄새를 느끼게 하는 용어인데 짙으면 나쁜 냄새이나 희석하거나 조합할때 소량 사용하면 풍부하고 따뜻한 분위기를 준다.

Anosmia
: 후각 상실이라는 뜻인데 간혹 특정 냄새를 맡지 못하는 사람이 있으나 이 용어는 완전한 후각 상실을 의미하고 반면 일시적으로 냄새를 맡지 못하는 경우가 있는데 모든 사람이 일시적인 후각 상실증에 걸리고 다시 회복되곤 한다.

부록

Aromatic
: ① 향기로운, 방향성의
② 향취 타입 분류시 Sage, Thyme 등의 Herb냄새를 가지고 있는 향기를 말하는데 주로 남성용 향취에 많다.

Balsamic
: Balsam은 본문에서도 언급했듯이 나무 초목으로 부터 채취한 방향성수지인데 Balsamic 이라는 용어는 Balsam과 유사한 냄새로 달콤하며 부드럽고 따뜻한 느낌을 주는 향기이다. 주로 Oriental계의 향에 필수적이다. 여기에 속하는 향은 Olibanum, Labdanum, Patchouli 등이 여기에 속한다.

Bouquet
: 여러가지 꽃향기의 혼합을 의미 한다. 그러나 개개의 향기는 느끼지 않게 조화를 이루는 조합향, 이 향기는 Body Note의 가장 중요한 성분이다.

Camphoraceous
: 산뜻하며, 깨끗한 느낌을 주며 의약품적인 느낌을 주는 향기로 Lavadin 이나 Rosemary, Eucalyptus, 침엽수림에서 느껴지는 냄새로 주로 목욕제품에 많이 사용된다.

Chypre
: 이 용어는 Cyprus섬을 불어로 표현한 말인데 향료계에 사용된 것은 14세기에 있었던 향수 Oyselets De Chypre 또는 Chyre가 Labdanum, Styrax, Calamus 등으로 구성 되었을때 처음으로 사용하였다. 이것은 매우 유행되었고 그 후 18세기에 들어오면서 몇 차례 변화하여 Orange, Oakmoss, Jasmins, Benzoin, Styrax, Civet 등의 원료를 사용해서 만들어진 향취로 변화하게 된다.

Citrus
: Bergamot, Lemon, Lime, Mandarin, Orange 등과 같은 감귤류계

의 향기를 Citrus라고 하는데 매우 독특하고 Fruity계 중에서 없어서는 않될 중요한 향취계열이다. 향취는 달콤하면서 산뜻한 것이 특징이고 대부분 Top Note에 산뜻한 맛을 주기 위해 사용한다.

Coniferous
: 소나무, 전나무, 노간주나무 등과 같은 침엽수림의 잎에서 주는 느낌의 향기를 말하는데, 주로 목욕용 제품이나 남성용 향료를 조합할 때 많이 사용되는 계열이다.

Dry
: 나무, 이끼, 건초 등에서 느낄 수 있는 냄새를 표현할 때 Dry 하다고 한다. Heliotropine, Coumarin, Vanillin, Ethyl Vanillin, Methyl Ionone 등과 같은 원료들에서 느낄 수 있으며 Patchouli Oil을 사용해서도 이러한 느낌을 줄 수 있다.

Diffusive
: Geranium, Cumin, Ylang Ylang, Violet Leaf Absolute와 같은 천연향이나 Fatty Aldehyde, Leaf Alcohol, Nonadienol 등과 같이 공기중에 급속히 퍼지는 성질을 가지고 있을 때 나타내는 말로 강도와는 구별되어야 한다.

Earthy
: 마른 대지에 비가 내리면 대자연의 냄새를 맡을 수 있는데 이와 같은 흙, 삼림, 먼지 등이 어울리는 듯한 냄새로 표현할 수 있는데 Vetiver, Patchouli가 이런 Earthy한 특징을 가지고 있는 정유들이다.

Extrait(Extract)
: ① 추출물 또는 농축된 향기 성분을 나타낸다.
② 향수를 Extrait라고 칭하기도 한다.

Fatty
: 오일, 기름, 왁스 등의 냄새를 느끼게 할 때 사용된다. 희석되면 인

부록

간의 피부와 같은 느낌을 주는데 이러한 향수는 에로틱한 느낌을 주기도 한다.

Flat
: 구분하기에 애매한 향료를 말할 때 쓰이며 특정 향료를 과도하게 사용함으로 구분이 흐릿해지는 것을 Flat해졌다고 한다. 한마디로 특징이 없을 때 사용되는 용어이다.

Floral
: 이 용어는 단일 꽃향이나 여러가지 꽃이 혼합되었을때 나타내는 말이다. 조합된 향의 대부분이 Floral한 냄새를 가지고 있다고 할 수 있고 여러가지 꽃향이 잘 어울려진 것을 나타낼 때 Floral Bouquet라고 한다. 여기에 여러가지 특징을 주는 Note가 추가될 때 Citrus Floral, Floral Musky 등으로 표현될 수 있다.

Fougere
: 원뜻은 고사리라는 뜻을 가지고 있지만 1882년 Houbigant이 발매한 Fougere Royal이라는 창작 향수가 원래의 향의 원조이고 Lavender, Oakmoss 등의 Base와 Rose, Jasmine등의 꽃향과 Sandalwood, Vetiver, Patchouli Oil 등의 Woody한 향에 Musk, Coumarin 등으로 보류시킨 중후한 감을 주는 향취로 여성용도 있으나 남성용의 대표적인 향타입이 되어 현대 감각을 주는 여러가지 변형이 많이 나오고 있다.

Fragrance Blotter, Smelling Strips
: 향을 맡기 위해 만든 15Cm의 좁은 흡착지를 말하며 이 종이에 향이나 향내나는 물질을 흡착시켜 여러 단계별로 향의 특징을 맡아 볼 수 있다. 최종 제품은 피부에 사용 후 맡아 보는 것이 좋다.

Fresh
: 신선하고 생기 있는 향기를 표현할 때 사용하고 주로 Citrus, Aldehyde(C9-10)을 사용함으로 이 느낌을 줄 수 있으며

Lavender, Linalyl Acetate, Bornyl Acetate, Peppermint Oil 등이 Fresh한 효과를 주기 위해 사용된다.

Fruity
: 복숭아, 딸기, 그린애플, 파인애플과 같은 과일 맛을 표현할 때 사용되며 고급스러운 느낌을 주지는 않지만 친근감을 주어 유행성이 있는 제품에 사용하는 경우가 많다.

Green
: 풀, 잎, 줄기 등을 연상시키는 냄새나 Hyacinth와 같은 냄새를 주는 향을 표현할 때 Green이라고 한다. 이와같은 느낌을 주는 것에는 오이, Violet Leaf Absolute, Galbanum Resinoid, Hyacinth 등이 있다.

Harsh
: 조화가 잘 안된 듯한 냄새로 여러 냄새가 제각기 나오는 느낌으로 가끔 Pungent(톡초는)한 느낌을 주기도 하며 질이 떨어지는 느낌을 주는 냄새이다.

Hay
: 마른 풀이나 크로바 등에서 주는 건초와 같은 냄새로 Coumarin, Tonka Bean과 같은 예를 들 수 있다.

Herbaceous
: Green한 냄새와 Medicinal한 냄새가 어우러진 냄새로 Lavender, Rosemary, Thyme 등을 들 수 있는데 Leafy Green 냄새, Camphor, Borneol과 같은 냄새가 조화를 이룬 냄새로 표현할 수 있다. 약간의 Woody한 냄새를 느끼기도 하는데 우리나라에서 찾아보면 쑥을 예로 들 수 있다.

Light
: Fresh, Citrus, Fruity, Green과 같은 향취는 휘발도가 높은 것으로 느낌이 가볍게 느껴진다. 쉽게 인식할 수 있고 일반적으로 지속성이

부록

짧다.
Leathery
: 가죽 제품에서 느껴지는 냄새로 이런 냄새를 향료업계에서는 Smoky, Phenolic한 냄새라고 표현한다. 이 향취는 남성용에 주로 사용되고 대표적으로 Castoreum, Birch Tar Oil, Isobutyl Quinoline 등을 예로 들 수 있다.

Marine
: 바다의 냄새이다. 시원하면서도 짠듯한 냄새를 느끼게하며 물을 연상 시키는 냄새를 말한다. Calone 이라는 Specialty를 예로 들 수 있다.

Maturing
: 향수를 만들기 위해 여러 성분들을 혼합했을때 화학적 반응이나 물리적 반응이 일어날 수 있다. 처음에는 각 원료들이 가지고 있는 특성이 그대로 나타나지만 시간이 지나면 부드러운 느낌의 향취로 바뀌게 된다. 이때 마치 술을 오래 보관하면 숙성되듯이 향수도 숙성이 일어난다. 그리고 향료 자체도 역시 숙성이 될 수 있다.

Metallic
: 금속을 만진 후에 손에 남는 냄새와 같은 느낌을 주는 냄새로 Cool한 느낌이나 Clean한 느낌을 주기 위해 이용되는데 Amyl Salicylate, Styrallyl Acetate, DMBC와 같은 원료에서 주는 냄새를 예로 들 수 있다. 그러나 흔히 사용되지는 않고 사람의 피에도 이런 느낌을 받을 수 있다.

Minty
: Peppermint나 Spearmint와 같은 천연향에서 느껴지는 향취로 치약이나 Chewing Gum에서 느껴지는 냄새를 예로 들 수 있다. 남성용 향에서 많이 쓰이고 시원한 느낌을 주며 Fougere계에 이용된다.

Mossy

: Oakmoss나 Treemoss와 같이 땅꽃이나 나무에 붙어 사는 나무이끼에서 주는 냄새로 향료에서는 많이 사용되는 향취이다. 위에서 예를 든 것 외에 Everyl이라는 합성향료도 같은 타입의 향취이다.

Muquet

: 은방울꽃이라고 부르며 Covallaria Keiskei Hiq.라는 학명을 가지고 있고 천연향은 없고 Hydroxycitronellal, Cinnamic Alcohol, Rhodinol, Benzyl Acetate, Linalool 등으로 조합해서 사용하는데 중요한 향료 중의 하나이다.

Musky

: 천연 사향에서 주는 느낌의 향기로 Animal취에 성적인 느낌과 따뜻한 느낌을 주는 향취로서 향료에서는 빼놓을 수 없는 중요한 향취이다.

Narcotic

: Jasmine, Tuberose, Animal 등의 성분이 고농도로 이용되었을때 느껴지는 이미지로 꽃향기가 이런 느낌은 꽃들이 시들 때의 느낌이다. 조향사는 이런 느낌이 들지 않게 조심하여야 한다.

Oily

: 여러가지 기름에서 느껴지는 냄새로 향료에서는 Fatty Aldehyde를 예로 들 수 있고 올리브유나 아마인유 등도 이런 느낌을 준다.

Oriental

: 향료의 역사 중에서 동양에서 많은 향료가 공급되었는데 그 중에서도 Balsam, Resin, Spice, Woody, Animal 향 등을 들 수 있다. 이런 향들은 연상시키는 Powdery, Woody, Animal한 향을 Oriental Note라고 부른다. 대표적인 향수로는 Tabu, Opium 등이 있다.

Pungent

: 맵고 독한 또는 악취나는 냄새를 표현할때 사용되는 용어이다. 부향하기 전에 좋지 않은 냄새가 나는 Base나 향 중에서 Top Note가

부록

너무 강할 때에 사용한다.

Rich
: 풍부함을 말할때 사용하며 Jasmine Absolute와 같은 향을 예로 들 수 있다.

Round
: 향료를 조합했을때 성분들이 제각기 느껴지는 경우가 있다. 이런 경우 여러가지 Blender를 이용해서 전체 향료가 잘 조화를 이루게 할 수 있다. 예를 들면 Ambergris, Sandalwood 등을 예로 들 수 있는데 이렇게 잘 조화를 이룬 향을 Round 하다고 한다.

Sharp
: 이 용어는 Lemon Juice와 같이 날카롭게 파고드는 듯한 느낌을 말한다. 예를 들면 식초나 레몬오일에서 주는 느낌을 예로 들 수 있다.

Specialty
: 향료 산업의 특정 업체에서 개발한 독특한 향료 화합물을 말하며 다른 업체는 생산할 수 없을때 그 화합물을 Specialty라고 부르다. 그리고 이것을 다른 업체에 판매를 하는데 몇몇 Specialty는 판매하지 않고 자기 회사만 사용하여 다른 회사에서는 모방할 수 없는 제품을 만들때 사용하는데 특히 이런 것을 Captive Material이라고 한다.

Spicy
: Clove, Cinnamon, Nutmeg, Ginger, Bay, Pepper와 같은 향료에서 주는 느낌의 향취를 Spicy하다고 한다. 맵고 Pungent, 따뜻한 느낌을 주며 남성용 향료에 전형적으로 많이 사용되는 향취이다.

Transparant
: 어떤 향료를 맡을 때에 마치 투명한 느낌을 느끼게 하는 향이 있다. 예를 들면 Cyclamen Aldehyde나 Hydroxycitronellol과 같은 향이

많이 사용된 향료를 표현할 때에 이 용어를 사용한다.

Waxy
: 밀납이나 Ozokerite 등의 Wax류에서 느껴지는 냄새로 양초에서 느껴지는 냄새이다. 예를 들면 Aldehyde C-11 이나 Intreleven Aldehyde(Iff)과 같은 향료를 들 수 있다.

Woody
: 주로 목재에서 뽑은 향료들에서 느끼는 향취로 일반적으로 목재를 가공할 때에 많이 느낄 수 있다. 예로는 Sandalwood, Cedarwood, Guaiacwood 등을 들 수 있다.

부록

■ 찾아보기

⟨한 글⟩

과자류	337
기기분석	242
냄새	4
냄새의 분류	11
냉과	338
냉침법	64
담배 Flavor	339
반합성법	33
방향성생약	325
방향제	298
방향족 합성향료	46
보류제	286
분말향료	27
분말향료	321
분말향료	335
분향료	17
비누향료	291
비휘발성 용제추출법	64
사향	77
생물용향료	312
샴푸린스용향료	297
세제용향료	297
소취	300

수용성향료	320
식물정유	325
식품향료	319
에센스	27
영묘향	78
오데코롱	316
온침법	66
용연향	79
유용성향료	321
유음료	337
유향	17
유화향료	27, 321
유화향료 제조방법	334
입욕제향료	295
입체구조설	8
전합성법	32
조합향료	277
진동설	8
천연과즙	326
최소가역치	10
치약향료	294
탄산음료	335
테르펜계 합성향료	31

찾아보기

해리향·················· 79
향도계················· 10
향료 ··················· 4
향료의 품질관리 ········ 354
향료추출법 ············ 59
향수 ················· 316
화장품향료 ············ 305
화학적 감각 ············· 5

황색종 ················ 341
회수 Flavor ··········· 327
효소설 ················· 8
후각 ··················· 5
후각계 ················ 10
후각계수 ·············· 10
휘발성용제추출법 ······ 67
흡착설 ················· 8

부록

〈영 문〉

(A)

Abies Alba ······ 80	Amoore ······ 11
Abies Balsamea ······ 81	Amyl Cinnamic Aldehyde ······ 186
Abies Sibrica ······ 82	Anethole ······ 168
Absolute ······ 26	Angelica Oil ······ 83
Acetophenone ······ 205	Anhydrol ······ 27
p-Acetyl Anisole ······ 167	Anise Oil ······ 84
Acetyl Iso Eugenol ······ 236	Anisic Alcohol ······ 162
2-Acetyl Pyrrole ······ 271	Anisic Aldehyde ······ 187
Adulteration ······ 27	Anisole ······ 166
Air cured ······ 233	Anisyl Acetate ······ 235
Aldehyde C-7 ······ 176	Anisyl Acetone ······ 215
Aldehyde C-8 ······ 176	Anosmy ······ 8
Aldehyde C-9 ······ 176	Aroma ······ 4, 27
Aldehyde C-10 ······ 177	Aromatherapy ······ 4
Aldehyde C-11 ······ 177	Arosol ······ 165
Aldehyde C-12(Lauric) ······ 178	Attractant ······ 312
Aldehyde C-12(MNA) ······ 179	Aubepinol ······ 167
Aldehyde C-13 ······ 179	
Aldehyde C-14 ······ 180	(B)
Aldehyde C-16 ······ 180	Base ······ 277
Allo Ocimene ······ 142	Base Note ······ 280
Allyl Salicylate ······ 262	Basil Oil ······ 84
Almond Oil Bitter ······ 82	Bath Oil ······ 296
Ambergris ······ 79	Bath Salt ······ 296
Ambrette Seed Oil ······ 82	Bay Leef Oil ······ 85
Ambrettolide ······ 219	Benzaldehyde ······ 184
Ambroxan ······ 228	Benzoic Acid ······ 266

찾아보기

Benzoin ················· 28, 85
Benzophenone ················ 206
ℓ-Benzyl Acetate ················ 234
Benzyl Alcohol ················ 160
Benzyl Benzoate ················ 254
Benzyl Cinnamate ················ 258
Benzyl Formate ················ 229
Benzylidene Acetone ················ 206
Benzyl Iso Butyrate ················ 244
Benzyl Isoeugenol ················ 173
Benzyl Iso Valerate ················ 246
Benzyl Phenyl Acetate ················ 257
Benzyl Propionate ················ 240
Benzyl Salicylate ················ 262
Bergamot Oil ················ 86
Birch Oil ················ 87
Blender ················ 281
Body Note ················ 283
1-Bornyl Acetate ················ 232
1-Bornyl Methoxy Cyclohexanol ················ 156
Bois de Rose ················ 88
Borneol ················ 155
Bromelia ················ 174
Bromo Styrol ················ 272
Bubble Bath ················ 296
p-t-Butyl Cyclohexyl Acetate ················ 237
Burley 종 ················ 341

(C)

Cajuput Oil ················ 88
Calamus Oil ················ 88
Camphene ················ 140
Camphor ················ 204
Camphor Oil ················ 89
Cananga Oil ················ 89
Capsicum ················ 90
Carnation Abs ················ 91
Carvacrol ················ 170
d-Carvone ················ 201
l-Carvone ················ 201
β-Caryophyllene ················ 144
Casing ················ 342
Cassia Aldehyde ················ 186
Cassia Oil ················ 91
Cassie Oil ················ 92
Castoreum ················ 79
Cedarwood Oil ················ 92
Cedrol ················ 159
Cedryl Acetate ················ 237
Celery Oil ················ 92
Celestolide ················ 224
Chamomile Oil ················ 93
Chemical Sense ················ 5
Châsis ················ 26, 64
Chewing tobacco ················ 341
1,8-Cineole ················ 227
Cinnamic Acetate ················ 235
Cinnamic Acid ················ 266

부록

Cinnamic Alcohol ············ 162	Coumarine ················ 267
Cinnamic Aldehyde ··········· 186	Council of Europe ············ 352
Cinnamic Iso Valerate ·········· 246	p-Cresyl Acetate ············ 236
Cinnamon Bark Oil ············ 93	p-CresolMethyl Ether ·········· 168
Cinnamon Leaf Oil ············ 94	Crocker & Henderson ·········· 13
Cinnamyl Cinnamate ··········· 259	Cucumber Aldehyde ············ 180
Cinnamyl Propionate ··········· 241	Cumin Aldehyde ············· 188
Cis3Hexenol ··············· 145	Cumin Oil ················ 97
CisJasmone ················ 215	Currant Black ·············· 98
Cistus Oil ················· 94	Cyclamen Aldehyde ··········· 189
Citral ··················· 181	Cyclohexadecanolide ··········· 219
Citral Dimethyl Acetal ·········· 196	Cyclopentadecanolide ··········· 218
Citralva ·················· 271	Cyclopentadecanone ··········· 218
Citronella ················· 94	p-Cymene ················ 143
Citronellal ················· 182	
Citronellol ················· 149	(D)
Citronellyl Acetate ············ 231	Damascenone ·············· 211
Citronellyl Butyrate ··········· 243	Damascone ················ 211
Citronellyl Caproate ··········· 248	n-Decyl Aldehyde ············ 177
Citronellyl Iso Butyrate ·········· 243	Diacetyl ·················· 200
Citronellyl Propionate ·········· 239	Diethyl Phthalate ············ 259
Civet ···················· 78	Dihydro Anethole ············ 169
Civettone ················· 217	Dihydrocitronellol ············ 150
Clove Oil ················· 95	Dihydro Jasmone ············ 215
Coconut Aldehyde ············ 194	Dihydro Terpinyl Acetate ········ 238
Concrete ················ 28, 30	Dill Oil ··················· 98
Copaiba Balsam Oil ············ 96	Dimethyl Anthranilate ·········· 264
Coriander Oil ··············· 97	Dimethyl Benzyl Carbinol ········ 164
Costus Oil ················· 97	Dimethyl Phenyl Carbinol ········ 164

찾아보기

Dimethyl Phthalate ·················· 260
Diphenyl Ether ······················· 167
Diphenyl Oxide ······················· 167
Distilate ······························ 327
Distillation ···························· 59
Distructive Distillation ··············· 62
Dodecylic Aldehyde ··················· 178
Domethyl Hydroquinone ············· 167
Dry Distillation ······················· 62

(E)

Ecuelle Method ······················· 63
Elemi Oil ····························· 99
Enfleurage ···························· 64
Esprit ································ 328
Essence ······························ 320
Essence 의 제조법 ···················· 332
Essential Oil ·························· 28
Estragon Oil ·························· 99
Ethyl Acetate ························ 230
Ethyl Aceto Acetate················· 251
EthylnAmyl Ketone ·················· 198
Ethyl Anisate ························ 263
Ethyl Benzoate ······················ 252
Ethyl Butyrate ······················· 241
Ethyl Caproate ······················· 247
Ethyl Caprylate ······················ 248
Ethyl Cinnamate····················· 258
Ethylene Brassylate ·················· 219

Ethyl Heptine Carbonate············ 248
Ethyl Levulinate····················· 251
Ethyl Maltol························· 214
Ethyl Phenyl Acetate ··············· 255
Ethyl Propionate····················· 238
Ethyl Pyruvate ······················ 250
Ethyl Salicylate ····················· 260
Ethyl Vanillin ························ 192
Eucalyptus Oil ······················· 99
Eugenol ······························ 170
European Union ····················· 353
Evapolfactometer····················· 9
Evernyl ······························ 265
Extract ······························· 28
Extraction Method ··················· 64
Extracts ····························· 326
Extrait ························· 28, 318

(F)

FAO ··························· 348, 352
Farnesol ····························· 157
FEMA ································ 351
Fennel Oil···························· 100
Fixateur 404 ························ 228
Fixative ····························· 286
Fixatives ····························· 28
Flavoring Oil ························· 27
Flavorist ····························· 339
Flavor Potentiator···················· 327

부록

Fragrance ··············· 4
Frambinone ············· 214
Furfuryl Mercaptan ········· 273

(G)

Galaxolide ·············· 225
Galbanum Oil ············ 101
Gardeneol ·············· 234
Garlic Oil ··············· 101
Geraniol ··············· 147
Geranium Oil ············ 102
Geranyl Acetate ··········· 231
Geranyl Benzoate ·········· 253
Geranyl Butyrate ·········· 242
Geranyl Formate ··········· 229
Geranyl Iso Valerate ········· 245
Geranyl Nitrile ············ 271
Geranyl Phenyl Acetate ······· 256
Ginger Gras Oil ············ 103
Ginger Oil ··············· 103
Grapefruit Oil ············· 103
Guaiacwood Oil ············ 104
Gum ·················· 29
Gum Resin ·············· 29

(H)

Helional ············ 167, 189
Heliotropine ············· 188
Henning ············· 12, 13

Hexadecyl Aldehyde ········ 186
α-n-Hexyl Cinnamic Aldehyde ···· 187
Hibiscolide ·············· 220
Hop Oil ················ 104
Hyacinth Aldehyde ········· 185
Hyacinth Oil ············· 105
Hydratropic Aldehyde ······· 191
Hydro Cinnamic Acid ········ 267
Hydro Distillation ·········· 60
Hydroquinaldine ··········· 269
Hydroxycitronellal ·········· 183
Hydroxycitronellol ·········· 151
p-Hydroxy Phenyl Butanone ···· 214
Hyssop Oil ·············· 105

(I)

IFRA ·············· 348, 350
Incense ················ 17
Indole ················· 268
Infusion ············· 29, 330
Interfacial Adsorption Theory ····· 8
IOFI ·············· 323, 351
Ionone ············· 42, 207
Irone ················· 212
Iso Amyl Caproate ·········· 247
Iso Amyl Acetate ··········· 230
Iso Amyl Benzoate ·········· 253
Iso Amyl Butyrate ·········· 242
Iso Amyl Iso Valerate ········ 245

Iso Amyl Phenyl Acetate	256	Lemongrass Oil	111
Iso Amyl Propionate	239	Lemon Oil	109
Iso Amyl Pyruvate	250	Lilial	190
Iso Amyl Salicylate	261	Lime Oil	111
Iso Bornyl Acetate	233	Limonene	141
Iso Butyl Benzoate	252	Linaloe Oil	112
Iso Butyl Phenyl Acetate	256	Linalool	146
Iso Butyl Quinoline	271	Linalool Oxide	227
Iso Butyl Salicylate	261	Linalyl Acetate	232
Iso E Super	158	Linalyl Benzoate	254
Iso Eugenol	171	Linalyl Butyrate	242
Isoprene	39	Linalyl Iso Butyrate	243
6-Iso Propyl Quinoline	270	Linalyl Propionate	239
Iso Pulegol	155	Litsea Cubeba	112
Iso Safrole	173	Lock In	27
		Lovage Oil	113
(J)		Lyral	194
Jasmin Absolute	105		
Jasmin Aldehyde	186	(M)	
Jonquil Absolute	106	Maceration	66
Juniperberry Oil	106	Macro Cyclic Musk	52
		Malodour	4
(L)		Maltol	213
Labdanum	107	Mandarin Oil	113
Larosol	165	Mentharvensis	114
Laurel Leaf Oil	108	l-Menthol	154
Lavandin Oil	108	Menthone	202
Lavender Oil	109	p-Methoxy Acetophenone	206
Lavandulol	151	Methoxy Benzene	166

부록

1-Methyl Acetate	232	3,3,6-triMethyl-6-Vinyl Tetrahydro Pyran	227
p-Methyl Acetophenone	205	Mimosa Absolute	114
MethylnAmyl Ketone	198	MIO	10
Methyl Anisate	262	Modifier	281
Methyl Anthranilate	263	Moskene	223
Methyl Atrarate	265	Muguet Aldehyde	195
Methyl Benzoate	252	Muscone	217
Methyl Cinnamate	257	Musk	52, 77
Methyl Dihydro Jasmonate	265	Musk 906	221
Methyl Eugenol	172	Musk Ambrette	222
Methyl Heptenone	200	Musk Ketone	222
Methyl Heptine Carbonate	249	Musk R1	220
MethylnHexyl Ketone	199	Musk Rat	80
Methyl Ionone	209	Musk T	219
6-Methyl Ionone	212	Musk Xylene	221
Methyl Isoeugenol	172	Musk Xylol	221
Methyl Jasmonate	264	Mustard	115
β-Methyl Mercapto Methyl Propionate	251	Myrac Aldehyde	195
Methyl-β-Naphthyl Ketone	207	Myrcene	142
Methyl Nonyl Acetaldehyde	179	Myrcenol	152
Methyl Nonyl Ketone	199	Myrcenyl Acetate	236
Methyl Octine Carbonate	249	Myrrh Oil	115
Methyl Phenyl Acetate	255	Myrtle Oil	116
Methyl Phenyl Ether	166		
Methyl Phenyl Carbinol	163	(N)	
6-Methyl Quinoline	269	β-Naphthol Ethyl Ether	174
7-Methyl Quinoline	270	β-Naphthol Methyl Ether	174
Methyl Salicylate	260	Narcissus Oil	116
6-Methyl Tetrahydro Quinoline	269	Nerol	148

Nerolidol ······················· 157
Neroli Oil ······················ 116
Nerone ·························· 214
n-Heptanal ····················· 176
n-Heptyl Aldehyde ············· 176
Nitro Musk ······················ 53
2, 6Nonadien1Ol ················ 146
2, 6Nonadienal ················· 180
n-Nonyl Aldehyde ··············· 176
Noot Ketone ···················· 216
Nopol ··························· 156
n-Undecyl Aldehyde ············· 177
Nutmeg Oil ····················· 117

(O)

Oakmoss Absolute ··············· 118
Ocimene ························ 143
n-Octyl Aldehyde ··············· 176
Odour ······························ 4
Oleo Gum Resin ················· 30
Oleoresin ······················· 326
Olfactory Coefficient ············ 10
Olfatometer ······················ 10
Olibanum Oil ··················· 118
Onion Oil ······················ 118
Opopanax Oil ··················· 119
Orange Crystal ················· 207
Orange Oil(Bitter) ·············· 119
Orange Oil(Sweet) ·············· 120

Orient 종 ······················· 341
Orris Oil(Iris Oil) ·············· 120
Osmoscope ······················· 10
OTN(Odor Threshold Number) ···· 10
10-Oxahexadecanolide ··········· 221
11-Oxahexadecanolide ··········· 220
12-Oxahexadecanolide ··········· 220
Oxide Ketone ··················· 226

(P)

Padoryl ························ 166
Palmarosa Oil ·················· 120
Parfum ························· 316
Parosmy ··························· 8
Parsley Oil ···················· 121
Patchone ······················· 166
Patchouli Alcohol ··············· 160
Patchouli Oil ·················· 121
Pennyroyal Oil ················· 122
Peppermint Oil ················· 122
Pepper Oil ····················· 123
Perfume ···················· 4, 316
Perfume Blotter ··················· 9
Perillaldehyde ················· 184
Peru Balsam ···················· 123
Petitgrain Oil ················· 124
Phantolide ····················· 223
Phenoxy Ethyl Alcohol ·········· 165
Phenyl Acetaldehyde ············ 185

부록

Phenyl Acetaldehyde Dimethyl Acetal ··· 197	Rasberry Ketone ············ 214
Phenyl Acetic Acid ············ 266	Repellent ················ 312
Phenyl Ethyl Acetate ············ 234	Resin ················ 30
Phenyl Ethyl Alochol ············ 161	Resin Absolute ············ 30
β-Phenyl Ethyl Benzoate ············ 255	Resinoid ················ 30
β-Phenyl Ethyl Dimethyl Carbinol ······ 164	Rhodinal ············ 182
Phenyl Ethylene Glycol ············ 165	Rhodinol ············ 150
Phenyl Ethyl Formate ············ 229	RIFM ············ 347, 350
Phenyl Ethyl Iso Amyl Ether ········ 228	Rimmel ················ 11
Phenyl Ethyl Methyl Ethyl Carbinol ······ 164	Rosalva ············ 146
Phenyl Glycol ············ 165	Rosemary Oil ············ 125
Phenyl Methyl Carbinyl Acetate ··· 234	Rose Oil ············ 125
3-Phenyl Propionic Aldehyde ··· 186	Rose Oxide ············ 226
Phenyl Propyl Alcohol ············ 161	Rose Phenone ············ 272
Pheromone ············ 4, 312	
Physical Sense ············ 5	(S)
Pimentberry Oil(All Spice) ······ 124	Safrole ············ 173
Pine Oil ············ 124	Sage(Clary) Oil ············ 126
Pinene ············ 139	Sage Oil ············ 126
Piperitone ············ 203	Salicylic Aldehyde ············ 190
Piperonal ············ 188	Sandalore ············ 159
Pomade ············ 26, 30	Sandalwood Oil ············ 126
PO Value ············ 10	Santalol ············ 158
Propenyl Guaethol ············ 175	Scent ················ 4
n-Propyl Iso Valerate ············ 245	Siam Benzoin ············ 85
d-Pulegone ············ 202	Skatole ············ 268
	Smelling Strip ············ 9
(R)	Snuff tobacco ············ 341
Rasberry Aldehyde ············ 194	So-Called Aldehyde C-14 ········ 193

SoCalled Aldehyde C-18 ······ 194
So-Called Aldehyde C-19 ······ 244
So-Called Aldehyde C-20 ······ 194
Spearmint Oil ······ 127
Spice Oleoresin 추출법 ······ 68
Spices ······ 31
Spike Lavender Oil ······ 127
Sponge Method ······ 63
Spray Dry 향료 ······ 27
Star Anise Oil ······ 128
Steam Distillation ······ 61
Stereochemical Theory ······ 8
Strawberry Aldehyde ······ 193
Styrallyl Acetate ······ 234
Styrax ······ 128
Styrolyl Alcohol ······ 165
Sun cured ······ 341

(T)

Tangerine Oil ······ 129
Tarragon Oil ······ 99
t-Butyl Cyclohexanol ······ 166
Terpineol ······ 153
Terpenless Oil ······ 31
Terpinolene ······ 142
Terpinyl Acetate ······ 233
Terpinyl Propionate ······ 240
Tetradecyl Aldehyde ······ 180
Tetrahydrolinallool ······ 151

Tetra Methyl Pyrazine ······ 271
Threshold Value ······ 10
Thyme Oil ······ 130
Thymol ······ 169
Tincture ······ 31, 326
Tincture의 제조법 ······ 69
Tolu Balsam ······ 130
Tonalide ······ 225
Tonka Beans ······ 131
Top dressing ······ 344
Top Note ······ 282
Traseolide ······ 224
Trepanol ······ 146
Tridecyl Aldehyde ······ 179
Tuberose Absolute ······ 131
Turpentine Oil ······ 131

(U)

Undecylenic Aldehyde ······ 178

(V)

Vanilla Oil ······ 132
Vanillin ······ 191
Vanitrope ······ 175
Velvetol ······ 166
Verbena Oil ······ 133
Versalide ······ 224
Vertofix ······ 204
Vetiver Oil ······ 134

부록

Vetiverol ··················· 159
Vibrational Theory ············ 8
Violet Absolute ············· 135
Violet Leaf Alcohol ········· 146
Violet Leaf Aldehyde ········ 180
Viridine ···················· 197

(W)

Water & Steam Distillation ······ 61

Water Distillation ············ 60
WHO ······················ 348
Wintergreen ················ 135
Wormwood Oil ·············· 135

(Y)

Yara Yara ·················· 174
Ylang Ylang Oil ············· 136

■ 참고문헌

1. W.A.Poucher : Perfumes, Cosmetics and Soaps Vol Ⅰ.Ⅱ.Ⅲ, Chapman & Hall, (1974)
2. 光井武天 : 新化粧品學, 南山堂, (1993)
3. 黑澤路可 : 香りの事典, Fragrance Jounal사, (1984)
4. F.V.Wells : Perfumery Technology, Ellis Horwood Limited,
5. 券正生 외 : 香料の事典, 朝倉書店, (1980)
6. Henry B. Heath : Flavor Chemistry & Technology, Macmillan Publishers, (1986)
7. 安川公, 阿部正三 : 香りの科學, 大日本圖書, (1973)
8. 須賀恭一 : 渡邊昭次 : 香料の化學, 講談社
9. E.Guenther : The Essential Oils Ⅰ~Ⅶ, D.Van Nostrand Company, Inc. (1960)
10. 奧田治 : 香料 化學 偏覽 Ⅰ, Ⅱ, Ⅲ. 廣川書店, (1967)
11. 中鳥基貴 : 香料と調香の基礎知識. 産業圖書, (1995)
12. 赤星亮一 : 香料の化學, 大日本圖書, (1983)
13. Julia M ler 외 : The H & R Book of Perfume, Johnson Publications Limited, (1984)
14. M.S Balsam 외 : Cosmetics Science and Technology Vol. Ⅱ, Ⅲ A Wiley Interscience Publication, (1974)
15. 本吉敏男 : Perfume, 婦人畵報社, (1987)
16. 印藤元一 : 香料の實際知識. 東洋經濟新報社, (1985)
17. Martha Windholz 외 : The Merck Index, Merck & Co. Inc, (1983)
18. John Knowlton 외 : Handbook of Cosmetic science and Technology Elsevier Advanced Technology, (1993)
19. 平田滿男 : Petit Dictionnaire des Fragrance, Parfum 編集局, (1980)
20. 曾田幸雄訣 : 香りの創造, 白水社, (1988)
21. Louis Appel 외 : Cosmetics, Fragrances and Flavors, Novox Inc,
22. Steffen Arctander : Perfumes and Flavor Chemicals Vol Ⅰ, Ⅱ, Mondair N.J, (1960)
23. Steffen Arctander : Perfume and Flavor Materials of Natural Origin, Mondair N.J, (1960)

부록

24. 諸 江 辰 男 : 食品 と 香料, 東海大學 出版會
25. 香料 No 141, 1983年 12月
26. 香料 No 180, 1993年 12月
27. 香料 No 181, 1994年 3月
28. Journal of J.C.C.A. Special Issue, 1986年
29. The American Perfumer, 1952年 10月
30. American Perfumer and Cosmetics, 1970年 6月
31. American Perfumer and Cosmetics, 1971年 1月
32. S.P.C, 1966年 2月
33. S.P.C, 1972年 11月
34. S.P.C, 1973年 8月
35. S.P.C, 1982年 3月
36. Perfumer & Flavorist, 1978年 4~5月
37. Perfumer & Flavorist, 1978年 7~8月
38. Perfumer & Flavorist, 1985年 6~7月
39. Perfumer & Flavorist, 1985年 8~9月
39. Perfumer & Flavorist, 1988年 11~12月
40. Cosmetics & Perfumery Vol 89, 1994年 12月
41. Fragrance Journal No 61, (1983)
42. Paul Z. Bedoukian : Perfumery Synthetics and Isolates, D.Van Nostrand Company, Inc, (1967)
43. Paul N.Cheremisioff.P.E. : Industrial odor Technology Assessment, Ann Arbor science Publishers Inc, (1975)
44. John E.Amoore : Molecular Basis of Odor, Charles C, Thomas,

[개정판]

향의 길라잡이

정가 18,000원

판권	2008년 9월 25일 초판발행 2022년 1월 30일 3쇄발행 저　　자 : 양　해　주 발 행 인 : 이　명　훈

발 행 처　　도서출판 **남양문화**

1 5 1 - 0 1 1 　서울 관악구 문성로 210(신림동)
　　　　　　　전 화 : 864-9152~3
　　　　　　　F A X : 864-9156
　　　　　　　등 록 : 제3-489

☞ 파본이나 낙장이 있는 책은 교환해 드립니다.